The *Now-for-Next* in Psychotherapy.
Gestalt Therapy Recounted in Post-Modern Society

Gestalt 格式塔治疗丛书
主 编　费俊峰

朝向未来的此时：
后现代社会中的格式塔治疗

The *Now-for-Next* in Psychotherapy.
Gestalt Therapy Recounted in Post-Modern Society

〔意〕玛格丽塔·斯帕尼奥洛·洛布（Margherita Spagnuolo Lobb）　著
韩晓燕　译

南京大学出版社

The *Now-for-Next* in Psychotherapy. Gestalt Therapy Recounted in Post-Modern Society
Copyright © 2013 by Margherita Spagnuolo Lobb
Originally published by Istituto di Gestalt HCC Italy Publ. Co.
Simplified Chinese Edition Copyright © 2022 by NJUP
All rights reserved.

江苏省版权局著作权合同登记　图字：10 - 2020 - 426 号

图书在版编目(CIP)数据

朝向未来的此时：后现代社会中的格式塔治疗 /
(意)玛格丽塔·斯帕尼奥洛·洛布著；韩晓燕译. —
南京：南京大学出版社，2022.4
(格式塔治疗丛书 / 费俊峰主编)
书名原文：The Now-for-Next in Psychotherapy.
Gestalt Therapy Recounted in Post-Modern Society
ISBN 978 - 7 - 305 - 25061 - 3

Ⅰ. ①朝… Ⅱ. ①玛… ②韩… Ⅲ. ①完形心理学—
精神疗法 Ⅳ. ①B84 - 064②R749.055

中国版本图书馆 CIP 数据核字(2021)第 219967 号

出版发行	南京大学出版社		
社　　址	南京市汉口路 22 号	邮　编	210093
网　　址	http://www.NjupCo.com		
出 版 人	金鑫荣		

丛 书 名　格式塔治疗丛书
丛书主编　费俊峰
书　　名　朝向未来的此时：后现代社会中的格式塔治疗
著　　者　玛格丽塔·斯帕尼奥洛·洛布
译　　者　韩晓燕
责任编辑　陈蕴敏

照　　排　南京紫藤制版印务中心
印　　刷　江苏苏中印刷有限公司
开　　本　635×965　1/16　印张 24　字数 266 千
版　　次　2022 年 4 月第 1 版　2022 年 4 月第 1 次印刷
ISBN 978 - 7 - 305 - 25061 - 3
定　　价　98.00 元

网　　址　http://www.njupco.com
官方微博　http://weibo.com/njupco
官方微信　njupress
销售咨询　(025)83594756

* 版权所有，侵权必究
* 凡购买南大版图书，如有印装质量问题，请与所购
　图书销售部门联系调换

"格式塔治疗丛书"序一
格式塔治疗，存在之方式
[德] 维尔纳·吉尔

我是维尔纳·吉尔（Werner Gill），是一名在中国做格式塔治疗的培训师，也是德国维尔茨堡整合格式塔治疗学院（Institute für Integrative Gestalttherapie Würzburg – IGW）院长。

我学习、教授和实践格式塔治疗已三十年有余。但是我的初恋是精神分析。

二者之间有相似性与区别吗？

格式塔治疗的创始人弗里茨和罗拉，都是开始于精神分析。他们提出了一个令人惊讶的观点：在即刻、直接、接触和创造中生活与工作。

此时此地的我汝关系。

不仅仅是考古式地通过理解生活史来探索因果关系，而是关注当下、活力和具体行动。

成长、发展和治疗，这是接触和吸收的功能，而不仅是内省的功能。

在对我和场的充分觉察中体验、理解和行动，皮尔斯夫妇尊崇这三者联结中的现实原则。

格式塔治疗是一种和来访者及病人在不同的场中工作的方式，也是一种不以探讨对错为使命的存在方式。

现在，我们很荣幸可以为一些格式塔治疗书籍中译本的出版提供帮助，以便广大同行直接获取。

让我们抓住机会迎接挑战。

好运。

（吴艳敏　译）

"格式塔治疗丛书"序二
初　　心

施琪嘉

皮尔斯的样子看上去很粗犷,他早年就是一个不拘泥于小节的问题孩子,后来学医,学戏剧,学精神分析,学哲学。现在看来这些都是为他后来发展出来的格式塔心理治疗准备的。

他满心欢喜地写了精神分析的论文,在大会上遇见弗洛伊德,希望得到肯定和接受。然而,他失望了,因为弗洛伊德对他的论文反应冷淡。据说,这是他离开精神分析的原因。

从皮尔斯留下来的录像中可以看出,他的治疗充满激情,在美丽而神经质的女病人面前大口吸烟,思路却异常敏捷,一路紧追其后地觉察,提问。当病人癫狂发作大吼大叫并且打人毁物时,他安然坐在椅子上,适时伸手摸摸病人的手,轻轻地说,够啦,病人像听到魔咒一样安静下来。

去年全美心理变革大会上,年过九十的波尔斯特(Polster)做大会发言,一名女性治疗师作为嘉客上台演示。她描述了她的神经症症状,波尔斯特说,我年纪大了,听不清楚,请您到我耳边把刚才讲的再说一遍。于是那个治疗师伏在波尔斯特耳边用耳语重复了一遍。波尔斯特又说,我想请您把刚才对我说的话唱出来，那个治疗师愣了一会儿，居然当着全场数千人的面把她想说的话唱了出来。大家看见，短短十几分钟内，那个治疗师的神采出现了巨大的改变。

波尔斯特是皮尔斯同辈人，那一代前辈仍健在的已经寥寥无几，波尔斯特到九十岁，仍然在展示格式塔心理治疗中创造性的无处不在。

格式塔心理治疗结合了格式塔心理学、现象学、存在主义哲学、精神分析、场理论等学派，成为临床上极其灵活、实用和具有存在感的一个流派。

本人在临床上印象最深的一次格式塔心理治疗情景为：一名十五岁女孩因父亲严苛责骂而惊恐发作，经常处于恐惧、发抖、蜷缩的小女孩状态中，我请她在父亲面前把她的恐惧喊出来，她成功地在父亲面前大吼出来。后来她考上了音乐学院，成为一名歌唱专业的学生。

格式塔心理治疗培训之初重点学习的一个概念是觉察，当一个人觉察力提高后，就像热力催开的水一样，具有无比的能量。最大的能量来自内心的那份初心，所以格式塔心理治疗让人回到原初，让事物回归真本，让万物富有意义，从而获得顿悟。

中国格式塔心理治疗经过超过八年的中德合作项目，以南京、福州作为基地，分别培养出六届和四届总计近两百人的队伍，我们任重而道远啊！

2018 年 5 月 30 日

中文版序

我怀着非常愉快和感激的心情向本书的中国读者致敬，本书旨在支持心理治疗师、社会工作者，以及所有从事助人职业的人，鼓励他们关注人际关系的抗逆力。

格式塔心理治疗诞生于20世纪50年代，当时西方世界发现了一些在东方文化中早已为人所知的东西：和谐与身心合一对于社会和个人幸福的重要性。这与笛卡尔哲学的二分法有很大的不同，笛卡尔哲学对西方的思想和生活方式有很大的影响。在西方文化剧变60多年后，本书通过整合当代关系理论的发现，如关系的和主体间性的精神分析与神经科学，重新审视格式塔心理治疗的原则。

本书是培训机构"意大利HCC格式塔学院"（Istituto di Gestalt HCC[①] Italy）30年工作的成果，它已经发展出了关系的现象学、美学和场模式。这种模式的目的不是通过观察什么是病态的东西，而是通过观察那些尽管痛苦却有效且至关重要的东西来进行治疗。例如，帮助一个无法说服他们6岁的孩子上学的家

[①] HCC即Human Communication Centre（人类传播中心）的缩写。——译注

庭，意味着帮助他们看到孩子的抗议中充满活力的地方，帮助他们欢迎孩子对活力的呼吁，认为这是一种对所有人都有益的新奇事物。通过这本书，我试图将我们的目光引向那些受苦受难和寻求帮助的人身上看不见的美。这不是一种精神上的信念，而是一种肉体上的感觉。美学，用感官认识世界，是我们最基本的诊断和治疗工具。

苦难是我们所关心的人们生活的核心，然而，在苦难中总有一种美、一种优雅，作为对痛苦和尝试着从痛苦中走出来的补偿。这是一种创造性调整，使人们有可能将自己和他人的需求联系起来。正是在这种和谐中被关心他/她的人看见的感觉，使一个人感觉到自己的特别和独一无二，在尝试实现其关系意向性中获得承认。在这种亲密关系和深度认可的体验里，产生了对自己和对关系的安全感。

对格式塔心理治疗师来说，此时此地便是接触边界（contact boundary），过去的体验和未来的愿望以一种共同创造运动的方式汇聚于此刻，在"朝向未来"中，成为治疗师与病人之间的相互意向性之舞。治疗师的在场变成了一种"舞蹈"，不是用手册知识给病人提供解决方案，而是一种完全的在场，愿意去认可病人在这段关系中已经做的事情。为了"跳舞"，治疗师（或照顾者）必须在意识到他/她的限制中提供帮助，将干预置于情境之中。例如，一位治疗师在自己的夫妻关系中曾遭受过一些失败，在与一对夫妻工作时，不能指望他自己不去激活自己的创伤，但正是带着这一创伤站在接触边缘的能力，让他在与夫妻工作时更加敏感。

因此，本书的重要主题是对治疗中的人的当前体验进行工作，并对治疗师使用自己的感觉进行工作，这是一种能够深入了解病人体验的诊断工具。美学知识与场的视角是密不可分的：无论是治疗师还是病人，感觉的在场能让一个人在开放的体验场中找到自己，在那里伤口和去敏化的习惯得以浮现，那是构成痛苦起源的关系舞蹈。

你可以在本书中看到本机构培训模式的概要，这一模式现在已经遍布世界各地，有各种语言的国际性培训课程和科学论著①。

我对中国古典文化怀着深深的欣赏，它是整体存在感（阴阳整合）的摇篮，是把生命的和谐作为存在的意义的发源地，是把寻找美好作为成长的自然冲动的发祥地。中国文化充满着整体的和美学的思想，以宇宙的和谐感为中心，仍然是我们西方心理治疗师需要很好地学习的巨大财富。

因此，我很荣幸地把这本书奉献给您。

每个社会都会经历好时代和坏时代，在这两个阶段，其他不同社会的支持和比较对和谐发展至关重要。

此刻，似乎所有社会中的所有人都需要在他们所走的地面上和他们所呼吸的空气中重新获得一种安全感。心理治疗和助人关系对于教授和支持这种充满认可和信任的亲密关系是非常重要的，从这种亲密关系中将产生一种被视为人类并得到尊重的感觉，一种能够为他者而存在的感觉。我希望中国读者能从本书中发现他们整体性的起源，并在他们认为属于自己的方向上获得成长的支持。

---

① 本书有英文、意大利文、西班牙文、法文、俄文、罗马尼亚文、波兰文、格鲁吉亚文等版本，现在还有中文版……

我衷心地感谢使本书的中文翻译成为可能的一些人。由韩晓燕教授翻译本书，我感到非常幸运，她在上海华东师范大学任教，对中国传统文化有一定研究，并系统地学习过格式塔治疗，这三个方面使她能够理解本书的复杂性。何安娜教授（Professor Annette Hillers-Chen）对将本书翻译成如此复杂的语言充满信心，并找到了实现这一梦想的具体方法。

也要感谢我在香港的朋友和同事：感谢心理学家许思贤博士（Dr Joseph Khor），他是一位格式塔心理治疗师，是他介绍我到香港的；感谢香港中文大学的梁玉麒教授（Professor Timothy Leung），对他表达我深深的爱和尊重；还要感谢香港格式塔研究中心的整个团队，面对他们，我感受到了一份坚定性的情感和形成性的责任。

现在，有了这本书，当我再次到贵国授课的时候，我就知道，我们拥有了一个共同的"孩子"，让我们彼此陪伴，共同成长。

玛格丽塔·斯帕尼奥洛·洛布
意大利 HCC 格式塔学院
锡拉丘兹，巴勒莫，米兰
www.gestaltitaly.com
2021 年 1 月 5 日

致马里奥，你是我的安全停泊地
致马可，你是我的未来
致劳拉，你是我的快乐

目 录

序言 …………………………………………………… 1

意大利文版序言 ………………………………………… 7

致谢 …………………………………………………… 12

导论 …………………………………………………… 1

第1章 后现代社会中的格式塔临床实践 …………… 19

第2章 在接触中创造和被创造的自体：
　　　格式塔治疗的经典理论 …………………… 59

第3章 表面的深度：
　　　临床证据中的躯体体验和发展视角 ………… 93

第4章 在治疗中叙述自己：
　　　朝向未来的此时与格式塔诊断 …………… 126

第5章 后现代社会和心理治疗中的攻击与冲突 …… 143

第6章 心理治疗中的爱：
　　　从俄狄浦斯之死到情境场的浮现 ………… 164

第7章 夫妻心理治疗中朝向未来的此时 …………… 184

第8章　家庭心理治疗中朝向未来的此时 ………… 214
第9章　团体心理治疗中朝向未来的此时：
　　　　在一起的魔力 ……………………………… 261
第10章　格式塔治疗培训：
　　　　团体中的新奇、兴奋和成长 ……………… 289
参考文献 …………………………………………… 321
译名对照表 ………………………………………… 337
译后记 ……………………………………………… 347

序 言

唐娜·奥林奇[①]

不管人们如何界定，接触对人类心理生存和健康幸福至关重要。格式塔心理治疗师从其历史起点开始，便将对接触及其修复的需要置于心理治疗计划的中心，这毫无疑义地纠正了精神分析传统或在方法论上处理人之问题的疗法中的一个重要盲点。现在，从当代格式塔治疗中走出一位充满智慧的领袖和老师，她更新并拓展了其传统的重要贡献，她解释并纳入具身共情（embodied empathy）、此时此地（here-and-now）、叙事诊断（narrative diagnosis）、夫妻治疗和团体治疗。她声称在齐格蒙特·鲍曼（Zygmunt Bauman）所描述的"液态"社会[②]里，没

[①] 唐娜·奥林奇（Donna Orange），受过哲学、临床心理学和精神分析领域的教育，哲学博士、心理学博士，纽约大学（纽约）博士后。近期著作有《为临床医生而思考：为现代精神分析和人本主义心理治疗提供的哲学资源》（Thinking for Clinicians: Philosophical Resources for Contemporary Psychoanalysis and the Humanistic Psychotherapies, 2010）和《受苦的陌生人：针对日常临床实践的诠释学》（The Suffering Stranger: Hermeneutics for Everyday Clinical Practice, 2011），后者于 2012 年获格拉迪瓦（Gradiva）最佳精神分析图书奖。

[②] "液态社会"（liquid society）的提出者是波兰裔英国社会学家、哲学家鲍曼，他以"液态"比喻现代社会的个人处境，认为在液态社会里不再有永恒关系，人与人之间不再注重紧密相扣，而是随时松绑。——译注

有人真正地待在家里，很久以前由皮尔斯（Perls）、赫弗莱恩（Heffeline）和古德曼（Goodman）所提出的"在接触边界上工作"具有了新的意义。

我的任务不是去解释这些老的或新的东西。玛格丽塔·斯帕尼奥洛·洛布已经做了她这部分工作，而你们作为她的读者，将要做你们的那部分。我的精神分析和哲学背景未能让我长期沉浸于格式塔心理学、格式塔治疗理论和格式塔治疗实践，否则我就能更好地介绍这本卓越非凡的实务专著。现在我只能向格式塔治疗师和所有期待从另一种人本主义传统中学习的人们，推荐本书既宽广又深刻的临床智慧。但我依靠我自己的知识背景获得了共鸣，我非常高兴能与你们分享这一切。

"朝向未来的此时"（Now-for-next）一开始让我想起精神分析自体心理学（self psychology）中的一个概念："前缘"（leading edge）。这是很久以来我非常珍视的一个概念。作为精神分析学家，我们通常会对病人症状和斗争的起因感兴趣："你记得像这样的感觉第一次出现是在什么时候吗？"虽然我发现这样的询问通常会使工作得到深化和扩大，但是朝向未来的一些点同样也是有用的。当然，经验丰富的临床医师会等待时机，那时受到创伤的目击者已提供了充分的证据，其极度痛苦也得到了缓解。但是，如本书所教授的，在病人从理解其创伤或反复中获得想象之前，治疗师早就拥有了关于病人可能性的想象，这成为主体间治疗过程（intersubjective therapeutic process）的重要方面。有些人在第一次见面时会对想象病人会变成什么样特别感兴趣，或者相信存在着比病状更多的东西。在接触的"朝向未来的此时"版本中，无论是进行个体治疗，还是夫妻工作，或在团体之中，我都能听到犹如信念一样的东西，特别是对该场（field）的可能性

的信念。"决定体验意义的是场中隐含的接触意向性,而不是单独个体的内在需要。"(p. 159①)

但更有甚者,按照这样的方式去想象,接触意味着脆弱性。当然,病人是脆弱的。在崇尚自足(self-suffiency)并日益否认社区的世界里,病人([patient] patior:受苦)羞于来向我们求助。我们只有让自己也变得脆弱,并且放弃我们的权威专家地位——不是我们的责任——向他们张开双手,打开心扉,"将我们自己托付给"这次治疗过程,与这个病人在一起,我们才会与他们相遇。他们需要从我们这里得到什么,在一开始我们是不知道的,但是本书所阐述的伦理并不是对心灵的信念。这样的脆弱性和情绪可利用性需要勇气,以及各种各样的个人和公共资源。

近十年来,在与许多不同能力的格式塔治疗师一起工作时,我发现无论是在培训过程中,还是在培训结束后,其公共资源都远远超过在精神分析学界我所知道的。本书极大地增添了格式塔治疗的智慧和精神资源,我亦十分荣幸应玛格丽塔之邀撰写这篇序言。

有两点特别引起我的共鸣。首先,将格式塔治疗中的"此时此地"拓展到"朝向未来的此时此地"(here-and-now-for-next)听起来非常像汉斯·勒瓦尔德(Hans Loewald),他这样描写精神分析的治疗行为:

> [……]即使是在开始阶段,我们也必须拥有将一些需要注入其中的某种图像。通过向分析师揭示自己,病人借助所有扭曲信息提供了这一图像的雏形——该图像让分析师必

---
① 原文页码有误,应为第169页(本书第174页)。——编注

须聚焦在自己的想法上，因此抓住这一图像便是在为病人保管好他大多已经丢失的东西。(Loewald，1960，p. 18)

此外，勒瓦尔德提醒我们，即使处于压力之下，好的父母依然会记得，这个婴儿有一天会自己走路、说话和穿衣。同样，海因里希·拉克尔（Heinrich Racker）告诫我们，如果我们没有准备好承担为人父母的责任，就不应该成为精神分析师。虽然格式塔治疗传统和斯帕尼奥洛·洛布将"朝向未来的此时"作为接触边界的意向性权利（intentionality right），这与我的分析来源不完全一样，但是我相信勒瓦尔德对弗洛伊德的重读会同样地将我们理解为受到激发，在连接中朝着未来直觉的动机：厄洛斯（Eros）①。

于是浮现出第二个异乎寻常的共鸣：爱的治疗力量。在这个推崇以证据为本的治疗和医疗化一切的时代，谁敢说这样的事？但是我们精神分析师在这个话题上也有着沉默已久的颠覆传统，这些分析师包括桑多·费伦齐（Sando Ferenczi）、伊恩·萨蒂（Ian Suttie）、迈克尔·巴林特（Michael Balint）、罗纳德·费尔贝恩（Ronald Fairbairn）、弗里达·弗洛姆-赖希曼（Frieda Fromm-Reichmann），以及现在的丹尼尔·肖（Daniel Shaw，2014）。古希腊人将爱分为四种：神对世人的爱（[*Agape*] 精神之爱）、厄洛斯（浪漫之爱）、菲利亚（[*Philia*] 友情）、思多奇（[*Storge*] 父母之爱、亲情）。肖所描述的，也是我发现在我的工作顺利进行时不可或缺的，是对病人涌现出来的某种情感。丹·佩利茨（Dan Perlitz，2014）曾写过分析情感的不可或缺性，

---

① 希腊神话中的小爱神，在弗洛伊德用语里为性爱本能。——译注

序　言

我们还在一起谈论过，并称之为情感理解过程①。通常，我把这种情感的极度缺乏——或者这种情感可能产生的任何感觉——当作一个信号，那就是我或许不应该把这个人作为一个病人来对待。多年来我已经学会了相信这种感觉。只有在这种基本的情感氛围下工作——即使斗争来了又去——才能给灵魂被谋杀的人带来持久的不同。

这种情感，或"分析之爱"（analytic love），会伴随着而且确实伴随着冲突、破裂、误解和可怕的痛苦。和许多受苦受难的人一起，我们和我们的病人都要为此付出代价。然而，我们明白，反人类罪使许多这样的病人进入我们的治疗。正如费伦齐和费尔贝恩所写的，无论他们似乎在重复着多么复杂的防御性常规路径，他们都在寻求爱，因此，我们就有机会与他们在一起。对我来说，移情和现实并不是对立的，它们都是爱和寻求爱的方式。我们说的是一个简单的词，丹尼尔·肖写道：

> 与相关联的自恋系统相比，分析之爱是当我们意识到并接受我们自己的脆弱点和不可靠，愿意承认羞耻时发生的，至少对我们自己而言，那是我们所感觉到的。分析之爱是我们找到的平衡，是我们在对自己的信念与对自己的真诚和专业技能的信念两者之间保持的张力，同时也知道我们只不过是一个人，在很大程度上总是无意识的，因此总是容易犯错，总是脆弱的……（Shaw, 2014, p. 148）

我称这种态度为临床谦逊（clinical humility），这是分析之

---

① 我们无法确认是谁最早使用这一表述的（参见 Ogden, 2003）。

爱或情感可能性的的必要条件,这样的爱不会崩溃,不会具有破坏性,或自毁性。本书明确地拥抱并鼓励病人实际上对治疗师所具有的情感上的重要性。让我们继续读下去吧!

意大利文版序言

保罗·米戈内[①]

大约在 20 世纪中期，心理治疗运动经历了各种新学派的蓬勃酝酿和大力发展时期。这主要发生在美国，因为欧洲正在从第二次世界大战中艰难地复苏。除了破坏和可怕的悲痛之外，战争还造成了心理治疗领域最重要人物的移民，事实上，他们中的许多人去了美洲新世界。当欧洲还在进行战后重建时，美国的经济繁荣已经开启了，在欧洲这种繁荣迟至 20 世纪 60 年代才到来。这种繁荣带来了新的要求和需要，不仅是物质上的，还有心理上的。

在美国，最重要的是东海岸和西海岸，它们可能更容易受到新文化的影响，这些地区成为发展的舞台。当时在美国主要有两个影响巨大的心理治疗运动：精神分析和行为主义。然而，一群具有批判和独立思考天赋的勇敢的同僚，开始在这些取向中感受到被限制，并清楚地看到其缺陷，特别是在这些取向当时的实践方式上。由这些同僚组成的小组被称为心理治疗运动的"第三势力"（third force），在历史上相继出现在精神分析和行为主义之

[①] 保罗·米戈内（Paolo Migone），意大利期刊《心理治疗与人文科学》（*Psicoterapia e Scienze Umane*）联合主编（参见网站 www.psicot erapi-aescienzeumane. it）

后。格式塔治疗的创始人弗里茨·皮尔斯是这一新运动的最伟大代表之一，这一运动也被称为"人本主义"运动，它留下了强有力的体验式和现象学的标记。

玛格丽塔·斯帕尼奥洛·洛布在美国接受一位格式塔治疗创始人的培训，可以说，她是意大利格式塔治疗之"母"中的一位。在本书中，她从多年的临床经验和教学中提炼出知识，并结合大量的临床实例，清晰地向她在20世纪70年代成立的HCC格式塔学院的学生们及整个意大利心理治疗界提供这些知识。

只要浏览一下这本书，其最引人注目的方面立刻就会浮现出来。首先，我们被书名所吸引，最突出的是心理治疗中所谓的"朝向未来的此时"（now-for-next），这是一个典型的现象学概念，意味着治疗师对病人在这次治疗的此时此地向她/他透露的意向性表现出持续的关注和共情。正是这种具有方向性的治疗支持允许病人的真实实现。这种对未来的关注，而不仅仅是对过去的关注，在某些方面已经在经典精神分析中被相对化了，正如我们所知，它在荣格那里是存在的。然而，在格式塔治疗中，对未来张力的支持是通过程序性渠道（既不是相对于内容的，也不是象征性的）进行的，这关系到病人体验的整体性。

正如本书的副标题所示，这本书也证明了将格式塔治疗与社会，以及与"后现代社会"的近期发展联系起来的努力。这样的做法现在并不常见。举个例子，如果我们想到精神分析，以前对社会的反思总是存在，也被弗洛伊德深深地感受到（我们可以认为他的社会学著作或者应用精神分析进行的论述对社会反思是最为关心的），今天，多数精神分析运动回避这些反思，这是一种后撤，是在临床活动中关闭自己。这一现象使一门学科的潜力变小，而这门学科本来具有较高的发展抱负。玛格丽塔·斯帕尼奥洛·洛布的这本书试图将五十多年前创立的格式塔治疗，更新到我们这个时代的社会。

这本书另一个有趣的方面，是它非常有效地展示了在心理治疗多样化世界的各种取向中，目前有多少领域是重叠的，重叠的领域又是哪些。这还不是全部，它还显示了格式塔疗治疗的一些核心概念是如何预示心理治疗的最新发展的。我所指的是当代精神分析的某些方面：我们会想到情绪自体调节、人际关系和创造性成长的动机、在孩子与母亲（病人与治疗师，或者个人与周围世界）之间直觉性理解的需要等等概念。玛格丽塔·斯帕尼奥洛·洛布与著名精神分析学家丹尼尔·斯特恩（Daniel Stern）的关系非常密切，这并非偶然，丹尼尔·斯特恩在婴儿研究领域的贡献彻底改变了动机与发展理论。

如本书所示，在神经科学（如镜像神经元［mirror neurons］）的最新发现与某些哲学概念（如梅洛-庞蒂［Merleau-Ponty］的知觉现象学）和格式塔疗法的某些直觉之间，存在着趋同和融合的领域。事实上，可以这么说，格式塔治疗的临床直觉预示了随后的研究人员对镜像神经元的推论。

关于格式塔与镜像神经元之间的关系，我想借此机会回顾一下伊格尔和韦克菲尔德（Eagle and Wakefield, 2007）[1] 最近展

---

[1] 伊格尔和韦克菲尔德的这项研究（2007）发表在《格式塔理论》（*Gestalt Theory*）期刊上，该期刊在接下来的一期还举办了一场有关这个主题的辩论。莫里斯·伊格尔是对这一辩论做出贡献的作者，例如，在1984年的一本书（《精神分析的最新发展》［*Recent Developments in Psychoanalysis*］）里，他对主要精神分析理论的内在一致性做出了批评性分析，在最近的一本书（《从经典到现代精神分析：批判与整合》［*From Classical to Contemporary Psychoanalysis. A Crititique and Integration*］，2011）中，他对弗洛伊德理论的主要方面与当代精神分析的重要流派做了比较。

示的"人际同构"(interpersonal isomorphism)原则,这是由格式塔心理学家科勒(Köhler)和科夫卡(Koffka)在 20 世纪 20—40 年代构想并系统阐述的,该原则在镜像神经元发现之前就已经确定了①。当然,格式塔心理学和格式塔治疗根本不是一回事,格式塔治疗被界定为一种"后分析"(post-analytic)治疗,随后走上了自己的道路。然而——正如玛格丽塔·斯帕尼奥洛·洛布自己在格式塔治疗的一次既简洁又非常清晰的学术报告中所回顾的(Spagnuolo Lobb, 2007, p. 901)——弗里茨·皮尔斯在库尔特·戈尔德施泰因(Kurt Goldstein)的实验室工作时对格式塔心理学有直接的体验,他的妻子罗拉·波斯纳·皮尔斯(Laura Posner Perls)与马克斯·韦特海默(Max Wertheimer)、库尔特·科夫卡及沃尔夫冈·科勒一起,在柏林学校的一个学习小组里学习,在那些年里,这个小组还吸引了(场理论的创始人)库尔特·勒温(Kurt Lewin)和戈尔德施泰因自己。

这只是知识的不同学派和场之间相互联系的一个例子,有时这些学派和场相距甚远,这在本书中得到了展示。让我提一下不同心理治疗学派之间相互联系的另一个重要领域:作为"关系产

---

① 多年前,是我告诉莫里斯·伊格尔,我所在城市(帕尔马[Parma])大学的神经科学系发现了镜像神经元。当我谈到镜像神经元及其可能的含义时,他立刻领会到它们的重要性,并说道,早在 50 多年前,格式塔心理学家就已经预见到了这些概念。莫里斯·伊格尔随后以极大的兴趣深入研究了这个议题,所以我想和维托里奥·加莱塞(Vittorio Gallese)一起,参与到莫里斯·伊格尔探索镜像神经元对精神分析意义的工作中去,维托里奥·加莱塞是发现镜像神经元的研究团队成员之一(我们的成果发表在 2006 年第 3 期的《心理治疗与人文科学》(Gallese, Migone and Eagle, 2006),英文版发表在《美国精神分析协会杂志》([*Journal of the American Psychoanalytic Association*] Gallese, Eagle, and Migone, 2007),在那里还引发了一场辩论(Vivona, 2009a, 2009b; Olds, 2009; Eagle, Gallese and Migone, 2009)。

物"的**自体**概念，它被配置在有机体与环境之间的"中间位置"，因为从场的视角来看，个体集中在"接触边界"上。听了格式塔治疗的这些理论化，我们怎么能不想到米切尔（Mitchell）等人推动的精神分析发展，或由斯托洛罗（Stolorow）和其他人提出的主体间性视角（明显是现象学的和"整体论的"）？它们有明显的相似之处，所不同的是格式塔治疗师早在几十年前就已经采取了这些立场。

这本书有很多方面值得评论——可以把这些方面与其他心理治疗理论化联系起来——因此不可能对所有这些方面进行全面考察。例如，我对以下方面感到震惊：从成长和自体肯定的角度重新评估攻击性这个概念，格式塔诊断，在心理治疗中对爱的反思（这是一个非常重要的话题，居于心理治疗师的中心），从二元视角到三元视角的通道，与夫妻、家庭及体验团体一起工作时取向上的临床倾斜，等等。

但本书的优点并不局限于展示学派之间的相互联系，或将格式塔治疗更新到当代社会，在各种临床脉络下深入地学习技巧同样重要。对我而言，本书另一个优点在于：它带领读者进行着一场冒险，不仅是求智的，而且从情感角度是引人入胜的。这是格式塔治疗的一个核心特征，该特征一直吸引着我。

致　谢

当我把这本书的英文修订版交给出版商时，我十分感激在出版这本书的过程中给予我巨大支持的所有人。我要感谢朱塞佩·桑波尼亚罗（Giuseppe Sampognaro），他见证着本书的诞生，并慷慨地爱着本书，在困难时他给予我支持，并无情地砍掉部分或整个章节，他的批评给予我指导，也是带给我可靠性的一面镜子。我也要感谢皮耶罗·卡瓦莱里（Piero Cavaleri）的鼓励，他肯定了本书所载的新思想，并仔细阅读了与他的书同名的第 3 章，支持其新颖之处，并提出了进一步发展的建议。

我还要感谢鲁思·安妮·亨德森（Ruth Anne Henderson），感谢她以纯洁的爱翻译了本书，感谢她认识我的灵魂，感谢她用与我意大利语表达接触相同的节奏翻译了我这本创作的英文版。我要感谢伊丽莎白·里德（Elisabeth Reed）校对本书，是她强烈而微妙的爱推动着我完成这个英文版的工作。我还要感谢卡洛塔·达塔（Carlotta Datta），感谢她一页一页地查看了本书的全部细节。

感谢意大利 HCC 格式塔学院心理治疗研究生院的所有老师，感谢他们对本书的热情投入：为了他们，我克服了写任何一本书时所遇到的成千上万的障碍。我很高兴在此列出他们的名

致 谢

字：詹尼（Gianni）、特雷莎（Teresa）、皮耶罗（Piero）、塞尔焦（Sergio）、阿尔比诺（Albino）、吉娜（Gina）、维维安娜（Viviana）、罗萨娜（Rosanna）、伊莎贝拉（Isabella）、阿卢特（Aluette）、米凯莱（Michele）、苏珊娜（Susanna）、安吉拉（Angela）、朱塞佩（Giuseppe）、基卡（Chicca）、佩佩（Peppe）、芭芭拉（Barbara）、塞巴斯蒂亚诺（Sebastiano）、瓦莱里娅（Valeria）、安东尼奥（Antonio）、玛丽亚（Maria）、贝蒂（Betti）、朱塞佩、卢恰娜（Luciana）、多纳泰拉（Donatella）、朱塞佩、吉莱妮亚（Jlenia）、米凯莱和萨尔维娅（Michele and Salvia）、阿莱西亚（Alessia）、罗萨娜。还有培训师及其学员们：罗伯塔和保拉（Roberta and Paola）、马泰奥和埃琳娜（Matteo and Elena）、阿莱西亚和席尔瓦（Alessia and Silva）、格拉齐亚娜和弗朗切斯卡（Graziana and Francesca）、玛丽亚和西尔维亚（Maria and Silvia）、斯特凡尼娅和安东内拉（Stefania and Antonella）、保拉和西蒙娜（Paola and Simona）、格拉齐耶拉和皮内拉（Graziella and Pinella）、安吉拉和芭芭拉、玛丽莎和西尔维娅（Marisa and Silvia）、特雷莎和薇拉（Vera）、米凯莱和瓦莱里娅、多妮亚拉和农齐亚（Doniela and Nunzia）、卡洛和玛丽亚·基娅拉（Carlo and Maria Chiara），以及其他无法在此一一列举的人。本书已经成为我们聚集在一起发展新思想的参考点。我们都在继续为它的持续发展而努力，马尔科·洛布（Marco Lobb）是一位企业管理工程师，他为我们提供了实现梦想所需的所有技术支持。

我在国际格式塔治疗界的同事们早已经是并继续成为我的新奇、兴奋和成长的持续资源：首先是我的心理治疗师（已故的）伊萨多·弗罗姆（[Isadore From]纽约），是他打开了我探索格式塔治疗理论的头脑，同时也打开了我作为一个心理治疗师必须向所有的人类情感开放的心灵。接着是埃尔温·波尔斯特和（已故的）米丽娅姆·波尔斯特（[Erving and Miriam Polster] 美国），他们是我最早也是最重要的培训师，从我23岁开始一直到现在。此外还有：卡门·巴斯克斯·班丁（[Carmen Vazquez Bandin] 西班牙）、丹·布卢姆（[Dan Bloom] 纽约）、让·玛丽·罗比纳（[Jean Marie Robine] 法国）、鲁拉·弗兰克（[Ruella Frank] 美国）、娜塔莎·科洛莫夫和丹尼尔·科洛莫夫（[Natasha and Daniel Khlomov] 俄罗斯）、弗兰克·施特姆勒（[Frank Staemmler] 德国）、约瑟夫·辛克和桑德拉·辛克（[Joseph and Sandra Zinker] 美国）、索尼娅·内维斯和（已故的）埃德·内维斯（[Sonia and Ed Nevis] 美国）、乔·梅尔尼克（[Joe Melnick] 美国）、塞吉奥·拉罗莎（[Seigio La Rosa] 阿根廷）、卡尔·霍奇斯（[Carl Hodges] 美国）、林恩·雅各布斯（[Lynne Jacobs] 美国）、菲利普·利希滕贝格（[Philip Lichtenberg] 美国）、马尔科姆·帕莱特（[Malcolm Parlett] 英国）、彼得·菲利普森（[Peter Philippson] 英国）、加里·扬特夫（[Gary Yontef] 美国）、戈登·惠勒（[Gordon Wheeler] 美国）、南希·阿门特-利翁（[Nancy Amendt-Lyon] 奥地利）、罗伯特·李（[Robert Lee] 美国）、迈克尔·克莱门斯（[Michael Clemmens] 美国）、詹姆斯·凯普纳（[James Kepner] 美国）、安塞尔·沃尔特（[Ansel Woldt] 美国），以及其他许多人。

在心理治疗这个更广阔的世界里，我还要感谢引领意大利心理治疗界的所有同事们，是开放的、充满激情的对话将我们团结在意大利心理治疗协会（Federazione italiana delle Associazioni di Psicoterapia，FIAP）之中：我们的相遇使我们拥有越来越多的

致　谢

机会去发现不同的方法,在这些方法里治疗技术是可以被拒绝的。最后,我还要感谢许许多多在国际上有重要地位的同事,他们聪明的头脑、他们的友谊、他们开放的思想和他们的开拓精神是我不断学习的源泉。在此我要特别提到丹尼尔·斯特恩(瑞士)、唐娜·奥林奇(美国)、伊丽莎白·菲瓦-德珀森热([Elisabeth Fivaz-Depeursinge]瑞士)、维托里奥·加莱塞(帕尔马)、翁贝托·加林贝蒂([Umberto Galimberti]米兰)、马西莫·阿马尼蒂([Massimo Ammaniti]罗马)。

最后,我要感谢保罗·米戈内和唐娜·奥林奇分别为本书的意大利文版和英文版写了序言。

导 论

> 病人:"我昨晚做了个小梦。"
>
> 治疗师:"是的,像我一样小。"
>
> 伊萨多·弗罗姆

1. 撰写本书之缘由

本书不是为了回答诸如"格式塔治疗是什么?"这一类问题,此类回答在过去我已经做过了很多了[①]。本书试图渗透到当代格式塔临床工作的网格之中,以确定它是如何发展的,并在临床工作和社会之间找到必要的交织,以界定这一取向的认识论根源。

本书是为专业化学校的学生们构思而写的,目的是能让他们"逐词"(word by word)学习格式塔治疗;本书也写给包括有经验的心理治疗师在内的所有想进入格式塔核心的人们,向他们提供理解他们已经做了什么的网格,或者向他们提供扩大临床工作

---

① 参见 Spagnuolo Lobb, 2001b; 2001c; 2001e; 2005b; 2004a; 2007d; 2007e; 2010b。

1

世界观的不同想法的网格。

首先要感谢我的学生们，在我30年的教学和临床实践中，是他们让我通过他们的提问、他们的好奇、他们的情感，来理解格式塔治疗是什么。我也感谢我的病人，是他们让我了解到他们的痛苦，并将他们自己托付给我，给予我这把钥匙，让我得以接触到他们最深厚的感情；我希望我一直对他们的愿望表现出尊重和责任感，他们的愿望在于给他们与关系相关的痛苦的故事以新的形式，我也希望帮助他们得出一个结论，那就是接触的意向性能促进他们的自发性。

撰写本书的一个基本动机当然是与我的治疗师伊萨多·弗罗姆之间的联结，他的教导一直是我理论发展的指路明灯。他的爱和好评，对我来说是如此的出乎意料，又是如此的基本，那是一面镜子，让我能够从中看清我是谁，能够感觉到自由地生长，并开启我对格式塔治疗、对他的爱。

他喜欢向他的学生讲述治疗师和病人之间的交流，这些警句概述了我在本书中提出的接触边界的临床取向。治疗师的回应绝不是对投射的分析，而是用美学力量唤起移动病人接触的图形/背景动力（figure/ground dynamic）。这种以病人与治疗师之间的体验场为中心的现象学视角，是格式塔方法的后现代转型（参见 Spagnuolo Lobb，2010b；2009d），既是对新的文化趋势的回应，也是对与其建立原则相一致的格式塔取向发展的回应。

在理论和方法论上我所参考的还有丹尼尔·斯特恩，这不仅是因为他在人文学科方面做出了严肃的、具有创造性的研究，说明了依靠着内在健康人类关系得以自发建立并发展，还因为在保持他与我的"友谊"过程中他的心灵开放而严格。他对我的工作有很大的影响。

导　论

在 HCC 格式塔学院与我合作的同事们让我明白，我必须写一本关于我如何工作的书。他们总是对我说，为了彻底了解我，有必要看看我在临床工作中是如何做的。我相信这就是我的"真实自体"，这是让我充分展示自己的条件。因此，本书把"揭示我自己"，还有我对格式塔治疗理论的热爱放进了临床相遇之中（我必须说，这对我而言首先是一种启示，因为我总是对格式塔著作中出现的奇迹感到惊讶）。

自从我进入高中起，心理治疗便是我的梦想和我的激情，然后，虽然我在许多其他取向中受训，但格式塔治疗是我的最爱。23 岁时，大学刚刚毕业，我就去加利福尼亚接受埃尔温·波尔斯特和米丽娅姆·波尔斯特的专业训练。埃尔温喜欢开玩笑地说，他必须征得我父母的同意才能让我进入他的训练组。正是在那儿我遇见了伊萨多·弗罗姆，他是格式塔治疗创始人之一，他成了我自己的治疗师，在我生命的重要时刻总是陪伴着我，直到 1994 年 6 月他去世为止（Spagnuolo Lobb, 1994）。伊萨多介绍我到纽约格式塔治疗学院，那里成了（现在仍然是）我的家。缘于我的会员身份，国际格式塔世界成了我的城堡，我在意大利介绍了最重要的格式塔治疗师，翻译他们的著作，邀请他们到我领导的学校任教。然后我获得了好运，去主持意大利及国际心理治疗和格式塔治疗协会，在那里我为心理治疗的共同利益而工作，对各种方法的培训标准和学分加以制度化，从而给予格式塔取向尊严，此外，我创造不同方法之间的对话，我相信这对所有心理治疗师而言都是最有益的事情。

所以我用各种不同的方式来表达我对格式塔治疗的热爱。在本书中，我想讲述的是对这份热爱最亲密、最深刻的表达，那就是我的临床模型。

2. 格式塔创造性：资源与局限

正如罗拉·皮尔斯曾经说过的，有多少格式塔治疗师，就有多少格式塔治疗。基本上，我认为这适用于所有取向（有多少精神分析学家，就有多少精神分析；有多少家庭心理治疗师，就有多少家庭治疗），但在心理治疗方法的理论领域有勇气去具体实现这种灵活性，这是格式塔治疗的典型特征。创造性和差异性的融合一直是格式塔临床工作最显著的特点[1]，也是最吸引人的地方。与此同时，正是这种宝贵的价值，在过去的几十年里，吊诡地造成了对该取向认识论原则的忽视。这些原则之一就是不可能坚持预先确定的陈词滥调，但这并不是意味着没有原则，而是意味着需要在一种前所未有的新的综合里创造性地进行调整。在20世纪70年代反制度的狂热中，某些情况下格式塔治疗师认为（不遵守任何预先确定的陈词滥调）这一方法论与非理论化的规定[2]相一致，结果不仅陷入了他们想要对抗的绝对主义，而且在格式塔治疗师内部也产生了归属和一致性的问题（Spagnuolo Lobb，2004b）。幸运的是，今天在国际科学对话中出现了认识论原则的一种共享，由此开始了该方法的持续发展，并能够回应当代临床实践的问题。

因此，格式塔治疗师的艺术是很困难的：既难应用，又难传

---

[1] 参见斯帕尼奥洛·洛布和阿门特-利翁（Spagnuolo Lobb and Amendt-Lyon，2003）在这一取向创立五十年之后有关创造性调整论述的概要介绍。

[2] 例如，参见克劳迪奥·纳兰霍的模型（Claudio Naranjo，1980）。

播,因为它意味着在不放弃我们的激情所允许的创造力的情况下,完全地去坚持一种精神和原则。

格式塔取向在其发展过程中,根据文化趋势的发展,使一些原本处于背景中的认识论方面成为图形。这就是为什么当整个心理治疗界强调关系时(从20世纪90年代开始),即与1992年发现镜像神经元(Gallese,Migone and Eagle,2006),同一时期的格式塔治疗并没有去创造新的东西,而只是使接触理论和接触边界的概念成为图形,这些概念在过去几十年里一直处于背景之中(Wheeler,2000b)。

3. 社会感受的发展与心理治疗

几乎所有的现代心理治疗取向都是在20世纪50年代左右创立的,然后在接下来的20年里传播开来。从那时起,我们的病人发生了巨大的变化,因此我们面临着修改构想和方法的挑战,一方面要对我们这一取向的认识论保持信心,另一方面要创造新的工具来解决今天的问题。让我们回顾一下这60年来的临床发展。

20世纪50—70年代

这是大多数心理治疗方法广为传播的年代。在这个被社会学家定义为"自恋社会"(Lasch,1978)的时期,所有新的心理治疗取向都旨在解决一个关系的和社会的问题:如何给予现实生活的各种能力更多尊严,这在弗洛伊德最后的构想中一直处于阴影之中。事实上,他给了无意识(the unconscious)更多的力量。

本世纪初，弗洛伊德自己的或多或少持不同政见的"后代"——奥托·兰克（Otto Rank）持的是意志和反意志的概念（Rank, 1929；1941）；阿德勒（Adler, 1924）持的是为了权力的意志概念；赖希（Reich, 1945）持的是对性欲绝对信任的观点（参见 Spagnuolo Lobb, 1996, pp. 72 ff.）——都认为，在人类关系方面出现了一个心理-社会视角的改变：儿童（以及病人）说"不"是健康的，拥有权力的情绪是"正常的"，身体能量和性欲可以得到充分体验，而不会陷入纵欲狂欢的混乱。这种变化在哲学层面上对应地体现在尼采的思想中，而在艺术层面上，则表现为从爵士乐到超现实主义（我们可能会想到米罗的解构图形）的新形式，反映了肯定新的主观视角的愿望。在政治层面上，随着独裁政权扩张而兴起的少数族群权利证明了对任何人和所有人类的存在形式给予尊重的愿望。从1950年到1970年20年间兴起的所有心理治疗流派（以及一些对精神分析的"修正"）都有一个共同的愿望，那就是给予个人体验更多的尊严和信任，认为个人体验对社会至关重要。自我（ego）被重新评估，被赋予一种创造性的独立力量：孩子必须从父亲的压迫中解放出来，病人必须从社会规范中解放出来。甚至疯狂也不再被视为对现实感的一种不可复原的缺乏，受到具有破坏性的无意识物的支配，而是作为理解某个原本遥不可及的部分的机会，通过越轨它也是创造力的来源：精神分裂症的语词杂拌，像一幅没有结构只表达情感的画一样，其本身就是价值，尽管在理性之外，但支持人类的创新和独立力量。即使是越轨（或不占主导地位），浮现的需要也是重新发现自己的重要性。

在这样的脉络下，格式塔治疗拒绝这种需要，而是建立一个

导 论

能够抓住体验的自体①的理论，这种体验是在有机体与环境的接触过程中发生的（而非在心灵内部），揭示了这个过程中自我的创造性，也就是在同一时间里既是创造者又是被创造者。在希腊文化的美学中获得体现的中间模式（在西方，只有在希腊语言里，某些动词才有一个"中间模式"②）也是以描述自体为特征的，这是在有机体与环境之间的边界上"被造就的"，通过一个美学过程，去觉察，出现于感觉中，成就一个良好接触的内在质量（参见第2章）。格式塔治疗在20世纪50年代为社会需要做出贡献的另一个原创概念是人类关系中冲突的积极特性：被抑制的冲突要么导致厌倦，要么导致战争（Perls, 1969a, p. 7）。经历冲突是活力和真正成长的保证。

但是在20世纪50年代，病人典型的语言是什么呢？在那些年里，心理治疗的核心要求可能是："我想要自由。""束缚令人窒息：它们阻止我充分发挥我自己的潜力。""我请求帮助，把自己从压迫我的束缚中解放出来。""我想离开家，但我做不到。""当我父亲命令我做事时，我无法忍受。"20世纪50—70年代的临床证据围绕着这些体验而浮现，需要扩展自我，给予自我更大的尊严，需要独立。对我们来说，这种需要浮现的体验基础比现在更加坚实：亲密关系更为持久（尽管经常被规范因素拉平），

---

① 格式塔心理治疗师选择用小写字母书写"自体"（self）、"自我"（ego）、"本我"（id），以表示对这些术语的程序性、整体论的定义，而不是把它们客观化，将它们作为应用来考虑。
② "中间模式"（middle mode），或素因（diathesis），是希腊语言独有的，表明了自体在行动中的特殊参与。它通常表示主体对其所参与的行动非常感兴趣；对应于意大利语和英语中的反身（the reflexive）。（希腊语有三种语态，即主动态 [active]、关身被动 [middle]、被动 [passive]，在关身被动语态下，主语即是动作发出者，又受该动作影响。——译注）

7

主要的家庭关系当然更加稳定。

治疗师的回答是："你有自由的权利，有充分发挥自己才能的权利，有开发自己潜能的权利。""我是我，你是你……"简而言之，他们支持的是自体调节和脱离束缚，代价是担忧在与他者的接触边界上发生的事情。

20世纪70—90年代

这些年的特点是加林贝蒂（Galimberti，1999）所说的"技术社会"，这是因为他们把机器作为基础，与此同时还产生了控制人类情绪的幻觉，尤其是对痛苦的控制，并认为家（oikòs[①]）的关系是一个"错误"，是对生产力的一种阻碍，却被视为唯一可靠的价值。爱和痛苦，这两种情绪实际上是难以分割的，在这一时期却被认为是不可调和的。如果把"技术社会"看作"自恋社会"的产物，那么"技术社会"可以被定义为"边缘型的"（borderline）。这一代人一方面承受着成功父母的巨大压力——他们希望自己的孩子像他们一样成为"神"——另一方面，他们对自己的愿望和想要在这个世界上成就自己的努力缺乏支持。上帝的孩子是不会犯错误的！这一代人，一方面在对自己与众不同的幻想中长大，另一方面又不得不掩饰自己在虚张声势的感觉，从而发展出一种边缘型关系模式：矛盾，不满，无法为了肯定自己的价值而让自己分离。年轻人逃往"人为的天堂"，他们对父母所持的与他们的人性相背离的价值观充满着愤怒，这不仅促进了毒品的传播，而且也促进了重要团体体验的扩展。这20年里，人们在心理治疗中看到了对团体的特殊兴趣，这并非偶然：团体

[①] 希腊语"房子"（house）。

被视为一个（有时可能是唯一的）治愈源。

例如，上世纪七八十年代的病人常说的话可能是："我爱上了一个同事，我和她谈恋爱了，我妻子不知道，我不知道该不该告诉她。""我的父母总是对我唠叨，当我在一个团体中，我感觉更自由，抽大麻是从日常压迫中获得解放。""毒品（或我的工作、我的情人），是我主要的纽带，与我伴侣的纽带是可有可无的。"他们在亲密纽带之外寻找自我，试图通过非法物质或工作来解决存在的困难。仅仅10年后的90年代，对自体的寻找变成了一种孤独中感受自体的需要："我想感受我自己，找到我自己。有时我强迫自己禁食，以便在饥饿中感觉我自己。每个人都想从我这里得到一些东西，而我却不知道如何找到我是谁。"或者"我和一个住在600英里外的男人交往，我对他不太了解。一开始，刚认识的时候，我们很高兴在一起，但现在挺无聊的。我们只是不知道该做什么。你认为这正常吗？"

治疗师的回答是："相信你自己——回到你存在的源头（现象学术语）——通过集中注意力找到你是谁。"或者："让我们看看我和你两个人之间发生了什么。"在实践中，当时所有的方法都是针对格式塔治疗中所谓的"接触边界"：一种看待移情和反移情的新方法。"相信自体调节，包括你的情绪和我们俩之间的空间。"换句话说，皮尔斯式口号"抛开你的心智，回到你的感觉"被修改为"追随你的具身共情""我从你的一瞥中认出了我自己"。

20世纪90年代—2010年

在社会感受上，对技术（现在已理所当然地被视为一种资源）的兴趣和对自身价值的矛盾情绪让位于一种流动感，鲍曼

(Bauman，2000）对此有很好的论述。"边缘型社会"的孩子们正在体验着亲密的、基本的关系的缺乏：父母一直缺席，部分原因是他们忙于工作（社会传播的价值是技术的价值），并担心即将面临的社会危机，部分原因是他们在关系层面上的无能为力（边缘型模糊导出后代的情绪分离）。这20年里的一代人也成长在一个大迁徙的时期，在这个时期，许多人无法依靠代际传统来获得支持和一种扎根感（Spagnuolo Lobb，2011a）。传统常常被遗忘，村庄广场被社交网络的虚拟"广场"所取代。当今年轻人的社会体验是"液态的"：无法容纳与他者相遇时的兴奋，对由交际流全球化所提供的交流可能性极为开放。例如，孩子在做课后作业遇到困难时，既需要遏制，也需要鼓励，以便通过激发她/他的能量来解决问题。但是家里没有人可以倾诉，没有一堵包容之墙能让她/他的感受得到理解，明白她/他究竟想要什么。所以她/他去上网，在那里一个搜索引擎会提供答案；她/他的兴奋之情遍布世界各地，她/他找到了所有可能的答案，但她/他找到的不是一个关系容器，不是一个人类的身体，而是一台无法拥抱孩子的冰冷的计算机。无拘无束的兴奋变成了焦虑，这是令人不安的，为了避免感觉它，身体必须去敏化。这就是为什么今天我们会有许多焦虑障碍（如惊恐发作[①]、创伤后应激障碍等）、难以建立纽带、虚拟世界的病态、身体去敏化。我们的病人，尤其是年轻人（不得不与青少年或年轻夫妇打交道的人都知道），会对我们这样说："我第一次爱上一个男孩，但是我没有感觉到什么。""在线上聊天我感觉很自由，但和我女朋友在一起我不知道谈什么。""没有人真正让我感兴趣。"或者："在我们度蜜月

---

① 参见弗朗切塞蒂（Francesetti，2007）。

时，我丈夫告诉我说他已经有另一个女人很长一段时间了。"心神不宁的形式与关系中出现的身体麻木连接在一起。甚至很难感知他者：场充满着焦虑和担忧。

治疗师通过支持接触的生理过程（情境的本我，如 Robine 1977 所说）予以回应："深呼吸，感受边界处发生的事情。"此外，治疗师还支持体验的背景：确定病人如何（通过何种接触方式）维持图形（或问题）。换句话说，治疗师关注的是接触过程的支持，在这个过程中，他必须将注意力集中在对自我个性的支持上，以便让它在其他个性中得以浮现。换句话说，如果以前——在一般的社会观念中——健康意味着找到胜利的原因，在生活的战斗中浮现，那么在今天，健康意味着在亲密关系中体验温暖，以及在情感和身体上对他者做出反应。在团体中，治疗师支持和谐的自体调节，当一个人生活在一个水平（平等）的环境中，有可能自由呼吸并给予相互支持时，这种自体调节得以发生。

直至 20 年前，人们都很难维持一段关系，而今天，人们很难在一段关系中感受到自己，有时甚至在性方面亦是如此：临床证据显示，从对伴侣选择的含糊不清（Spagnuolo Lobb, 2005c; Iaculo, 2002）到无法在身体上感受到性欲，不一而足。对"液态恐惧"（Bauman, 2008）的格式塔解读，对应的是一种感受，在这种感受中，本该带来接触的兴奋变成了一种不确定的能量：互为镜像和关系包容，对他者在场的感觉，让我们感觉自己是谁的"墙"——这些都是缺乏的。

我相信，今天的心理治疗有着双重任务：让身体重新敏感，以及给予大量横向关系支持，这可以使人们感到被平等他者的目光所认可（参见第 5 章）。

4. 意向性和接触边界：后现代社会的格式塔治疗

在新的临床和社会需求中，格式塔治疗将焦点放在接触和接触边界的意向性概念上，作为现象学（Rosenfied，1978b）[1]和实用主义（Bloom，2009）两个根源的综合。

如果在诞生时，格式塔治疗是在现象学中抓住体验的单一性质的价值和借助感觉传递知识的价值（见 Cavaleri，2013；Spagnuolo Lobb，2013），那么今天——当这些价值已经确定时——格式塔共同体在有关意向性的现象学研究中看到一个新的兴趣点，那就是朝向未来的此时。治疗性体验的共同创造是由一种意向性所激发——支持和导向——的，对于格式塔取向来说，它总是一种与他者接触的意向性。

回到题词上，一个病人对治疗师说："我昨晚做了个小梦。"治疗师很清楚地知道他自己比较矮小，于是就回答说："是的，像我一样小。"这种解读不是解释性的，它没有去关注病人的缺乏现实性，那是一种精神动力流动的空缺；相反，我们认为"小梦"的接触意向性随着现实数据的下降而下降，病人选择这些特定的词是为了连接那个特定的治疗师，在这样做的时候，他冒着克服习惯性关系障碍的风险。我们不认为在这段关系中，他是在回避自己的一部分。事实上，面对治疗师的回答，病人的典型反应可能是一个尴尬的微笑：就好像他被卷入了一种新的接触可能

---

[1] 参见《格式塔笔记》(*Quaderni di Gestalt*) 期刊 2010 年第 1 期，"格式塔治疗和现象学"专刊。

之中，而这种可能甚至连他自己都没有意识到。治疗干预的重点是支持先前被内转（retroflected）现在又恢复活力的接触意向性，以帮助病人感到他被看到了，最终被治疗师认可。当治疗师说"是的，像我一样小"的时候，他是在帮助病人融化冻结了的接触意向，去接触并被治疗师接触。

治疗师的回答也定义了与病人的接触边界。移情和反移情的概念被引入支持病人与治疗师接触意向性的逻辑之中。病人的感觉是被在此时此地面对重要他者的紧张所抓住，治疗师的感觉被用作病人的"生活世界"，被用作自发的环境，这一环境既对病人做出回应，反过来又带着不同为其所规定，与病人相比，治疗师拥有着一张地图，以阅读在治疗相遇的此时此地所发生的接触。治疗师和病人之间的接触边界是治疗的场所，病人与治疗师的接触比在之前的重要关系中更具自发性。对我们来说治疗不在于分析，而在于对已经被阻断的接触意向性的关系性认知。

接触边界的概念实现了关注现象性世界的想法，这个世界从来不是"内在的"，而总是在感官和意识的表面，这是格式塔心理学的学术现象学所珍视的。它还与格式塔治疗的实用主义根源有关，也与它的美国灵魂有关（参见 Kitzler，2007；Bloom，2003），后者强调人类交往的社会方面。边界是在一个人对另一个人持续和相互调节的体验基础上共同创建的。此外，格式塔治疗的发展与精神分析的最后发展非常接近，尤其是唐娜·奥林奇（Orange，2011），弗里和奥林奇（Frie and Orange，2009），以及奥林奇、阿特伍德和斯托洛罗（Orange, Atwood and Stolorow，1997）的研究。

5. 作为创造性调整的精神病理学

因此，到目前为止所讲的内容包含一些基本要点。首先，将人类发展和精神病理学视为创造性调整（creative adjustment）。不存在一些行为是成熟、正确的，而另一些行为是错误、不成熟的。术语"健康""成熟"或"病态""不成熟"所参考的都是外在于一个人体验的某种规范，这种规范由并未沉浸在情境里的某个人设定（正是因为这个原因，他可以声称自己是"客观的"）。尽管在主观性与客观性之间的两难境地是许多哲学家思想的核心问题（从胡塞尔到海德格尔再到梅洛-庞蒂，在某些方面还有克尔凯郭尔和阿多诺），现象学视角认为体验是提供知识的，是无法被概念分析所取代的（Watson，2007，p. 529）。因此，重要的是要考虑一个行为的意向性，换句话说，这是一种充满活力并激发动机的接触。这种知识是具体化的，充满接触意向，具有审美趣味，并且根植于有机体/环境的单一性质，最符合我们的取向。正如梅洛-庞蒂（Merleau-Ponty，1965；1979）提醒我们的，现象学知识每一次都意味着"重新学习看"：在现象学知识的世界里不排除直觉，它来源于知觉（Merleau-Ponty，1965）——因知觉是基于感官的——又严格地与审美判断联系在一起。在心理动力视角中，防御传统上被认为是治疗过程中的阻碍因素，而在格式塔取向中，与此相反，防御则被视为一种以需要支持的创造性调整过程为基础的关系能力。这使得心理治疗从外在的健康模式转变为美学模式，这一美学模式建基于当前对治疗师与病人之间相遇的感知，以及与这一关系相关的诸如此类的内在因素（参见第 4

章；以及 Francesetti and Gecele，2011）。格式塔诊断关注的是人们用以避免接触兴奋所带来的焦虑的接触模式，并使确定治疗关系所依赖的接触类型成为可能（参见第 4 章和第 5 章）。

因此，向格式塔治疗师提出的临床问题与现象学研究是一致的，即从自然证据出发，到达先验知识，抛开任何评判，让我们自己听从直觉的指引。这与格式塔心理学也是一致的（Köhler, 1975），欧洲当前的学术研究为现象学提供了认识论观点，以应对物化人类知觉的问题（James，1980），在同样根植于感觉体验的美国实用主义看来，这是一个处于共创平衡中的有机体与环境的审美过程，具有优雅、和谐与充满韵律的特点（Dewey, 1934）[①]。格式塔治疗师并不打算把病人带到一个"健康的"或者"成熟的"体验或行为标准里，而是引导她/他在进行接触时具有或重新具有适当的自发性，获得或再次获得她/他在接触中活在当下的完满性。治疗的任务在于帮助病人认识到她/他调整的创造性体验，以一种具体化的方式重新适应而不焦虑，换句话说，这是自发的。

在当前对关系的科学热情中，神经科学研究日益强调对大脑关系本质的确认[②]，丹尼尔·斯特恩（Stern，2010）在最近的反思中，依据运动中形式（forms-in-movement）的知觉，看到了意识的基本单位，确认了格式塔治疗创始人的直觉，根据后者的观点，第一现实（primary reality）是在接触边界上共同创造的在场，格式塔浮现自接触意向性的相遇。

[①] 参见布卢姆（Bloom，2003，p. 65）。
[②] 加莱塞在其最新的研究（Gallese，2007）中明确指出，凭直觉感知他者（归因于镜像神经元）的能力与对有意动作的感知有关：镜像神经元在面对他者做出的有意动作时被激活，而不是在面对重复的动作时被激活。

6. 本书各章节

本书共由 10 章组成。

第 1 章《后现代社会中的格式塔临床实践》，介绍了在后现代社会中发展起来的格式塔基本临床原则，并在一次治疗中现场演示了它们，这一章展示了治疗的文字实录并进行了点评。

第 2 章《在接触中创造和被创造的自体：格式塔治疗的经典理论》，这是我的描述，插入了我的美国同事菲利普·利希滕贝格依据格式塔治疗的自体理论所做的干预。本章是对安塞尔·沃尔特和萨拉·托曼（Sarah Toman）主编的一本书（Woldt and Toman，2005）中为美国大学生撰写的一个章节的最新修订。

第 3 章《表面的深度：临床证据中的躯体体验和发展视角》，叙述了我对格式塔发展理论的看法：该理论不能忽视躯体的取向，必须聚焦于治疗的此时此地的临床证据。

第 4 章《在治疗中叙述自己：朝向未来的此时与格式塔诊断》，提供了一个诊断临床工具，其基础是病人讲述其故事，因此，也就是以呈现于一次治疗的此时此地的接触意向性为基础。本章呈现了各种不同形式的体验（融合、内摄、投射和内转），并提供了对治疗现场逐词逐句的文字实录。格式塔对人类关系的视角是整体性的，不能忽视内隐与外显关系知识的一致性特质[1]。毕竟，正是在叙事的过程中，个人的社会化创造力才得以

---

[1] 正如丹尼尔·斯特恩（Stern, 2006, p. 35）所言："对内隐知识的认识所引发的革命，给我们所有心理治疗师带来了巨大的问题，巨大而又引人入胜。也许，如果我们提出这些问题，就可以把心理治疗引向更加一致和统一的方向。"

确立,他们才能获得与众不同的可能,并对社会做出真正的贡献。

第5章是《后现代社会和心理治疗中的攻击与冲突》,将格式塔治疗中非常基本又很有问题的攻击概念,翻译成后现代语言。什么攻击在今天是应该得到支持的?我们怎样才能把我们的原创性与牙齿攻击的观点联系起来呢?我的观点是,社会已经从如皮尔斯所抱怨的对攻击需要的否定,转变为对扎根(rootedness)需要的否定。本章展示了在各种冲突体验(内摄、投射等)的情况下为背景提供支持的临床例子。

第6章是《心理治疗中的爱:从俄狄浦斯之死到情境场的浮现》,说到合法的爱,以及如何依据三元观点在心理治疗中使用"不合法"的感受,这正是因为它与基于依恋(Beebe and Lachmann, 2002)的二元观点有所区别,允许对情感有更宽广的看法,将其视为从关系场中浮现。

第7章是《夫妻心理治疗中朝向未来的此时》,展示了我对夫妻工作的模式,这已经在罗伯特·李(Lee, 2008)的书的一个章节中写过,在本章中以更完整的形式呈现。虽然我从乔·梅尔尼克和索尼娅·内维斯(Melnick and Nevis, 2003)以及约瑟夫·辛克和桑德拉·卡多佐·辛克(Zinker and Zinker, 2001)的"积极"模式中获得灵感,但与他们不同的是,本书提出了其他地方没有考虑到的夫妻接触的体验维度。

第8章是《家庭心理治疗中朝向未来的此时》,提出了与家庭工作的一个格式塔模型,旨在支持和实现家庭成员之间的接触意向性(intentionalities of contact)。在我看来,这一工作提出了一种处理当代社会所要求的家庭关系的新范式。

第9章是《团体心理治疗中朝向未来的此时:在一起的魔

力》，展示了从皮尔斯到我们时代与团体的格式塔干预，并继续提出了一种包括诊断和治疗及共时性和历时性方面的工作模式。

第 10 章是《格式塔治疗培训：团体中的新奇、兴奋和成长》，简略提及将这种方法的艺术传授给有抱负的心理治疗师的教学任务，作为对本书的总结。我正是给他们留了最后一句话，他们是我们的未来。

7. 结论……

当我写这本书时，我发现自己深陷在体验的背景里，深深感谢每一位心理治疗师对文明做出的杰出贡献，他们以完全个人的和永远值得尊重的方式，将自己生命中的痛苦与病人生命中的痛苦必然地整合起来，每个人都带着创造力继续爱人类，继续"渴望彼此的渴望"[1]。

---

[1] 这是一个唤起人们回忆的拉康式形象（参见 Prigogine, 1996）。

第1章
后现代社会中的格式塔临床实践

对我而言，与其他取向相比，格式塔治疗的一些认识论原则似乎正在定义着当前该取向的特殊性。观看皮尔斯工作时的视频，很明显，这种工作方式——实际上仍然非常有吸引力——与20世纪50年代的文化脉络息息相关。今天，同样的工作——尽管保持了其固有的独创性——已不适合我们的社会感受。那么，格式塔工作的原创性是如何发展起来的呢？直到今天，我们又是如何去发展其认识论的特殊性的？在我们的工作方式中，在什么方面我们仍然是（或者我们能够是）独一无二的？

为了回答这个问题，有必要将我们的目光扩大到心理治疗更普遍的脉络之中，并与其他方法进行比较。我在不同方法之间的大量临床交流体验证明，没有什么取向比其他取向更好，只不过是简单的"衣装"或"语言"，这是有抱负的心理治疗师在选择训练取向时确定的。由此便存在着方法的多样性，每一种取向都有自己的思维，因此也有自己的临床实践，但这种特殊性涉及的是理论和方法的一致性，而不是霸权（参见第10章）。与不同的认识论和临床语言进行比较，是"照镜子看自己"的机会：从外面观看，在"内在的"我们是什么上能揭示更多。

如果有人问我格式塔治疗有什么特殊之处，这就是今天我想做出的回答。

1. 从内心范式到共创的之间性范式

在当前以关系为中心的文化趋势下，格式塔治疗从共同创造的角度重新定义了创始人的原始直觉，它认为体验发生在接触边界上，发生在"之间"，也就是说在"我"和"你"之间（Spagnuolo Lobb，2003b）。在20世纪50年代，所有的人本主义心理治疗都是在自体调节的主体性范式下被规约所确认的，这与直到20世纪30年代作为上级权威的真理范式相反。然后，在20世纪80—90年代，正如我在导论中所写的，科学、艺术和哲学都致力于这种关系，并决定偏好本质上属于这一关系的真理范式，它源自这种关系，并不可分割地属于这种关系的结构，而不是真理先验地定义的范式。从康德的意图伦理学到哈贝马斯的哲学共享伦理学，从个体心智的心理学到带有体现共情概念的神经科学（参见诸如 Damasio，1994；Siegel，1999；Gallese，2007），从20世纪早期的表现艺术到"可用的"（usable）[①] 当代艺术（Tessarolo，2009），西方世界的思考所针对的是共享的体验。

在临床心理实践领域，格式塔疗法首先感谢伊萨多·弗罗姆的贡献，从旨在解决个人需要的有机体/环境互动观点（参见 Wheeler，2000b），转向有机体/环境场的观点，这是一个单一的现象事件，从中接触的模式得以浮现，心理治疗师欢迎这种模

---

① 现在的艺术家们用这个词强调艺术必须被人们使用、处理和体验。

式，以支持清晰的感知，由此支持病人自体的自发性。

关于上述观点的一个临床案例就是病人对治疗师说："我昨晚状态很糟糕，无法入睡。"根据当代格式塔治疗，他表达的不仅仅是一种属于他自己的体验（"我想更好地理解我的糟糕状态"），也有一些属于当下与治疗师的接触（记忆中的"可怕状态"是对真实状态的一种说法，这是一个从体验背景中挑选特定部分而不是其他部分的问题，就在此刻与治疗师在一起的这一次治疗里）。也许他想向她传达关于前一次治疗或即将开始的这次治疗的某种焦虑，例如，他可能想说："在上一次治疗中发生了让我焦虑的事情，我希望今天你能认识到它对我的影响，并能保护我不受这些负面影响。"这样的关系阅读（可更准确地称之为"情境式"）让治疗师摆脱传统的内心观点，即考虑在"可怕的状态"下工作，看看会发生什么，转而认为治疗是一个过程，关系到病人对需要满足（或升华）的觉察，并且完全进入后现代的视角来看，在由病人和治疗师共同创造的空间里搭配治疗，建立起新的接触模式，释放自体的自发性。

2. 作为真正"事实"的治疗关系：体验的主权

一般来说，心理治疗取向认为治疗关系是改善病人生活中真实关系的一种虚拟工具[①]。与此相反，格式塔治疗把治疗关系的特点归结为真实的体验，这种体验在病人与治疗师"之间"的空间中诞生并有自己的历史。

---

① 作为实例参见 Spagnuolo Lobb, 2009b。

事实上，治疗关系并不被认为是病人过去的关系模式投射的结果，也不只是一个实验室，在那里对关系模式进行"测试"，以便对外界和现实生活更有效。在病人与治疗师之间形成了一种独特的、不可重复的关系，在那里彼此的看法被修改，在那里过去的模式得到了发展，以便改善这种关系而不是过去的那种关系。在这个特定的治疗师与这个特定的病人之间发生的事情构成了治疗，这是许多可能的治疗体验之一。这意味着格式塔治疗师将他/她自己完全沉浸在这段关系中，也就是说，他/她使用了他/她自己。治疗实际上是建立在两个真实的人的基础之上，虽然他们也可能通过技术手段暴露出来，但通过他们作为人类自身的局限性，自发地在一种由他们的互补角色明确定义的关系中冒险：一个给予治疗，另一个接受治疗。回顾一下在导论中引用的伊萨多·弗罗姆的例子，一个病人向他讲述了一个梦，是以这样的话开头的："我昨晚做了个小梦。"伊萨多个子很矮，他完全意识到这一局限，这刺激了他的病人们的反应，这些反应往往不会表现出"礼貌"，于是他立即回答说："是的！像我一样小。"病人被这个小笑话打动了，尴尬地停了一会儿，然后放声大笑。他的呼吸变得更加饱满，他能够接触到对治疗师温柔和信任的感受，这些感受之前被阻止了。在人性的局限下，治疗师与病人之间的非凡相遇，给了病人一种在关系中敞开心扉的可能性，怀着最隐秘的情感，伴着对他者的信任感，这对他来说是很难体验到的。这个例子表明，对于格式塔治疗来说，是两个人真正的相遇产生了治疗，在这种相遇中有一种新奇的东西能够重建病人的接触能力。

斯特恩也持同样的观点（Stem, 2004; Stern *et al.*, 2003），他认为心理治疗的一个重要因素是改变治疗师在他/她的干预上的"签名"(一个特别的微笑、一种特别的说话方式或一种特别的看人眼神等等),使病人感觉到那是他/她(治疗师)在关心重要他人的方式。

3. 社会情境中攻击的作用[1]和作为不受支持的走向他者的精神病理学概念[2]

弗里茨·皮尔斯在儿童发展上的直觉为隐含在牙齿发展中的解构赋予了价值(牙齿攻击,Perls,1942),其基础是认为人性具有自体调节的能力,与19世纪20世纪之交的机械论者概念(弗洛伊德理论中所蕴含的)相比,这无疑是积极的。孩子咬人的能力支持并伴随着他/她解构现实的能力,这种自发而积极的攻击力量不仅有生存的功能,而且有社会相互连接的功能,让个体主动地得到环境中能够满足自己需要的东西,并根据自己的好奇心去解构它。

走向他者(ad-gredere)的生理体验是支持走向他者的更加普遍的有机体体验,就是吸入氧气,换句话说,必须通过呼吸获得平衡和支持,这是一个对环境具有信任的时刻,在这个时刻有

---

[1] 我在这里用"攻击"一词是为了与皮尔斯的语言保持一致(《自我、饥饿与攻击》,1942)。皮尔斯参考"*ad-gredere*"(来自拉丁语"走向"[going towards])的行为,强调社会和人类需要与作为真实行动的攻击有关,这是一种运动,不是心理化的感受。攻击是指走向他者的行动,而攻击性是一种相关的感受。我在这个意义上使用这两个词语。
[2] 有关今天的"攻击"概念及其对临床实践的方法论结果的更宽泛描述,参见第5章。

机体不再紧张并放松控制，继续以自发的、自体调节的方式进行另一次呼吸（和吸入氧气）。暂停控制，让自己走向他者或环境，对能够自发地产生控制/信任节奏来说是基本的信号，目的是达到平衡着活跃并具有约束性的在场、创造性和调整的他者，同化接触他者的构成新奇性。

当缺乏这种氧气支持时，兴奋就会变为焦虑。在格式塔治疗中，我们对"焦虑"的定义实际上是"缺乏氧气支持的兴奋"，缺乏到达他者的生理支持。接触在任何情况下都会发生（只要有自体，只要有生命，接触就不可能不发生），但这种体验的特点是焦虑（Spagnuolo Lobb，2004a）。这意味着接触边界的某种去敏化：为了避免感知焦虑，有必要在接触环境的此时此地将部分敏感性置于睡眠状态，自体不能全然集中，觉察减少，接触的行动失去觉察和自发性的质量。[1]

由于这个原因，格式塔治疗师会观察处于接触中的病人的身体过程，在看到病人因将注意力集中在一个重要体验上而无法完全呼气时，会建议他/她将气呼出。治疗师知道，在这种情况下，病人的生理体验是一种没有氧气支持的兴奋，他知道病人在治疗接触时被分散了注意力，无法同化其中包含的任何新奇性。换句话说，没有氧气的支持，治疗接触是无法实现的，格式塔治疗的改变涉及所有的心身过程和关系过程。有必要建议病人呼气以获得氧气的支持，从而接受因治疗接触而带来的新奇性。

因此，格式塔治疗将"动物的"灵魂与"社会的"灵魂完美地结合起来，几个世纪来，在西方哲学文化中，这两者被认为是

---

[1] 这些概念是格式塔精神病理学理论的基础（参见 Francesetti, Gecele and Roubal, eds., 2013）。

相互对立的。如果接触是一个高级的动机系统,那么生存的本能动机与社会的交际动机之间是无法分割的①。

格式塔治疗强调关系,因此在考虑有机体/环境交换的自体调节(在解构与重建之间)时具有人类学价值,在考虑创造力是个体/社会关系的"正常"结果时具有社会政治价值。创造性调整实际上是这种自发的生存力量的结果,它允许个体从社会脉络中分化出来,但也是其完全的和重要的部分。人类的每一种行为,甚至是病态的行为,都被认为是一种创造性调整。

"走向他者"的概念在接触边界的形成中具有其格式塔特点。

4. 有机体/环境场的单一性、接触紧张和接触边界的形成

根据格式塔视角,个体和社会团体并不是分离的实体,而是在彼此互动中某个单元的一部分,因此,它们之间的紧张,可能不被视为一种无法解决的冲突的表达,而被看作在一个场内倾向于整合和成长的必要运动。

我们的现象学灵魂提醒我们不可能浮现一个我们从中发现自己的场(或情境),并给予我们操作的工具,与此同时又保持在被"情境"体验强加的限制之内。格式塔治疗的创始人从一开始就提出了"情境的"方法(Perls, Hefferline and Goodman, 1994, pp. 20 - 21),比伽达默尔(Gadamer)早很多年,提出了

---

① 丹尼尔·斯特恩的内隐关系知识理论作为人类的高级动机系统,证实了接触的格式塔理论的直觉,这一直觉在50年前便得到揭示(参见 Spagnuolo Lobb et al., 2009)。

在读者与书本之间的解释学循环(hermeneutic circularity)[①]:"因此,读者显然面临着一个不可能完成的任务:理解这本书他必须拥有'格式塔的'心智,而获得这种心智他又必须理解这本书。"(Perls, Hefferline and Goodman, 1994, p. XXIV)

格式塔治疗借用了现象学的"意向性"概念(Husserl, 1965)。意识只存在于它的"与之相关",在于它的"有意朝向"对象,在于它的超越自身。正是在"超越"的行动中,主观性形成了(Spagnuolo Lobb and Cavaleri,即将出版):"如果一个人本质上是在形成中形成的,是有意向性的,是在与周围的接触中形成的,这就意味着需要精神病理学和心理治疗来分析这种持续的超越,充满意向性地进入接触。它存在于与世界的这种关系中,存在于对世界的这种倾向中,必须确定精神痛苦的根源,同时必须确定治疗的空间。"(*ibidem*)

在格式塔治疗中,说到"接触意向性"并这样去做时,我们既考虑伴随着走向他者(来自拉丁语 *ad-gredere*)的生理"攻击"力量(如在前文中解释的),也考虑存在于此的证据,即人类的构成关系生理学。

在这里,我们有一种描述接触过程的方法,专注于整体/分化的节奏,根据典型的格式塔认识论,其特征是在既定情境下存在于那里的运动。

在这个场里,能量及分化从最初的未分化的单一状态中浮现了,这带来构成接触边界的分化了的感知的浮现,在接触的具体

[①] 解释学循环是解释学用语,指在对文本进行解释时,理解者根据文本细节来理解其整体,又根据文本的整体来理解其细节的不断循环过程。——译注

的此时此地，接触意向性得以实现。建立接触中自体的过程正是这样一种经历，最初的缺乏分化，让位于兴奋的增长，并伴随着现象学领域中的新奇感。正是感官的兴奋带来分化（我意识到我的动作不同于别人，由此我识别我自己，因为我与他们不同，所以我能准确地定义我自己）。接触边界因彼此在多样性中相遇而被定义，然后在决定朝向他者的运动中得到发展，从一个人自身多样性（来自自体觉察的背景）的稳固性中开始。

回到前文中的例子，与治疗师沟通一个人的夜间躁动，或把梦描述为"小"，这是在一个场中共创的接触边界。

5. 一种基于美学价值的心理治疗

"美学"一词来源于希腊词 αισθεικόs，意思是"与感官相关"。回顾我在导论的"作为创造性调整的精神病理学"一节所说，在此我想强调在格式塔治疗中"接触"一词不仅意味着我们是相互连接的存在，而且也表达了对体验的生理学的一种思考。对体验的心理化的兴趣，被对由感官的具体本质所产生的体验的兴趣所断然取代。我们使用"兴奋"一词来指代在接触体验的生理机能方面感知到的能量（Frank, 2001; Kepner, 1993）。对我们来说，兴奋的概念在生理学上等同于意向性的现象学概念（Cavaleri, 2003）。

觉察（*awareness*）的概念与意识（consciousness）的概念大为不同，它表达了在接触环境的过程中呈现于感官，以带有接触意向性的一种自发的、和谐的方式来识别自己。觉察是接触的质量，并代表其"正常状态"（Spagnuolo Lobb, 2004a）。与之相反，神经症是通过意识功能的恶化（在有机体/环境场中）来保持孤立。

这一概念为治疗师提供了一种心理状态，使其能够出现在与病人的接触边界上，从而避免对他者的轻率诊断。只有相信人类拥有内在的能力，在既定时刻和既定情境下能做最好的事情，才能引导格式塔治疗师进入治疗接触和关系，而不是依赖外部的诊断模式。正是这种觉察让他/她每次都能找到新的治疗解决方法。

6. 图形/背景动力

作为治疗接触的这些解释学方面的一个临床结果，治疗师感到他/她是情境的一部分，支持蕴含在分化（这应该是病人及其自己的）中的走向他者，在治疗作用中配置他/她自己，最后将他/她的行为确定下来，带着感觉而不是心理分类逗留在接触边界上。此外，持着有机体和环境的单一本质观点，治疗师问自己："我如何在此刻为病人的体验做出贡献？"这个问题不在于行动/反应，也不在于承担责任，而是："从什么样的治疗接触体验背景中病人正在创造的图形浮现出来？"这不是责任的道德归属问题，而是在这个特别的既定情境中，对病人此刻的感知保持好奇。这是一种"生动的"对病人感知的照顾，此时治疗师是深刻的部分，带着他/她的情绪和感觉，确定不疑地参与到共创的现象学场之中。这是对治疗情境自身（治疗师为要求治疗的病人提供治疗）的定义，所"设置"的是治疗师和病人都沉浸其中的现象学场。

例如，病人告诉治疗师，在这次治疗的前一天晚上，他梦见了一堵无法逾越的墙。治疗师想知道："在上一次治疗中，我是怎么成为这个病人的一堵不可逾越的墙的？"

这不是关于投射的转移逻辑的问题，而是关于图形/背景动力的问题。治疗师问他/她自己："在我此刻所能提供的许多可能刺激中，为什么病人会推断这一些而不是另外一些？"假设是：这一特殊刺激与病人积极去解决的相关需要有联系。病人的"投射"（最好叫它感知）总是会放在治疗师身上，治疗师的个人特质被认为是共同创造关系的必要方面。

在这个临床案例中，病人在治疗的开始说："昨晚我梦见一堵墙，它就在我面前，不可逾越。我既看不到头，也看不到尾。我醒来时感觉无法继续前进，我不知道还能去哪里。"从什么样的体验背景中浮现出了墙的图形？更为重要的是，是什么样的接触意向性决定着这个图形的形成？如果属于现象学场的体验背景是由病人和治疗师的在场共同创造的，那么这个图形的形成必然与这次接触有关。治疗师问道："在上一次治疗中，我对你来说是怎样一堵不可逾越的墙？"病人有点懵，说："你……墙……"治疗师说："把注意力集中在对你梦中那堵墙的体验上，想想我们上一次的治疗，你觉得有什么相似之处吗？"病人集中注意力，然后说道："那是我在你面前受到感动的时候，在那一刻我真想拥抱你，而你不动声色。我感到就像小时候在我父亲面前一样，我永远不能告诉他我是否有问题，或者我是否快乐。我所有接近他的努力都因他的严厉而中断。他那严肃的表情就像一道闪电，把我牢牢地钉住了。和你在一起，我感觉失去了平衡：那一刻我不知道该去哪里，也许希望顺其自然是没用的。"治疗师说："所以当我不接受你的情绪时，我对你而言就成了一堵墙。谢谢你给我机会让我现在不再那样。试着告诉我在上一次治疗中你没有告诉我的情绪，我在听着。"病人说："我有点羞耻。"治疗师："你已经习惯了在你面前有不可逾越的墙，如果没有的话你会感到尴尬。"病人："当然，这对我来说是新鲜事。"治疗师："深呼吸，看着我，当你准备好了，就告诉我——就像你呼气一样——你的情绪，我正在听着。"病人深吸一口气，看着治疗师，努力地说："你对我很重要，我喜欢你的耐心，当我看着你的时候，我直觉地感受到你的温暖，谢谢你和我一起在这里。"治疗师："现在怎么样？"病人："很好，我觉得我已经做了我想做的，我感到很轻松，我知道我想去哪里，告诉你这些对我来说很重要。"

将病人带来的图形（不可逾越的墙）界定为图形/背景动力正在浮现的属性，这会让治疗接触充满活力，使治疗师有可能去追溯病人的接触意向性，并提供支持，从而使之在他们俩的接触中得到发展。有人可能会问，在这个例子中，以真正拥抱来促成"过渡到行动"到底有多重要。在我看来，在这个例子中，支持必须导向暴露对拥抱的心愿，把他自己定义为一个想要获得拥抱的人，而不是将感情放在身体运动上：是对人格功能（*personality-function*）的支持，而不是对自体的本我功能（*id-function*）的支持（参见第 2 章）。正是根据对自体的界定而支持与他者的接触，才使接下来的真正拥抱成为可能。对格式塔治疗师来说有一点很重要，那就是不应该将"过渡到行动"作为对病人的灵丹妙药，而是应该发展敏感性，以分辨什么才真正对病人有用。风险在于内转，治疗师自己和病人双方都会有未说出口的情绪，这种情况可能在他们之间的接触边界上造成依赖和去敏化。在接受来自治疗师的拥抱诱惑之前，病人什么也没说，但仍有一种困惑的余味（这并不是他/她真正想要的），这可能会在治疗之外，以批评心理治疗师或心理治疗的形式明确表达出来。从病人关系体验的特定背景出发，追踪是什么样的接触意向性使图形的形成充满活力，这对格式塔治疗师来说是一种基本能力，目的是为了避免天真地束缚在过时的、一般化的人本主义模式之中。

7. 后现代临床实践在行动

作为迄今为止所讲内容的一个实践结果，我现在将叙述一次治疗，驻足于个体的"框架"去解释治疗过程。

这次治疗完全把赌注押在内摄接触的模式上。作为治疗师，我使自己与病人的体验代码相匹配，使用一种看起来有指导性的风格。事实上，从共同创造场的角度来看，带着内摄风格进行接触的病人与提供"营养"的对应者在一起时会感到"在家里"，这就是我使用的语言风格，目的是让我的话更容易为病人所接受。根据改变的悖论理论（Beisser，1971）——这是皮尔斯灵感的一个来源（参见 Beisser，1997）——首先是创造性调整的概念，我相信治疗行动必须支持病人已经能够做的事情，而不是去修改无效的事情。

因此，在我的工作中，我试图从病人的体验代码中找出她擅长的方面。正是这种在关系中的被认可，有助于消除焦虑，让病人放松：最后她觉得她被他者看见了，可以呼气，在她等待"好，我看见你了"的时候，可以放松吸气时留下的紧张。如果病人能够没有焦虑地做她已经知道如何做的事情，她就可以自由地感知其他事情，来扩大她的知觉和运动的可能性，因此她也可以修改其所做之事，可以用一种对她的成长而言更有功能的方式去行动，或继续做她已经做的，但带着自发性和觉察，没有焦虑①。

7.1 一次治疗②

病人和治疗师面对面坐在可以 360 度旋转的转椅上。在整个治疗过程中，他们直接看着对方，没有转动他们的椅子。电视摄像机在房间的一个角落里。

> 治疗师：早上好，E。
>
> 病人：早上好，M。
>
> 治疗师：我们在这里做这件相当奇怪的事……③
>
> 病人：是的……我真的很焦虑。
>
> 治疗师：一种亲密而……公开的相遇……
>
> 病人：……公开，对的……不过像这样也挺好的……
>
> 治疗师：……是的。
>
> 病人：我想这不是通常的情境。
>
> 治疗师：对的，这是一个新的情境。
>
> 病人：新的……嗯……对我来说，我是那种……我有时有点害怕冒险……对我来说就像潜水一样，就是这样的。
>
> 治疗师：所以你决定进行这次潜水了。

---

① 有趣的是，在最近与翁贝托·加利贝蒂教授的一次对话中（Spagnuolo Lobb, 2010a），他自己强调心理治疗的目的是如何扩大病人的感知可能性（用他的话来说：世界观 [Weltanschauung]）。
② 本次治疗记录于 2006 年 12 月 5 日。这个"病人"只是这一次治疗的病人：她实际上是一个学生，自愿参加一个教学视频。她 32 岁，是一个心理学家，正在格式塔治疗专科学校参加第三年学习。部分内容发表于意大利期刊《格式塔笔记本》（[Quaderni di Gestalt] 参见 Spagnuolo Lobb, 2009h）。
③ 我指的是在治疗期间被拍摄下来。

我决定支持病人正在做的事情中隐含的勇气，而不是分析她的恐惧（这也是她体验的一部分）。带着去支持病人与我这个治疗师接触的自发性过程的视角，我观察到"未完成的动作"，这是被抑制的能量，不允许形成有意的手势。事实上，在格式塔治疗中对当下众所周知的关注，并不能理解为分析性术语：我分析在治疗期间病人是如何与我接触的，目的是为了使她恢复她目前所没有看到的东西，或者……如我所说……我帮她去探索她的恐惧，这样她就会更加觉察到它们是如何嵌入她的接触方式的。对格式塔治疗而言，活在当下就是活在现实的情境（包括病人的和治疗师的）之中，活在人类有限性的现实之中，正是通过保持这种共享的有限性，他们都被指引着朝向治疗的目标前进。接触-后撤出接触的过程本身是体验性的，目的是为了在这种关系中找到另类的感知，使接触的自发性成为可能，使一个人的整体存在成为可能。格式塔治疗的治疗目的并不是在治疗关系之外的关系治疗，而是在此时此地创造一种更加自发的、更少引发焦虑的接触，这也成为改善病人与外界联系方式的保证。

病人：是的。

治疗师：你是有意识地做了这个决定。

病人：是的，带着一点无觉察……不是太有意识，因为带一点无觉察在基本选择中是有用的。

治疗师：我很感激你。

病人：我才要感激您给予我这个机会……真的……

治疗师：（微笑）我感激你把自己交到我手里，对吧？

病人：是的，我很乐意这样做。

尽管在他/她的治疗功能中，治疗师被定义为与病人同行的旅伴，在某种意义上，总是由病人引导对治疗关系如何"投入"及"投入"多少。如果治疗师的注意力放在此时此地的关系上，那么他/她的治疗就集中在朝向未来的此时。

正如刚才所说的，我们的现象学灵魂提醒我们，不可能从我们发现我们自己的场（或情境）中走出来，并给我们提供工具去工作，同时又保持在"情境"体验所强加的限制之中。

因此，治疗关系被视为一种真实的体验，它是在病人与治疗师"之间"的空间里诞生并拥有自己的历史，而不是从病人的过去转移过来的投射的结果。关系维度先于内在维度，或者在任何情况下都不能被个体体验所解释。

当我说"我感激你把自己交到我手里"时，我想让病人注意到作为一个人与我接触的现实，而不是她可能已经形成的对我的理想化。我也想让她知道，我看到并欣赏她对我的信任，这样病人就知道她所做的一切都是可见的，这也有助于她更信任她自己。

治疗师：你告诉我说你在考虑做什么事情。

病人：嗯，是的，我有很多事情，但现在我要看看什么使我最……我想我喜欢做……我生活在特拉帕尼，那不是我的城市……我认为我的问题在于，我一直无法融入这个城市，或很愉快地在这个城市生活……嗯……这很难……我还没有告诉你原因，让你理解这些。我来自锡拉丘兹，结婚快6年了。我丈夫不是特拉帕尼人，他来自恩纳省。我们选择住在他工作的地方，我离开家人和他住在一起。我们结婚了，现在我有一个三岁的小女孩…呃……这并没有得到很好的认可,尤其是我母亲。

治疗师:是指你搬走的事实?

病人:是的,她觉得这是一种背叛。这是我想对之进行工作的最基本的事情,是我还没有全部完成的事情……所以,自从我住在特拉帕尼以后,我就找不到合适的地方让自己开心。从某种意义上说,我还没能交到亲密的朋友,而在锡拉丘兹(我的故乡),我能交到亲密的朋友。特拉帕尼("我结婚"的新城市)怎么说呢,只有责任、工作、作为夫妻的生活……但我发现很难融入,很难找到融入的方法……

治疗师:去感觉这座城市是你的。

病人:是的,现在我已经开始了,我已经这样做了一段时间了……但每次我回到锡拉丘兹,回到我的老家——我也会回到学校,因为这个原因,我故意选择了学校——我不知道我是否想家,有点像初恋……所以我对自己真正想做的事情有一种危机感。我不担心我和丈夫的关系,绝对不担心。

治疗师:是的,这似乎与你和你母亲的关系有关,就像你刚才说的,好像事实上她不接受你的离开,搬离家乡的城市……

从病人最初的几句话中可知,很明显,她体验接触的习惯模式(她的接触风格)是内摄型(Perls, Hefferline and Goodman, 1997, p. 257 ff.):他者被视为比她更有形,是真理的拥有者,而她看到自己一直努力着拼命成长,以达到成人的目标(例如在一个不是她自己的城市里感到自在)。我觉得这种关系模式也激活了我("我应该感谢你",等等),我知道这是我们这次治疗的关键点:支持成长的愿望,"长大"成人。我的这种语言表达将病人的注意力引向了她与母亲的关系上，我想把重点放在她与母亲的对话关系上，而不是病人无法做到"正常"的体验上。"事实上她不接受你的离开……"恰恰是病人对在特拉帕尼无法成功变得"正常"的看法的对话极性。换句话说，母亲不接受女儿的离开"支持"了病人没有变得"正常"的感觉。

  病人：是的，她没有接受它，她受到了伤害。
  治疗师：……这让你觉得你不能在特拉帕尼尽情享受，那就像是一种背叛。
  病人：也许，也许。
  治疗师：……所以你工作，忙忙碌碌，几乎是为了证明你搬走这件事是对的。这是出于责任，不是吗？
  病人：是的，是的，也许有那么一点，但是一旦我知道了……我曾对自己说过一点，我也就此做出过一些工作……但我真的发现很难……
  治疗师：那不足以让你做出不同的决定……是没有吗？
  病人：是的，这是我知道的事情，也是我一直在做的事情，但是……嗯……它并没有给我一个具体的推力。举一个有点傻的例子。我说："我试着去健身房报名。"在锡拉丘兹我跳非洲舞，我非常喜欢，我跳了五年。在特拉帕尼的五年里，我什么也没做，甚至在孩子出生之前，所以……我能说什么呢，我有过两年平静的时光，那时我挺好的，我可以做一些事情。但我觉得孤独，非常孤独，我不是一个喜欢独处的人。好像这种新的生活、这个新的家，还有我的丈夫，对我来说已经足够了，所以好像我不需要其他人了。我甚至在女朋友让我出去时还编了个借口，我会编各种借口。

第1章 后现代社会中的格式塔临床实践

治疗师：……这就是你处理丧失之痛的方式，不是吗？一种分离。

我再次提醒病人注意她的自体调节能力：把自己关在特拉帕尼新诞生的核心家庭的边界之内并没有错（正如她的内摄模式会引导她去思考）。更确切地说，这是一种自体调节，让她能够应对与母亲和城市分离所带来的悲伤，而不会对她的关系生活的整体情境造成严重损害。

病人：也许。
治疗师：尽管这次分离一直被搁置在背景里，因为你们有了孩子，有了新生活，有了婚姻。
病人：是的，是的，是的，没错。
治疗师：但是我觉得你与你母亲的关系有点问题……那让你透不过气来。

在支持了病人在与母亲分离的情境下自体调节的自发性之后，我们就能更好地面对她与母亲关系这个主题，这是本次治疗的关键主题。

病人：不……不，确实让我有点喘不过气来。不是说我们的关系不好，不是这样的。
治疗师：也许，完全是因为你们关系很好。
病人：是的，但好像我从来没有成功地……去表达我的感受，表达我想要什么。在攻击性方面也是如此：我不能和妈妈争论，我不能真的发脾气……我和朋友在一起也会这样，我不会让自己的愤怒情绪流露出来。我有困难，我终于学着和我的丈夫争论……事情已经解决了，但在我的朋友中，我却无法说出我不想要的东西。

治疗师：嗯……现在让我们来看看你是否愿意做一个小实验：如果我是你妈妈，你会对我说什么？

病人：……（疑惑地看着治疗师。）

治疗师：关于你的离开，关于你和她的感情。

病人：您的意思是……嗯……我应该把您当成我母亲一样说话吗？

治疗师：是的，就像我是你母亲一样。

治疗师假定她处于关系中的背景是一种对接触的基本紧张，而不是被解除的防御，以及因此实现的"现实感"。这种对接触的紧张动员着现象学场的能量，使病人和治疗师都沉浸其中，并带来接触边界的形成，这是让自体展开的地方，是作为从他者中分化出来——同时也是与他者分享——的一种活动。

在格式塔治疗中，自体是人类有机体的一种功能，表达了它与环境接触及后撤出接触的能力。因此，自体被认为是一个过程，一种"接触功能"，是通过感官在有机体与环境相遇的地方展开和"发生"（参见第 2 章）。自体由此同时表达了对环境的接触和从环境中分化出来。

这种程序上的紧张不断地吸引着治疗师的注意，在其治疗功能中，专注于朝向未来的此时，支持病人"孕育中"的活动。

目前对这一认识论方面的强调带来了对著名的格式塔空椅子（empty chair）技术的修正，众所周知，该技术利用了内部对话的外在化，以扩大对内在动力的觉察。考虑到建立病人与治疗师

第1章　后现代社会中的格式塔临床实践

之间关系的中心地位，空椅子的技术被替换为对这个治疗师说——而不是对这把椅子说——病人会对这个人说什么，或者对他/她放在椅子上的那部分说什么（Isadore From, in Müller, 1993）。这种改变让来访者回到情境的痛处，回到当前相遇的场，这是种关系障碍，也就是说，这种关系模式掩盖了（阻止去感受）与未表达的、无法实现的兴奋相关的焦虑。

　　病人：也许我有时候希望你不要因为我们之间的距离而哭泣。（从实验中出来了）如果她在这里，我会让她和那个小女孩待在一起……要不然……我会告诉她我的独立性……就好像她看不出我靠自己也能应付似的。我可以自己处理的，即使来到这里对我来说是一种挑战。我对自己说：我把那个小女孩留在幼儿园了，我很有条理，我的丈夫会帮助我；如果需要他，他会在那里。但有时我妈妈会对我说：嗯，如果你在这里，你肯定会得到更多的帮助。你不知道这意味着什么：晚上你可以和你丈夫一起出去，你会有更多自由。（她泪流满面，身体微微缩了一下，双脚离开了地面。）

　　治疗师：我真的很欣赏……你让自己沉浸在你的情绪中……听我说，把你的脚放下来，去感觉你的脚和地面的接触。在你后面有一些纸巾。

　　病人：谢谢，我口袋里也有的……我已经准备好了，但我接受这些。

　　治疗师：……是的……嗯……我注意到触摸那个小女孩是……痛苦的，不是吗？…让你心烦意乱，我的意思是你知道她想多见见你女儿吗？

　　病人：是的，我想是的……女儿非常喜欢奶奶和外婆，我婆婆和我妈妈，两个人她都非常喜欢，每次离开对她来说都很难。当她们来看我们，或我们去看她们时，她都会哭。

治疗师：所以那也是为了你女儿。

病人：是的……

治疗师：你难过也是为了你女儿。

病人：是的……因为她独自一人……她在特拉帕尼没有兄弟姊妹，也没有亲戚……而我是跟着奶奶长大的，她和我们住在一起。我和她在一起睡，她已经不在了……对我来说，这是一种基本关系……在某些方面，可能比和我妈妈在一起的时候还要多。我妈妈更加严厉……也很脆弱。说实在的，您让我想起了她，您给我的印象是严肃的，但不脆弱。

治疗师：嗯……是的，那是真的（点头同意）。

病人：您有点抑制我……但我也看到了一种开放、一种温柔……也许是我妈妈从来不允许她自己这样，除非扮演受害者，或者用感情勒索。

治疗师：我好像明白现在的情况有点不同了。自从你女儿出生以后，你和母亲之间就好像建立了一种新的情感纽带，这种纽带让你看到了我的温柔。

病人：是的，是的。

治疗师：我被你的难过给困住了，因为你希望她和你女儿更亲密。

病人：是的。

治疗师：……在我看来，我们可以从一个新的角度来看一下你在特拉帕尼的生活，而你在特拉帕尼的生活中踩了刹车。我想让你跟我再多谈一些……告诉我（就像我是你妈妈一样）你是怎么希望我看到那个小女孩的，你希望我和你女儿之间发生什么。

病人：……但是……如果我说我会哭的……（她轻声哭泣。）我从来没有告诉过她……不，每次……不，我不知道我能不能，呸！……每次她告诉我，我就变了，变得很冷淡，非常冷淡……我打断她……我说："好吧，是的！"但我关上了，我甚至不能难过……当我离开锡拉丘兹的时候，我看到她哭了……我不能……因为对我来说，去特拉帕尼也是为了保持一段安全距离，所以我选择去那里并不是偶然的。呸！

治疗师：当然，我明白。你正在抬起你的脚，你正在打破你的脚与地面的接触。这距离对我也很安全。我的意思是：在某些情况下，情绪似乎太多了……是的，对你来说。我很理解这一点，我想你之所以选择我，部分是因为你觉得我也有类似的风格：我们之间的空气中正在弥漫着防御性节制。当情绪太多时，你就会保持距离……但是……那削弱了你。是什么让你变得更强大，让你能够承受这些情绪——以及分离，不是吗？——就是全身心地投入……所以我请求你继续告诉我——或者尝试着告诉我——双脚着地，充分感受自己的呼吸和情绪，你就像——如果我是你的母亲——你希望你女儿和我的关系如何。

治疗关系是这样一种方式，在其中病人含蓄地给予治疗师（和他/她自己）重新书写关系历史的机会，对一些接触意向性恢复完满的可能，自发地发展（Spagnuolo Lobb, 2003b），这些是已经被推迟了的。

在和我谈论她从未对她母亲说过的积极的事情时，并谈到自从搬到另一个城市后,她发现自己的情感已经关闭了的时候,这个病人非常激动。另一方面,她说她根据自己的愿望选择了与母亲保持安全的距离,这保证了她不会有过度的情绪。当她告诉我这些的时候,她的脚离开了地板。我向她指出,她在消除脚与地面接触的生理支撑时所采取的距离不允许她抑制自己的情绪。在我的邀请下,她把脚放在地板上,并看着我,同时充分地呼吸。这是一种治疗支持,允许她自发地结束中断了的接触意向性。这种新的"格式塔风格"能力,不仅是语言上的,也不仅是情感上的,而且是涉及完整地、单一地与照顾她的较为年长女性进行接触的体验,是在我们的接触边界上开启的一个新故事,这也将改变她治疗外的关系模式。

在后面的治疗中,在表达了曾经抑制的积极情绪之后(根据接触的内摄模式,这是为了避免没有充分朝向母亲的焦虑感受),她将能够与我一起被感动,她会非常充分地告诉我,而这将是我们已经达到这次治疗目标的标志。

  病人:嗯……(叹了口气。)

  治疗师:我想这能充实你在特拉帕尼的生活,也能充实你回到锡拉丘兹的生活。

  病人:是的……但是……我不知道我想要什么……

  治疗师:告诉我一些你不让自己去想象的最美好的事情。

接触的内摄模式是一种创造性调整形式,允许病人不去体验焦虑,这种焦虑是在她展开时感觉到的,也是在她没有因"大人"的内摄而后退却想要去占据空间时感觉到的。通过这种干预，我支持了她展开的能量，换句话说，我为她提供了一个好的内摄，我帮助她实现更少焦虑的内摄。

  病人：嗯……最美好的事情是……好，我现在跟您说话就好像您是我妈一样。我想象着您会和我的小女儿度过无数个下午……教她学东西（她的眼睛是湿润的，她被感动了。）
  治疗师：什么？
  病人：……也许是另一种温暖的方式…与您和我在一起时不同……
  治疗师：啊！……你知道（如果我是你妈妈），我和她在一起会不一样的。

  很明显，病人的情绪不仅渴望母亲有更多的温暖，而且对没有得到那种温暖有股愤怒。我选择聚焦于朝向未来的此时，引导她与她母亲身上已经存在的差异待在一起。换句话说，我认为治疗的价值不在于分析病人作为女儿所没有的嫉妒，而在于帮助她直面她母亲身上的新奇。在格式塔治疗中，新奇是成长必不可少的要素，而不是无意识的知识。因此，这里的重点，就是让病人发展出一种新的存在方式，多亏了治疗性接触，病人在与母亲的接触中可以操作一种新的创造性调整。

  病人：……（如果您是我妈妈）……我希望您不一样。
  治疗师：我——你妈妈——已经不一样了，你不觉得吗？
  病人：是的，这是真的。你可以接受小家伙在房间里搞得乱七八糟，但是你以前总是叫我走开。所以你的勒索就是:"你把事情弄得一团糟是因为你不够爱我"……因此……这种所谓的爱总是遭到质疑。这是我无法忍受的事情。我很确定我拥有的这种关系,如果我有局限,如果我犯了错误,那不是因为我不爱你。

治疗师:而我(你的妈妈)所质疑的是你的爱。

病人:是的,是的,总是这样的。她会对我这样说:"所以你不爱我,或者你不够爱我。"总是这样去衡量,但在日常事务中,在普普通通的事情中……所以这让我有点……

病人很自然地沉浸在痛苦之中,就像一个孩子,当她在遵守规则方面犯了一个错误时,就会被指责为不爱。正是从这里出现了接触的内摄模式,引导她不惜一切代价地遵循规则,放弃向他者传播她的能量,恰恰是为了避免听到自己被指责不爱。这个创造性调整在于成为他者的好女孩,这样她就不会听到任何人对她说:"你不爱我了。"我决定向她提供有关她母亲体验的信息,以及这如何带来她在感知上的变化,以便给她新奇的元素,以支持她的成长,这是自体在内摄模式以外的扩展。

治疗师:我在想一系列事情,让我来告诉你是什么。我在想,当你是一个母亲时你是如何做到更坚强,同时也更脆弱的,对吧?成为母亲就充满了责任感,这种责任感有时会束缚我们,使我们变得更加……僵化……当你是祖父母时,你就会放松……对我们来说,我们的父母在成为祖父母后让我们感到开放了,让我们用自己的眼睛看到,我们可以希望,即使是最死板的也能改变。这给了我们生活的希望,不是吗?

病人：是的，是的，这很好……这很好啊……是的。这就像平衡账簿，我是说，就像某些关系的账簿。好像你终于有发言权了……我不知道，我妈妈经常批评我对我的小女儿做的事情……做事情的方式……然后我会鼓起勇气对她大喊大叫……我不是那种大喊大叫的人，这种事很少发生。我把所有事情都克制住…尤其是和我妈妈在一起时……因为大喊大叫意味着不够爱她……或者……所以她会生好几天气……直到我最终道歉为止。即使我认为这样做是不对的，我也会道歉，只是为了停止它，这让我有点……

病人的回应是提出了权力及她和母亲之间竞争的主题（平衡账簿），这是内摄接触中被"避免"的问题。虽然她知道现在她和母亲在一起时有了更多的成年人能力，她在过去情境里的愤怒和痛苦几乎对她进行了催眠：她不断地回去，开始绕着圈子转。为了这个原因，我把她带回到当下。

治疗师：是以前呢，还是现在？

病人：现在我发现事实并非如此，几天前我终于和我妈妈吵架了……（笑）……关于她批评我对我哥哥的行为……我只是觉得我并没有对我哥哥无礼，他也没有那种感觉。我听从自己的需要与其他人外出了，这本来是件微不足道的小事，她却这样对我说："是的，但有时我们必须控制自己。"我勃然大怒，说道："我已经受够了控制，我不想再控制自己了。"

治疗师：……"你已经教我够多了。"

病人：（笑）完全正确！……这时她说："哦，那好吧，我们就不谈这个了。""不",我说,"不,你不谈意味着你要对我生好几天气,但如果我想和你建立一种真诚的关系,我就得告诉你什么不适合我。"这事就这么过去了。她说:"好吧,好吧,就这么着。"然后我整天都在想:"我给她打电话,我不给她打电话,我给她打电话,我不给她打电话。"我没有给她打电话。直到晚上,一切都很正常。

治疗师:嗯……所以你更强大了,她也更强大了。

在这儿,我也支持病人和她母亲两个人的抗逆力。我的工作是为了构建一种新的接触模式,虽然依然留在内摄的关系模式里,但不再引发焦虑,并运用她和母亲之间的关系中已经存在的资源,因为这种方式已经得到发展了。

病人:是的……

治疗师:你们是两个强大的女人。

病人:是的,也许……在冲突中坚持住。

治疗师:是的,嗯……较少地关闭,更多地开放,对他者的力量更信任,对吗?你对自己的力量更有信心,事实上,你是可以对她生气的,与此同时,你对她的力量也更有信心,对她包容你愤怒的能力也更有信心。

病人:是的,对我来说,这是新鲜的,因为我想象我不知道她会有多生气,或者她是否会像往常一样沉默不语,因为她难过的时候很少说话。但她很正常。

治疗师:很好,我们说到点子上了。我们已经经受了一些事情,不是吗?

病人:是的。(笑)

治疗师：我们经受了情绪，这些情绪在令你感动的体验的背景里，是你在特拉帕尼的生活。现在，在我们经受了这些事情之后，我想知道你能否看看你在特拉帕尼的生活，看看有没有什么改变……在你的感知之中。

病人：不，不，这种感知，我觉得和以前不一样了，好像我的思乡之情又回来了。

治疗师：是的，是的，跟我说说看。

我们在"剥洋葱"。乡愁是一种自发的情绪，这也许曾经被压抑过（多亏了"我必须做一个好女儿"的模式），现在病人又以一种新的方式重新拥有。

病人：不是我想留在锡拉丘兹，天哪，不要，这也是一个实际问题。

治疗师：是的，让我们谈谈这个问题。

病人：好的……我觉得如果我待在锡拉丘兹，我肯定会感到更受保护，这就是重点。一想到我的父母在那里我就会被保护，他们让我感到很受保护。只是这种保护让我害怕外面……我不是那种可以独自旅行的人，那种……除了和我的丈夫、男朋友及我的兄弟之外，我从来没有过这样的体验……

治疗师：但是你给我的感觉是，当你去做的时候，你会处理得很好。

病人：是的……

治疗师：就像来到这里。

病人：是的，这对我来说真的很棒（笑）。是的，坐公交车来,是的,我喜欢,这给我一种独立的感觉……幸运的是,我丈夫在这些事情上会鼓励我。他从不限制我,恰恰相反!

治疗师:他知道你很强大。

病人:是的,是的,是的……待在特拉帕尼给予我很多力量,让我觉得这就是我的城市……在我的想象中,它有点像唐老鸭的家乡鸭堡;它很小,我能容纳它,我喜欢小一点的尺寸。

治疗师:鸭堡。

病人:是的,这让我想起我父亲有一次曾对我说:"我想象你像一只小蚂蚁一样走在街上。"所以我想象了一张地图,在那里我真正熟悉周围的路……我去了特拉帕尼,开始了我的训练,然后我非常幸运地在医院找到了一份临时的工作,它马上就要到期了,关于我将要做的事情的痛苦再次涌上心头。不是我要做什么样的工作,老实说,我并不担心这个,我甚至可以什么都不做……这让我害怕…如果我不做工作,我和这个城市有什么联系?

治疗师:我明白。

病人:我找不到带给我快乐的东西。

治疗师:你想给你的新城市增添一些新砖吗?

病人:情感、友谊……我丈夫和我常常发现自己很孤独。我们自己过得挺好的,老实说,我们不希望有人在身边,但是我们都对自己的家乡有着吸引的极。很早以前,也不是现在,日历是建立在平分周末的基础上的。我真的厌倦了:是时候了,我们该放下情感的、友谊的根了,但我不能……

第 1 章　后现代社会中的格式塔临床实践

治疗师：你想放下的第一个根是什么？或者你能放下的？

病人：……嗯……好吧，我想和我的一个邻居一起这么做……想和公寓楼里我曾经有过接触的一些邻居一起做，但好像我不能深入。

治疗师：例如，你会做什么，你想与其中的一些人做什么？

病人：我想有一个最好的朋友，我知道这很幼稚，但我希望身边有个闺蜜，就像我在锡拉丘兹时那样……

治疗师：啊，你认为这可能吗？

病人：我认为这是可能的。我有这个愿望，但同时，具体来说，我又没什么回应。

治疗师：当你想到你要花更多一点时间与这些女人中的一个在一起时，会发生什么？那一刻会发生什么？

病人：哦……我会找借口，我的小女儿，一次约会，正在学习……以免浪费时间。

治疗师：我明白，但是内在发生了什么？

病人：内在有一种紧张感："我要做，我不做，我要做，我不做。"然后我就不做了。但是当我做的时候，或者当她们来敲我的门的时候，对我来说就像太阳出来了一样，我会说："幸好她这样做了"。

治疗师：你自己做还缺少什么？

病人：……我不知道……我真的不知道……这只需要一点点时间……好像我真的一分钟都不能离开家似的……

很明显，当病人想发展自己的能量与邻居接触时，接触的内

49

摄模式在那一刻变成了强迫性神经官能症类型，但是她没有必要的（内部和外部）支持，让她去相信这蕴含着新奇的兴奋。这是本次治疗的另一个关键时刻，在那里我的治疗支持包括提供一个好的内摄，使用与病人一样的语言、一样的体验代码。

治疗师：我想我能想象缺少了什么。

病人：嗯……

治疗师：但它不可能缺少。你错过了这样的想法：你妈妈很强大，你也很强大，她会体验到你对邻居的情感是正常的、自然的事情，而不是一种冒犯，或是对有根的感情的背叛。

病人：是啊，也许就是这样……是的。

治疗师：你所缺少的是一种宁静的思考，你或许甚至可以把你的新女友告诉你的妈妈。

病人：嗯……

治疗师：这对你的小女儿来说或许是打开了一个更大的世界，她除了有你的妈妈、她的外婆，她还有她妈妈的闺蜜朋友。

病人：那对我非常有益。

治疗师：你所缺少的是去发现这样一个更大的世界。

病人：那总是……对我来说是一个问题。

治疗师：我不知道这是不是问题，我认为是缺乏习惯，因为你说你有很多时候待在家里，所以你有支持，把自己托付给这个世界。

病人：嗯，我待在家里，是的，我的意思是在我的女朋友中，在我的友谊中，我也像许多人一样，很怀念学生时代的外出。

　　治疗师：是的，当你外出时，你的功能就很好！

　　病人：是的。

　　治疗师：你也很享受。

　　病人：是的，我真的很享受。

　　治疗师：这就是为什么我说这是一个习惯的问题，而不是缺乏能力。

　　病人：嗯……是的。

　　治疗师：这是一个大的世界：你可以乘上公共汽车去你想去的地方，可以敲你邻居的门和她聊天。

　　病人：这是真的。

　　治疗师：你可以发现新的事情，开阔你的心、你的思想，这不是缺乏能力的问题。你不相信吗？

　　病人：（微笑）不：我在想象当我发现自己处在那种情境下时，我不知道我该怎么办。

　　治疗师：你会想起我的话。

　　病人：当然……但另一个问题是，我会服从你告诉我的话，所以我会把它当作……我倾向于成为一个好病人，所以如果治疗师告诉我什么，我就会去做。我甚至设法一个人睡……我从来没有一个人睡过，我害怕黑暗，害怕孤独。想象我一个人睡在特拉帕尼！当事情发生的时候（我丈夫因为工作需要出差），一整个车队在路上陪着我。然后我在治疗中研究这个问题，治疗师真的对我很严厉，告诉我必须面对这个问题。好吧，总而言之，她的语气是严厉的，几乎像是在骂我，而我善于回应，并鼓起勇气。

与内摄接触模式进行治疗工作有一个陷阱，就是事实上病人低估了他/她的优势和成功，因为他/她把它们归因于服从，所以去做他者所说的。在这种反应中，我们再一次发现了嫉妒，这是这类接触模式中的一种基本感觉，体现了自由地表达自我的欲望，有些事情别人可以做，病人却不能做，因为她必须服从，她不得不牺牲自己。在治疗中有很多方法来面对这种恶性循环。我选择在这里向病人表明，她的服从不是不成熟的标志，正相反，这是一种抗逆力：她的成长资源。这种治疗取向尊重现实，超越理想主义（病人应该克服模式，最终变得成熟！），并欢迎这样的抗逆力。

> 治疗师：你为什么在这方面要贬低自己的优点呢？
>
> 病人：因为有人告诉过我……有些事情我已经知道了，但只有在别人告诉我的时候我才会去做……
>
> 治疗师：我不认为这减少了你的优点。
>
> 病人：嗯……
>
> 治疗师：这只是谁先开始跳舞的问题。
>
> 病人：嗯……
>
> 治疗师：如果你更愿意被邀请跳舞……
>
> 病人：是的。
>
> 治疗师：然后你就跳舞。
>
> 病人：是的，这是真的。
>
> 治疗师：我不认为这会减少你的优点，因为当你在做某件事的时候，你就在那里，在我看来，你这样做并不仅仅是出于服从。你相信你所做的事情，尽管有时你宁愿获得别人的同意才去做。

第1章 后现代社会中的格式塔临床实践

病人：好吧……也许吧。

治疗师：所以，如果你去做，去敲邻居的门，甚至想着我告诉过你的、我鼓励过你的话，好，没问题……因为那是你，E，那是你作为一个人和你的邻居一起在那里，而不是我，你不会模仿我，你会按照自己的意愿去做。

病人：啊……嗯……

治疗师：我的话是有用的，可以踢你一下，比如说，一个推力，但你才是那个在那里的人。

病人：当然，这是真的（她被感动了）。谢谢（笑）。

治疗师：我不知道你是否愿意在这儿停一下。首先想一想自己的感受，看看是否想说点什么。

病人：（暂停思考，平静而充分地呼吸。）我认为这是最基本的事情，这是关于我的存在……我与攻击性的关系，所以有时切断绳索，甚至享受它……

治疗师：当然。（她的呼吸与病人一致。）

病人：如果我去和邻居边喝咖啡边聊天，而不认为是浪费时间，这就是我真正享受的事情。

治疗师：是的。

病人：（笑。）

治疗师：现在你可以去做了。

病人：（笑）你看，是我自己不允许，没有人告诉过我不要这样做，这太有趣了。

治疗师：你探索的……世界就在这里。那就是说，现在你知道了，允许自己这样做去拓宽你对世界的感知……也在拓宽你的爱……这不会消除你对你妈妈的爱、对锡拉丘兹的爱，相反，这拓宽了可能性。

病人：是的，在我看来，在特拉帕尼做得太好的话，可能会使我忘记锡拉丘兹，所以……我发现自己既不在这里也不在那里……或者有一点在这里，有一点在那里……总是这样摆来摆去。

治疗师：我不知道你是否能专心一会儿，去看看你的感觉……现在。

病人：……我感觉到能量。

治疗师：你在哪里感觉到？

病人：有一点在我的胸口，有一点在我的肚子……我感到了开阔……（笑）……更开阔（笑）。在这次治疗前等您的时候，我感到肚子在颤动。

治疗师：你能呼吸得更充分吗？

病人：是的……（做了个深呼吸）……是的（又做了个深呼吸）。

治疗师：不要忘记你的能量。

病人：好的……我觉得有点醉了……但这是积极的，我不觉得头晕，也不是太兴奋……这听起来很老套，但对我来说，这是一个发现。

治疗师：这很重要，这并不老套。那你对我有什么感觉？

病人：很好……你吓不倒我，我之前有点害怕……（笑）我不认为你是严肃的……是的，我很好，我很兴奋。

内摄关系模式，以前带着焦虑体验着，现在则以一种充分自发的方式体验着，幸亏为早已在行动中的资源、为我们所建立的关系模式提供支持，在这种模式中，内摄被治疗师给予积极的定义。E修改了自己的身体模式,认为自己已经"长大了",与所处的情境相适应。现在她可以毫无焦虑地内摄了。

> 治疗师:我也很好。就我而言,我们在这里可以结束了,我不知道你怎么样。我非常感激你在这里的方式,你对自己信任的方式,以及……我最感激的是你坐公共汽车来到这里(亲切的笑话),还有你在治疗期间不断地冒险……你带着冒险的感觉接受了我对你说的事情,而不是不加批判地喝下去。我体验到你是会区分的,我不觉得你是那种不加批评地接受我说的话的人。
>
> 所以,我体验到你是一个与众不同的人,能够批评我说的话,并把它们变成你自己的。
>
> 病人:……我正在咀嚼它们(微笑)。
>
> 治疗师:谢谢你,E,再见。
>
> 病人:也谢谢你,M,再见。

后记

以下是这位病人发给我的信息,是在她同意授权我发表的情况下发来的:"我想告诉您,从那时起,我的内在受到许多东西的感动,在这一点上,您不再是次要的了!重读我们的交流,我非常感动(我的心怦怦直跳)。今天的我与您那天上午看到的那个女人大不相同了。与三年前相比,我在特拉帕尼的生活变得轻松多了,充满了新的活力,现在我终于摆脱了那种孤立状态。"

8. 格式塔临床实践有什么变化？

我们可以对这次治疗做怎样的临床评估？病人发生了什么变化？定义变化是每一种取向的认识论的一部分：事实上，一个荣格学派的治疗师和一个沟通分析师（transactional analyst）会使用不同的词语和概念，来描述在治疗期间的改变和因治疗而带来的改变，包括在病人感知和治疗关系两个方面。意识到我所说的（必要的）相对性，我将对所发生的变化进行一种格式塔解读。

治疗的目的是使病人重新建立在接触环境中的自发性。根据格式塔治疗，治愈的不是理性的理解，也不是对障碍的控制，而是一些与程序和美学方面有关的东西。治疗包括帮助病人充分地生活，尊重他/她在关系中调节自己的天赋能力，而且不仅仅是在言语层面，最重要的是，在他/她的关系生活中预设的神经-身体结构的自发激活水平。自发性是有意识选择能力（自我-功能）与两种体验背景相结合的艺术：后天的身体确定性（本我-功能）和自体的社会——或关系——定义（人格-功能）[1]。我们离与冲动性（典型的弗洛伊德人类学）概念相混淆的自发性概念还有很长的路要走，因为与冲动性不同，在自发性中有"看到"他者的能力。我们离卢梭的幼稚的自发性想法也有很长的路要走：相反，它是一种艺术——是通过多年学习的——将所有的体验，包括痛苦的体验，以个人的和谐风格，完整地呈现给感官，这是我们进入关系的生理方式。

---

[1] 这些是自体的程序方面，参见第 2 章。

儿童的接触自发能力的一个例子，可以在实践中阐明我们所说的"重建自发性"是什么意思。新生儿的吮吸能力是一种普遍的能力，实际上是一种功能，而所吮吸的就是内容，是可变的。吮吸的能力（以同样的方式去咬，稍后，或坐起来，等等）使孩子进入与这个世界的接触，那是他/她的自发性或缺乏自发性的生产者。事实上，如果孩子以某种方式被禁止吮吸，例如，为了自发地完成适合他/她的功能，他/她必须通过做一些其他的事情来弥补，以进入接触，并解决缺乏自发性的需求，从而产生吮吸的行为。

当然，事实上，孩子吮吸牛奶是不好的，将会影响他/她的体验。但是我们格式塔治疗师感兴趣的，并不是对牛奶营养的判断，而是了解孩子对牛奶的生物反应是不好的，也就是说，他/她如何创造性地调整他/她对不好的牛奶的功能：简而言之，他/她失去了什么自发性。这让我们可以专注于有机体是如何被支持的，以便再次获得具某种自发性的吸吮功能。帮助孩子重新建立吸吮的自发性的东西，不是牛奶不好的知识，而是体验一种可能性，可以回去吸吮其他牛奶，可以以一种新的创造性调整、一种有机体/环境场体验的新的组织，重新发现他/她吮吸的功能自发性 (Spagnuolo Lobb, 2001b, p. 91ff.)。

因此，格式塔治疗过程中改变是对病人与治疗师之间接触边界的感知。这种改变不仅发生在病人身上，而且发生在治疗师身上，它实际上是一种新的接触边界的共同创造，是一种通向未来的新体验，而不是对过去体验的纠正性解释。

治疗关系的最终目的是让病人对生活产生兴趣，允许自己不仅和治疗师在一起时有创造性，而且在自己所属的社会团体中也要有创造性 (Polster, 1987; Spagnuolo Lobb and Amendt Lyon,

2003)。

这既适用于个体设置,又适用于夫妻设置,在其中伴侣之间会体验到"在家"的感觉,因此他们亲近他者的意图也会受到欢迎(参见第7章)。它也适用于家庭设置(参见第8章)和团体设置(参见第9章),在其中每个人都感觉到自己是独一无二的,同时又是团体不可分割的一部分,得到团体的承认,并允许对团体的发展做出自己的创造性贡献。最后,它也适用于心理治疗师的培训(参见第10章),心理治疗师比任何人都更有必要在关系的过程中找到自己的自发性(也参见第2章关于自我中心的部分)。

第2章
在接触中创造和被创造的自体：
格式塔治疗的经典理论[①]

（配以菲利普·利希滕贝格[②]的干预）

我想在这里提供的是我探索格式塔治疗为什么及如何诞生的旅程：是什么吸引着我们这一取向的创始人，去寻找关于20世纪中期心理治疗问题的新解决办法，以及从他们的答案中发展出了什么。我的主要参考点是弗里德里克·皮尔斯、拉尔夫·赫弗莱恩和保罗·古德曼的《格式塔治疗：人格中的兴奋与成长》（Frederick Perls, Ralph Hefferline and Paul Goodman, *Gestalt Therapy: Excitement and Growth in the Human Personality*, 1951/1994）。在这个旅程中，我的伙伴是同事菲利普·利希滕贝格，他提供了对话性评论，正是因为这些评论在某种程度上衬托了我的理论化，确保了本章不是单一性的。

虽然弗里茨·皮尔斯和罗拉·皮尔斯所提出的思想形成了格

[①] 本章是Spagnuolo Lobb, 2005b的修订版。与最初插入这一章工作的教学意图一致，本章包括了菲利普·利希滕贝格的批判性干预，作者为本书做了修改，使文本成为对话的一部分，我选择在这个版本中保留它。我很感激菲利普允许我这样做。
[②] 菲利普·利希滕贝格是费城格式塔研究学院（Gestalt Institute of Philadephia）的联合主任。

式塔治疗的基础（基本上总结在弗里茨·皮尔斯的《自我、饥饿与攻击》一书中［*Ego, Hunger and Aggression*，1947/1969］），但保罗·古德曼在书中撰写了大部分的理论材料，这些材料是在皮尔斯的原创思想基础上，在纽约最初的创始人团体中讨论并发展起来的。我不是那个时期的见证人，我只是（在1974年）作为一个学生爱上了格式塔治疗，从那时起，我就一直致力于寻找我自己问自己的许多问题的答案。在本章中，我将试图向读者传达关于这一理论的起源和基本要素我所了解的东西。

在50年前，作为摆脱那个时代的权威文化模式而兴起的一种方式，**新时代运动**[①]（*New Age Movement*）支持个人成长，因此，我们的取向聚焦在个人发展和摆脱文化模式的自由上。今天，在后现代时代，当代格式塔治疗关注关系和场现象的各个方面，这构成了唯一的体验性现实，在那里可以找到暂时的真理。

我希望通过以下四种途径，让你们了解我们创始人的原创思想：这种取向给心理治疗和文化的一般领域都带来了新颖性，是我们临床实践的结果，也是一些当前的发展路径。

第一种途径与一个方法论问题有关："我们应该如何阅读这本基础的格式塔治疗书？"（以下简称《格式塔治疗》。这本书太复杂了，以至不能"单纯地"阅读——我们需要一种方法。

第二种途径涉及创始人们在早期讨论中所采用的心理学取向的新颖性，包括他们提出的问题及他们的临时答案。

第三种途径将告诉我们这些答案是如何在创始人们的讨论过程中提出来的，对于它们天才的保罗·古德曼是如何条分缕析

[①] 新时代运动是促进人类意识转变、心灵回归和飞跃的一种运动，源起于20世纪六七十年代的西方，而后扩展到世界各地，逐渐渗透到社会文化的各个领域。——译注

第 2 章　在接触中创造和被创造的自体：格式塔治疗的经典理论

的，以及它们最终是如何被转录并发表在《格式塔治疗》一书之中的。

最后，在第四种途径上，我将呈现两个理论发展，它们在认识论上与最初的理论相一致：在理解接触过程中的时间维度和我在所谓的"之间"上的观点。

菲利普·利希滕贝格

我喜欢你写的东西，也支持你所说的。对于你所提出的一些问题，我有略微不同的观点，并将它们提出来供你考虑。

我会不时地插进来，形成对话，并创造一个教/学氛围，这是我们的取向的典型做法。

1. 第一种途径："遇见"奠基之书——一个方法论问题

我们的奠基之书《格式塔治疗：人格中的兴奋与成长》，是一本奇怪又难懂的书，一方面有理性和清晰的分类，另一方面又有很强的反思性和智力激发性：它激发读者的反思，具有引发思想的特点。这一效果与任何文化、年代或地理因素无关，它既适用于 50 年前的读者，也适用于我们这个时代的读者。由于这个原因，它常常被称为格式塔治疗师的"圣经"[1]。

这本书是用一种难以理解的风格撰写的，这也使得它不可能不加批判地去内摄或囫囵吞下。正如作者们自己所写的那样：

---

[1] 我指的是书中的理论部分，由保罗·古德曼对皮尔斯的手稿和创始人团队的反思进行了精妙的发展（参见 Rosenfeld, 1978b）。

"我们采用了一种乍一看似乎不太公平却又不可避免的论证方法,而这种论证方法本身恰恰就是格式塔取向的一种实践。"(Perls, Hefferline and Goodman, 1994, p. 20)

他们称这种方法为"情境的",认为这种方法融解了主要的神经二分法(身体与精神;自体与外部世界;情感与现实;幼稚与成熟;生物的与文化的;诗歌与散文;自发的与深思熟虑的;个人的与社会的;爱与攻击性;无意识与有意识)。

因此,本书的目的是为读者在阅读时创造一个实验,以帮助读者去体验这些术语如何不是二分法的,而是图形/背景结构的一部分。

当我向我的学生介绍《格式塔治疗》时,我建议他们让自己去感受它的魅力,而不是去寻求图解式的理解。《格式塔治疗》的美妙在于它能激发创造性思维。出于这个原因,我建议我的学生不要在训练之初就阅读这本书——因为这个时候他们正在寻找确定性——而是以一种轻松的方式来亲近这本书,去享受他们对书中最吸引他们的东西的好奇心。有时我会告诉他们在床头柜上放一本《格式塔治疗》,在一天结束时自由地阅读其中的部分内容。这种阅读的效果通常很强烈。他们完全被这本书吸引住了,变得热情起来,充满活力,就像人们找到了一种新的方式来看待他们一直看到的事物一样。

《格式塔治疗》这本书在读者中鼓励一个解释学过程,正如作者们自己观察到的那样。根据西奇拉(Sichera, 2001, p. 19)所写:"书的内容是由一系列同心圆构成的,这迫使读者采取主动而不是被动的立场。对内容的了解(就像对他者真正的了解一样)既是起点,又是终点。事实是领悟了一会儿之后,马上又有问题以循环的方式出现,以此建立起与本书的关系(这被定义为

第 2 章 在接触中创造和被创造的自体：格式塔治疗的经典理论

循环的解释学逻辑）。有时看起来矛盾几乎已经故意深入文本的核心之中，仿佛是为了证明对所有真正反思的必要开放。"

菲利普·利希滕贝格

是的，格式塔治疗的"古德曼"卷很难阅读，也不向轻易的内摄开放。我认为部分是因为它依赖于人们将理论置于体验之上，但还有另一个原因。近 16 年来，我一直在给一个学习团体教这本书，每个月一次，每次两个小时。在一个既定的晚上，我们前进一段到三页，这样学完整本书。我发现了一个重要的原因——虽然没有得到足够的认可——那就是这本书既批判精神分析，又严重依赖它的一个变体。我们花太长时间集中在对它的批判上，而对它继承该理论关注不够。古德曼曾联系过（政治上）激进的精神分析领袖费尼谢尔（Fenichel），他遭到了拒绝，但他学到了很多。我上面所概述的是精神分析的激进版本，起源于弗洛伊德在其整个职业生涯中所连续写的两种心理学中的一种。很少有人足够了解精神分析，尤其是它的激进版本，所以本书中的该理论避开了它们。在对你做出回应时，我将谈到那个理论中的几个问题。[①]

2. 第二种途径：创始人介绍的新鲜事儿——他们的问题

人们告诉我许多关于创始人第一次聚会的事情。伊萨多·弗罗姆告诉我这个团体的成员都有精神分析的背景，见多识广，解

[①] 要进行深入的探究，参见 Lichtenberg, 2009。

构主义方法是他们的提问特点。理查德·基茨勒（Richard Kitzler，1999b）回顾了这些聚会的非正式但实用的目的。成员们带给团体的是他们实际遇到的问题（比如夏皮罗在一个困难社区担任学校校长时遇到的问题，他想帮助学生们更好地融入社会）。该团体推崇一些与弗洛伊德学说观点不同的人的著作，比如威廉·赖希，他们从现象学场的角度出发，运用角色扮演的方法来讨论临床问题："做一个病人。"事实上，这让他们待在场的体验中。

在"二战"后的今天，世界发生了翻天覆地的变化，这使得他们需要对精神分析（当时心理治疗的主要模式）进行修正。通过"咀嚼"现代哲学，他们以一种看待人类体验的新方式，整合了丰富而令人振奋的新观点，包括持不同意见的精神分析学家（如卡伦·霍尼［Karen Horney］、奥托·兰克和威廉·赖希）和现象学的观点。

他们试图弄明白，为了超越某些限制，是否有必要"发明"一种新模式，或者只是在元临床（meta-clinical）层面上工作。换句话说，他们不是质疑在其他（尤其是分析和后分析）临床模式中是什么不起作用了，而是根据对成功治疗行动的现象学分析，去寻找起作用的东西。当然，这些创始人并没有不加批判地接受他们同时代同事的观点，但他们对一些观点持开放态度，这些观点可能为解读常态、有机体的自发调节、人类与自然之间及个体与社会团体之间的疗愈关系提供了一把钥匙。他们的梦想是建立一个关于人类功能自发性的理论模型，而不是在这个过程中扼杀它。他们很清楚，他们的理论是一种必要的抽象——一种基于过程逻辑的代码，正因为如此，他们才得以在整个过程中维护和尊重生命的自发性。

第 2 章 在接触中创造和被创造的自体：格式塔治疗的经典理论

因此，创始人改变了他们往常提出理论和质疑的方向——从观察消极到聚焦于积极，从认识论的观点来看，这构成了革命性的变化。事实上，把一个人做什么看作可能的最佳解决方案，与把一个人做什么看作符合普遍"义务"是相反的。相信我们所说的"有机体/环境场的自体调节"，意味着通过过程的镜头来看这个世界，而不是通过要履行的规则来看。我们可以看到有机体和环境是如何开始相互作用，并将它们的存在与自体调节过程结合起来，而不是担心什么是行不通的，并提供工具将体验带入"常态"。这使得人们超越二元视角（健康/疾病、好/坏、个体/社会等等），形成现象学和关系视角。

创始人说："这本书专注于并试图解释一系列这样的神经症患者的二分法理论，带来了自体及其创造性行为的理论。我们从最初的感知和现实的问题出发，通过对人类发展的思考，对社会、道德和人格问题发表讲话。"（Perls, Hefferline and Goodman, 1994, p. 17）他们对现实提出问题的方法和给出的答案，都与这一基本原则是一致的，即坚持什么是有效的，什么是发展的，什么是存在的，而不是陷入对现实进行分类的陷阱，不去确定应该是什么，不应该是什么。古德曼与亚里士多德式的提法相似，即"评估的标准浮现在行为本身之中，并最终作为一个整体成为行为本身"（如上，p. 66）。

菲利普·利希滕贝格

弗洛伊德在他的激进版本中，将意识、本我、自我等既作为内部组织，又作为社会关系组织。他在写到本能冲动和知觉两者作为完整的意识时，就是这么做的。因此，当他将本我和自我发展为组织原则时，他也就同时包含了内部的和社会的组织主题。

（保守的精神分析并不认为本我是除内在以外的任何东西，并提出自我来反对这一点，而是认为两者与所有内驱力之间的相互联系，以及内驱力与外在世界的联系有关）。在精神分析最先进的形式和格式塔治疗中，本我是指整合的背景，既有来自有机体内部的，也有来自环境的，这两者都可能是最初的成因，但两者在发展图形形成中是整合的。古德曼（Goodman, 1994）提出了信念-安全分化，指的是一个人如何活在当下，要么充实地活在当下，要么重复已经完成了的过去。"一个具有创造力的正义之人，会接纳自己的担忧和目标，并表现得积极进取，因而在面对冲突时，无论成败都将受到激励，并从中获得成长。他不会执着于可能失去的东西，因为他知道他在改变，并且已然认同自己将成为的样子。伴随这种态度而来的是一种与安全感相反的情感，即信念：他将全神贯注于实际的活动，不是去维护自己的过往，而是从中汲取能量，他坚信这一切都会被证明是正确的。"（p. 134）在精神分析学中，费伦奇在他神奇的全能中提出了一个类似的观点，T. 贝内德克（T. Benedek）将其命名为"信心"（confidence）；E. 埃里克森（E. Erikson）认为这是"基本信任"（basic trust），而我则将其称为"自信期望"（confident expectation）。

玛格丽塔·斯帕尼奥洛·洛布

我想知道你是否在批评格式塔治疗缺乏发展的前景。

菲利普·利希滕贝格

我认为格式塔治疗发展了一些基本的思想，这是建立在激进的精神分析学平台之上的，却没有与之完全分离。所以，它既有新的内容，也有已经建立的东西。要解决"信心"或"信念"这个我一直在研究的问题,单独依靠精神分析或格式塔治疗都是不够的。需要两者结合才能做到,这是极其令人振奋的。这是一种人格功能,是古德曼的"准备性"(readiness)或"态度"(attitude),也是我的"性情"(disposition)。

3. 第三种途径:理论线

创始人的研究结果是什么?他们基本答案是,生命只能在接触边界上被看见,即在有机体与环境进行接触和后撤出接触的体验中被看见。虽然有很多方法来呈现我们这一取向的基本原理,但我在这里选择了五条理论线:(1)有机体/环境场;(2)自体;(3)接触-后撤出接触的体验;(4)自体功能紊乱;(5)心理治疗的目的。

3.1 有机体/环境场

"有机体/环境场"是《格式塔治疗》中最常出现和最重要的表达之一。虽然库尔特·勒温的场理论对创始人的影响是显而易见的,但是当他们选择把焦点放在有机体与环境之间接触和后撤出接触这一过程上,而不是放在一个力量的场上时,他们含蓄地与它保持了距离(Perls, Hefferline and Goodman, 1994, p. 4),在人类学和社会政治层面上去构想有机体与环境的关系。参照达尔文的进化理论,有机体与环境之间的互动有一个明显的人类学模型。

事实上,人类动物有机体被认为是对环境做出发展反应的产物，因此，有机体与环境之间的互动隐含在进化本身的模型之中。有机体自体调节的典型概念（Goldstein，1939）与物种的进化有着密切的联系。弗里茨·皮尔斯和劳拉·皮尔斯的直觉（Perls，1947/1969a）认为婴儿时期的发展和牙齿攻击的概念来源于一种认为人类本性具有自体调节能力的理论，这一理论肯定比20世纪初弥漫在弗洛伊德理论中的机械论观点更为积极。实际上，创立格式塔治疗的团体想要表明，个体需要不能脱离社会规则来考虑（Spagnuolo Lobb，Salonia and Sichera，1996）。

格式塔治疗的场视角邀请我们进行非二分法思考。例如，如果我们看到夫妻中的一方感到无聊，我们可以以线性的方式来看待这种现象，并将这种无聊归因于体验这种无聊的个体。但我们也可以从场的角度来看待同样的现象，在这种情况下，无聊的伴侣和对这种无聊有某种反应的伴侣都是同一个场的一部分。我们可以把注意力集中在两个人是如何应对无聊的。这种无聊就在场里，它被创造了出来，并反过来成为场的创造者。从场的角度来看，问题可能是："关于他们作为夫妻，关于他们渴望彼此接触，关于失败的感觉，一方和另一方是如何体验这种无聊的？"

那么，对格式塔治疗师而言"场"是什么呢？是对自身环境的个人感知吗？从有机体/环境场和从系统角度思考有什么区别？

首先，我们必须说，我们所指的是一个现象学的概念，因此，体验场并不是一个纯粹的主观现实。场视角使我们把知觉看作一种"关系产品"，严格地与在接触边界上所涉及的个体的全部集中程度相联系。通过这种方式，他们能够掌握什么是内在的，什么是外在的——既包括自体的需要或体验，也包括要求和环境条件。我们的理论所特有的是，自体被认为是处在有机体与

第 2 章 在接触中创造和被创造的自体：格式塔治疗的经典理论

环境之间的一个中间位置上，因此处在一个严格的关系位置上[①]。

有一段时间，我们观察到一种把格式塔治疗的场概念带近"系统"定义的普遍倾向。虽然系统理论提供了结构的确定性，但它不能单独适当处理由现象学场的视角所带来的创新可能性，即生活在未知的边界上，带着其不确定性和恐惧，与此同时提供希望与符合人性的过程待在一起的可能性。在格式塔治疗中的场是一个过程，不是一个系统（Hodges，1997），场也是我们的取向解决主观与客观之间分隔的方式，在那里完全的主观性与完全的客观存在是相一致的。个体在"之间"的完全在场越多，他/她参与到场里就越多，他/她的存在对创造场的条件的贡献也就越大。但是，越内向的人，越是被内心的过程所占据，并因此从接触边界上分散注意力，也就越少参与到场及其创造的条件之中。对格式塔治疗师来说，只有在接触边界上完全地在场，才有可能解决人类关系的具体问题。

3.2 作为过程、功能和接触事件的自体

精神分析理论中关于自体的一个弱点，使得这群创始人去创立一个关于自体的新理论："在精神分析文献中，众所周知最薄弱的一部分是关于自体或自我的理论。在本书中，通过肯定创造性调整的强大作用，而不是否定它，我们尝试构建一个关于自体和自我的新理论。"（Perls, Hefferline and Goodman, 1994，p. 24）

自体是所有心理治疗取向的关键，在《格式塔治疗》中，自

[①] 参见 Cavaleri（2001）和 Patlett（2005）对现象学场的视角的深入研究。

体是有机体自发地、有意地和创造性地与其环境进行接触的能力。自体的功能是去与环境接触（用我们的术语来说，就是人性的"如何"）。

在人格和心理治疗理论中，将"自体作为功能"而思考仍然代表着一种独特的观点。格式塔治疗理论将自体作为一种在接触中的有机体-环境场的功能，而不是作为一个结构或一个实体来加以研究。这种取向并不是基于对内容和结构的否定，而是简单地出自这样一种信念：任何研究人性的人其任务都是观察产生自发性的标准，而不是让人类行为被图式化的标准。

说自体作为功能，表达了一种能力或过程，这意味着什么？回到第1章中婴儿吮吸乳汁的例子，新生儿知道如何吮吸。孩子吮吸的能力（以及之后的咬、嚼、坐起来、站起来、走路等）带领着孩子进入与这个世界的接触之中，并支持他/她的自发性。如果孩子被禁止吮吸（咬、嚼、站、走等），他/她必须通过做一些其他制造接触的事情来进行补偿，从而寻求对情境的创造性调整。例如，如果一个孩子喝了变质的牛奶，或者因为尝试着去爬、站或走而受到惩罚，他/她就会受到这一体验的巨大影响。然而，格式塔治疗对判断牛奶的质量或父母的行为不感兴趣，相反，它聚焦于孩子是如何做出反应的。这让我们看到有机体是如何获得支持以便重新获得其自发功能的，对我们来说，这是有机体赖以生存的目的和手段：通过各种能力带来接触。能够帮助病人重新发现其自发性的，不仅在于知道什么是不好的，而且在于体验建立接触的新的可能性，或者重新发现他们拥有自发地做出新的创造性调整的能力——一个有机体-环境场体验的新组织。

3.2.1 自体的三个功能

《格式塔治疗》的作者们将自体定义为在一个困难的场中进

第 2 章　在接触中创造和被创造的自体：格式塔治疗的经典理论

行调整所必需的复杂的接触系统，并确定了一些"特殊的结构"，这些结构是自体"为了特殊的目的"而创造的（Perls, Hefferline and Goodman, 1994, pp. 156-157）。这些结构是一系列的体验，围绕着这些经验，自体的特定方面被组织了起来。虽然《格式塔治疗》借用了精神分析的术语（尤其是本我、自我），但是如作者们自己所说的，借用心理学的语言，在体验和现象学术语中，它们被描述为在构成自体的体验的整体背景下，具有整合功能的能力。这种认识论上的不一致性产生了混乱。格式塔治疗最近的理论发展是将自体体验的部分结构置于背景之中，以便将焦点转移到其他过程，比如共同创造接触边界，而不是用其他更具体验性的术语加以替代。本我、自我和人格只是许多可能的体验结构中的三个，被理解为一个人与世界相联系能力的实例：本我是体验的感觉运动背景，感觉好像"在皮肤里面"；人格是对先前接触的同化；而自我则像马达一样，在其他两种功能的基础上运行，并选择认同什么和远离什么。现在，我们来研究一下自体的这三个部分的功能。

3.2.1.1　自体的本我功能

本我功能被定义为有机体通过以下途径与环境接触的能力：(1) 同化接触的感官运动背景；(2) 生理需要；(3) 身体体验和那些被感知为"好像在皮肤里面"的感觉（包括过去的开放情境）。(Perls, Hefferline and Goodman, 1994, pp. 156-157)

(1) 同化接触的感官-运动体验背景。在《格式塔治疗》的各个章节中，对"接触"有不同的定义，有时似乎会产生冲突。

71

例如，接触是自体的一种持续活动（自体处于持续的接触中），同时也被描述为一种能够改变自体先前调整的重要体验。那么，什么是接触呢？是坐在椅子上（身体的一部分与椅子之间的接触）？还是像第一次与我们深爱的那个人在一起全身心投入地做爱？《格式塔治疗》提到了两种接触：同化了的接触，以及带来新奇通往成长的接触。

一般来说，当我们坐着的时候，我们不需要每次都检查椅子是否足够结实，可以支撑我们，或者我们是否需要重建整个系列的本体感觉和运动协调来保持我们的坐姿。只有一个解构的事件，比如椅子摇晃或断裂，才会在我们身体与椅子之间的接触边界上重新激活自体。坐在椅子上包含着在以前的接触中所获得的对地面的体验（我们不需要把它作为一个图形来回忆），并认为这是"理所当然的"。

在生命之初，个体必须学习一切，而一切都是一种新奇的体验、解构和同化。新生儿体验着哭闹与母亲到来（或未能到来）之间的联系，并学习调节自己内心的时间感。当母亲没有回应时，他/她可能会体验到被遗弃的痛苦。因此，同化接触的感官运动背景与那些特定的获得有关，涉及心理物理发展（Piaget，1950）和身体体验（Kepner，1993）的复杂性。

（2）生理需要。在格式塔治疗理论的情境中，自体是场的一个功能，生理需要构成了来自有机体的自体兴奋。自体可以被内部的兴奋（由生理需要或事件的出现而产生）或外部的影响（来自环境事件）所激活。然而，这种区别只存在于我们的头脑中，因为自体是场的一个功能、一个整合的过程，在其中环境元素可以刺激生理需要，就像生理需要可以刺激之前没有感知到的场的一部分知觉一样。例如，当我们在烈日下行走时看到一个喷泉，

第 2 章　在接触中创造和被创造的自体：格式塔治疗的经典理论

这可能会提醒我们口渴，就像口渴会激发我们在环境中找水一样。这些感知的、关系的动力学最初是由格式塔心理学理论家们所确认的（Köhler，1940；1975；Koffka，1935）。

（3）身体体验和"好像在皮肤里面"的体验。本我功能的第三个方面综合了前两个方面，提供在与环境接触时体验基本信任（或缺乏信任）的整合感。它反映了自体支持和环境支持之间的微妙关系，以及内在完整感和环境可信赖感之间的微妙关系。这两种体验是联系在一起的，一个人越体验到能够信任环境的感觉，他就越能体验到一种内在的完整，即痛苦或生理欲望的放松。反之亦然，一个人内心越感到安全，就越有可能并具备功能把自己托付给这个世界。罗拉·皮尔斯在她的临床工作中特别关注这种相互联系，她对病人的姿势和步态的关注使她能够调整她的干预，给自体支持的感觉以特权，这种感觉产生于与环境支持的关系（L. Perls，1976）。另一方面，伊萨多·弗罗姆将精神障碍患者的体验与一种强烈的焦虑联系起来，这种焦虑的特点是通过这种自体体验制造接触。对精神障碍患者来说，这种被视为"在皮肤里面"的体验被证明是在制造高度焦虑，（更重要的是，）被认为与"在皮肤外面"的体验是没有区分或是相混淆的。换句话说，在精神障碍中，我们看到的是缺乏对内部与外部之间边界的感知（参见 Spagnuolo Lobb，2003a）。

3.2.1.2　人格功能

人格功能表达了自体与环境接触的能力，这种接触是建立在一个人成为什么的基础之上的。"人格是在人际关系中假定的态度系统［……］本质上是自体的口头复制品。"（Perls, Hefferline and Goodman，1994，p. 160）。因此，人格功能通过主体对"我是谁"这个问题的回答来表达，它是对个体基本态度的参考框架

(Bloom，1997)。

与心理动力理论的平行推论相反，人格功能不是精神结构的规范方面。人格功能表达了基于对自体的既定定义而与环境接触的能力。例如，如果我认为自己是害羞和抑制的，而其他人对自己的定义是大胆和外向的，那我们与各自的环境会建立一种完全不同的接触。这个概念让人想起了G. H. 米德（G. H. Mead，1934）的经验主义"客我"（the empirical "me"），他的理论影响了保罗·古德曼（参见Kitzler，2007）。事实上，人格功能涉及我们如何创造我们的社会角色（例如，成为一个学生、一个家长等等），如何同化以前的接触，并创造性地调整以适应因成长而带来的变化。

因此，治疗师必须关注的一个基本方面是在人格功能层面上的自体功能。例如，一个8岁的男孩会自发地使用适合他年龄的语言，如果他用成人语言表达自己，这可以被视为（因为这是一种接触环境的方式）在表达一种人格功能的紊乱。同样的情况也适用于一个40岁的女人像16岁少女那样讲话，或母亲像一个朋友或一个姐姐那样对她的孩子们，再或一个学生表现得像一个教授，并且很明显地，一个病人将他/她自己定义为不需要帮助的人。

3.2.1.3 自我功能

自我功能表达了一种不同的"接触中自体"的能力，即从场的部分中认同自己或疏远自己（这是我，这不是我）的能力。这是一种想要和做出决定的力量，它体现了个体选择的独特性。就奥托·兰克的思想（Rank，1941，p. 50）而言，这是作为一种力量的意志，它是自主组织的，既不是一种生物性冲动，也不是一种社会驱动力，而是构成整个人的创造性表达（Müller，1991，p. 45）。

第2章 在接触中创造和被创造的自体：格式塔治疗的经典理论

因此，自我功能通过做出选择、认同场的某些部分和将自己与其他人相疏离，在创造性调整的过程中进行干预。自我是给予个体积极和深思熟虑的感知的自体功能，这种意向性是由自体自发地行使的，是以力量、觉察、兴奋和创造新图形的能力来发展的。"它是深思熟虑的，在模式里是主动的，在感觉上是警觉的，在行动上是具有攻击性的，并且意识到自己是孤立于情境之外的。"(Perls，Hefferline and Goodman，1994，p. 157) 据《格式塔治疗》所说，正是自我功能的这些特点，使我们认为自我是体验的主体。一旦我们创建了这个抽象概念，我们就不再认为环境是体验的一极，而是将其视为一个有距离的外部世界，因此，不幸的是，我们没有把自我和环境看作一个单一事件的一部分。

自我功能是在来自自体的所有其他结构的信息基础上进行工作的。通过好像"在皮肤里面"的感知（本我功能）和对"我是谁"这个问题给出的界定（人格功能），自发的深思熟虑的能力在与接触环境的能力和谐共处中得以运作。它是一种内摄、投射、内转及完全建立接触的能力。

在这里，举个教学的例子可能会有用。作为一种单一现象的体验，一种情感通常可以根据自体的不同功能来描述。根据本我功能，当体验情绪时，肌肉感知到的是放松或僵硬，呼吸体验到的是自由和开放或紧缩。人格功能将情绪定义为自体的一部分（"我是那种能感受到这些情绪的人"）。自我功能允许与情绪相连的兴奋的发展，例如，通过内摄（将这种体验定义为"我被感动了，这对我来说挺好的"），通过投射（也注意到环境中的兴奋，例如说一些类似"我能看到其他人也被感动了"的话），或者通过内转（避免与环境完全接触，将能量拉回或转向自体，例如，"我想独自处理这种体验"），等等。

创始人们将自我功能描述为既是与人接触的能力又是对接触的抗拒（失去自我功能）。上述术语的双重使用反映了与格式塔治疗认识论原则的基本一致性，即格式塔治疗不会将健康与病理过程分开。然而，如果过程的认识论原则和格式塔理论中自体的现象学没有得到彻底掌握，那么，使用相同的术语来描述常态和精神病理学可能会引起混淆。

菲利普·利希滕贝格

关于自我功能，格式塔治疗理论有一个模棱两可的地方。伊萨多·弗罗姆谈到在接触中创造一个独一无二的"**我**"和一个独一无二的"**你**"的需要，这就有必要不仅仅去认同和疏离属于自己的东西，也需要帮助他者去认同和疏离属于他或她的东西。我们是只对自己负责，还是使他者变得开放和真实？我们只是认同和疏离的主体呢，还是也有对他者的功能，他们反过来又影响我们是谁和我们想要什么？

玛格丽塔·斯帕尼奥洛·洛布

我相信伊萨多是第一个在临床实践中强调自我的社会视角和自体的其他功能的人。他的理论非常关注关系视角（接触边界的概念）和场视角（情境的概念），两者都出现在格式塔治疗的第一卷（1994）中。举例来说，他曾经教过格式塔治疗师他关于梦和口误等的关系理论，这个理论我们可以总结为以下问题："我是如何帮助你告诉我这个梦的？"自体的这一社会方面"简而言之地"包含在弗洛伊德理论之中，当然，在他的方法中它并不成形，而是后来在文化环境对关系更为开放时，由他"持不同意见"的学生们发展起来的。

第2章 在接触中创造和被创造的自体：格式塔治疗的经典理论

菲利普·利希滕贝格

在弗里茨和伊萨多所创建的独一无二的"**我**"和独一无二的"**你**"之间，仍然有些模棱两可。对弗里茨来说，人只对自体负责（后来出现在他的"格式塔祈祷文"［Gestalt Prayer］中），而在伊萨多的取向里，人也要对他者的个性发展负责。在临床实践中，激进的心理分析和格式塔治疗都具有社会的一面。

3.3 接触-后撤出接触的体验

在格式塔治疗中对过程的关注引导我们在接触发展中看见对它的体验，因此，需要考虑时间维度。事实上，在一个平常的健康体验中：

> 一个人是放松的，可能有许多担心，都会被接受，而且都相当模糊——自体是一个"弱格式塔"。然后，兴趣占据主导地位，力量自发地调动起来，某些图像变亮，运动反应启动。在这一点上，大多数情况下，还需要获得某些深思熟虑的排除和选择。［……］也就是说，有意识的限制被强加在自体的全部功能上，而认同和疏离就根据这些限制来进行。［……］最后，在兴奋的顶点，深思熟虑被放松下来，满足感也是自发的。(Perls, Hefferline and Goodman, 1997, pp. 185 - 186)

自体被定义为接触和后撤出接触的过程，正是借助这个过程，自体不断扩展，直到它到达与环境的接触边界，并在充分相遇之后后撤。在《格式塔治疗》中，接触的体验被描述为四个阶段的演变（前接触、接触、最终接触、后接触），每个阶段在图形/背景动力上都带着不同的压力。

自体的激活被称为前接触，即兴奋出现的那一刻，它启动了图形/背景过程。作为自体发展的一个例子，让我们来看看饥饿的需要。在前接触中，身体作为背景被感知，而兴奋（饥饿的需要）是图形。接下来的阶段，就是接触，自体在与环境的接触边界上变得更加"敏感"，充满了来自带着感官打开而活在当下的兴奋，这个处于定位子阶段（sub-phase of orientation）的状态引导它探索环境，寻找一个目标或一系列的可能性（食物，各种类型的食物）。渴望的目标现在变成了图形，而最初的需要或欲望则后撤到背景里。在第二个操纵子阶段（sub-phase of manipulation）里，自体"操纵"环境，选择特定的可能性并拒绝其他的（例如，选择一种美味可口的、热的、富含蛋白质的松软食物），选择某些特定的环境并克服障碍（积极地寻找一个地方、一家餐厅、一个面包店、能找到精选食物的一家餐馆）。

在第三阶段最终接触中，接触这个最终的目标成为图形，而环境和身体成了背景。整个自体沉浸在接触环境的自发行为中，觉察很充分，自体完全存在于与环境的接触边界上（食物被咀嚼、品尝、细细品味），选择的能力被放松了下来，因为在那一刻没有什么东西需要去选择。正是在这个阶段，营养与环境的交流新奇地发生了。这些一旦被吸收，就将有助于有机体的生长。

在最后一个阶段后接触中，自体减少，让有机体有可能消化获得的新奇，完全未觉察地将其整合到早先存在的结构之中。同化的过程总是浑然不知的、非自愿的（就像消化一样）。它可能会意识到某种程度的失调。因此，自体通常会在这个阶段消失，从接触边界后撤。

很明显，这个例子不能公正地说明自体接触系统的复杂性，

第2章 在接触中创造和被创造的自体：格式塔治疗的经典理论

自体接触系统在不同层次上不断地发挥作用，构成了个体的当下体验。一个人可以躺在吊床上（被认为是理所当然的接触，除非吊床翻了）看书（心智接触），听着鸟儿唱歌（听觉接触），闻着花香（嗅觉接触），享受着阳光的温暖（动觉接触）。然而，在这个复杂的接触系统中，有机体通常以一个为中心——为了成长而选择和认同的那一个。如果出现的需要与心智成长有关，那就可能是读书；如果听觉接触唤起了在那一刻重要的情感和想法，那就可能是听鸟儿唱歌；诸如此类。

在这一点上，必须承认，在创始卷中发展起来的接触体验理论（Perls, Hefferline and Goodman, 1951）有一个重要的限制，即在人类与非人类环境之间缺乏区分（参见 Robine, 1977）。这个理论最重要的独创性在于从"之间"的视角，即接触边界的视角来看待接触。一个绝对必要的发展是对一个没有反应的（非人类）环境的贡献与一个同样有创造性地对个人创造力做出反应的（人类）环境的贡献之间的区别加以说明。正如惠勒（wheeler, 2000b）所强调的，这种一致认同带来一种观点，它以个体为中心，而不是以共同构建接触的行为为中心。这是成长的边缘，是发展的边界，也是当今接触体验理论的挑战。

菲利普·利希滕贝格：
关于接触和后撤，我有一些想法。首先，我认为我们对接触和后撤过程的概念源自弗洛伊德在其职业生涯早期所称的"满足体验"，这一概念影响了他职业生涯后期的许多概念。在《精神分析：激进与保守》（*Psychoanalysis: Radical and Conservative*）一书中，我展开了弗洛伊德关于婴儿"满足体验"的描述。他在

《科学心理学设计》(Project for a Scientific Psychology)及《梦的解析》(Interpretation of Dreams)的第 7 章中都这样做了。

玛格丽塔·斯帕尼奥洛·洛布：

我们必须考虑到弗洛伊德生活在另一个时代，有着不同的文化范畴。"接触-后撤出接触的体验"这一概念是一个哲学运动的临床偏差，这一运动始于 1920 年左右，当时绝对真理的概念本身就受到了各种文化潮流如存在主义的质疑，同时体验的概念成为现象学研究者们的图形。因此，接触和后撤过程的概念是文化和社会综合运动的结果，接触与后撤过程的理论是一场广泛的文化和社会运动的结果。每个理论家都表达他/她那个时代的思想。

菲利普·利希滕贝格：

弗洛伊德在他好的时候远远领先于他所处的时代，而在他不好的时候仅仅是他所处的时代的一部分。古德曼发现了弗洛伊德先进的那部分。

3.4 自体功能紊乱：精神病理学和格式塔诊断

"一个严重的错误已经是一种创造性行为，它必须为持有它的人解决一个重要问题。"（Perls, Hefferline and Goodman, 1994, pp. 20-21）。关于精神病理学我们提出的第一个问题是："我们如何在格式塔治疗中谈论精神病理学？"（Robine, 1989）。将阻抗（resistance）作为创造性调整的基本理解，让我们以一种不同寻常的方式来思考精神病理学。我们相信，任何通常被定义为病态的症状或行为，都是一个人在困境中的创造性调整。所谓的自我功能丧失，是为了避免在与环境接触体验的不同阶段中

第 2 章 在接触中创造和被创造的自体:格式塔治疗的经典理论

兴奋的发展而做出的创造性选择。这种兴奋在没有得到支持时,会导致焦虑的体验(参见第 1 章)。

接触的习惯性中断导致未完成情境的积累(中断的自发性导致开放的格式塔和未完成情境),从而继续中断其他有意义接触的过程。

伴随接触的主要中断而产生的焦虑(当这种情境反复出现时,会变成习惯性的)是由于兴奋在生理层面上没有得到氧气(足够的呼吸)的足够支持,并且在社交层面上没有受到环境反应的足够支持(Spagnuolo Lobb,2001a,2001b)。这种类型的兴奋不能引导有机体在接触边界上自发地发展自体。内转是治疗师在病人身上最常看到的一种中断。就像皮尔斯说的,你必须"剥洋葱"才能到达主要的中断。

我们中的许多人,尤其是在纽约格式塔治疗学院里的人,都想知道在皮尔斯、赫弗莱恩和古德曼(Perls、Hefferline and Goodman,1994,pp. 228 - 239)所描述的中断中,是什么被阻断了。是接触被阻断了吗?如果一直有接触,怎么能阻断接触呢?那么,还有什么被阻断了呢?我的回答是,制造接触的自发性被阻断了,而不是接触本身(Spagnuolo Lobb,2001e)。在任何情况下,接触实际上都是会发生的,改变的是发生的质量,这会使它的自发性更少,从而成为焦虑的来源。

自发性是与在接触边界上完全在场相伴随的质量,带着对自己的充分觉察和对我们感官的充分使用。这是看清他者的条件。一个舞蹈者自发而优雅地跳舞,但不知道是哪只脚先动。当自发性被打断时(舞者可能会担心不能在正确的时间移动他的脚),兴奋变成了需要避免的焦虑(舞蹈变得沉重),意向性沿着复杂的、扭曲的路线发展(例如,舞蹈者的自体变成了观看舞蹈的人的自体），这种接触伴随着焦虑（自己没有觉察到的焦虑）而来，通过内摄、投射、内转、自我中心或融合而发生。

再举一个例子，如果一个年轻的女孩自发地想要拥抱她的父亲，而她遭遇到的是父亲的冷淡，她就会停止自己向父亲自发地移动的动作，但她依然没有阻断与他接触的意向性。"我想拥抱他"的兴奋被一个吸气的动作（她屏住呼吸）所阻断，因为没有受到氧气的支持，而变成了焦虑。为了避免这种焦虑，她学着去做别的事情，并忘记它。她所做的正是通过中断或阻断自发性的方式来建立接触，例如：

• 内摄　使用一种规则或不成熟的定义来阻断兴奋的发展（例如，"你不应该这么肆无忌惮"，或者"父亲不应该被拥抱"）。

• 投射　通过否认兴奋并将其归因于环境以中断兴奋的发展（例如，"我父亲在拒绝我"，或者"我的大胆行为对他来说肯定是错的"）。

• 内转　将兴奋转向自己而不是让其完全与环境接触，从而阻断兴奋的发展（例如，"我不需要——这对我不好——去拥抱他"）。

• 自我中心　与环境的接触发生了，但它早在由环境带来的新奇感被接触和同化之前就已经结束了（例如，女孩拥抱了她的父亲，却没有体验到这件事的新奇感，并对自己说"我知道拥抱他对我来说不是什么新鲜事儿"）。

• 融合　由于有机体从环境中分化的过程未曾开始，因此这个女孩的兴奋也就无法得到发展（例如，她把父亲的冷淡当作自己的态度，也就从未思考过拥抱他的可能性）。

除了上述"自我功能的丧失"，我们还需要询问，主要是人

第2章 在接触中创造和被创造的自体：格式塔治疗的经典理论

格功能还是本我功能受到了干扰。当人格功能出现障碍时，对社会关系场中新奇性的僵化或焦虑，干扰了接触，自我失去了某些能力。例如，要成为一个母亲，不仅需要生理上的改变，而且需要社会关系上的改变（成为一个孩子的妈妈）。所谓的"新"，就是由自我功能所定义的"不适合我"（在其中缺乏人格功能的支持），因此不能适应在社会关系、文化价值观或当前情境所呈现的语言中的变化。人格功能障碍与本我功能相结合，通过它感知的东西被组织起来，带来了自我的功能性丧失，这是神经性障碍的根源。

相反，在精神病的情况下，有一个严重的本我功能障碍：从同化接触中产生的安全背景消失了，自我不能在这个背景上行使其深思熟虑的能力。因此，接触被侵入自体的感觉所控制，可以说"没有皮肤"。发生在外部的一切被潜在体验为好像它也发生在里面一样；自体在没有清晰感知与环境的边界中运行（融合），此时处于这样一种状态中，每件事都是引发焦虑的新奇事物（一个人不能确定在几秒钟内不会发生地震），没有任何东西是可以同化的（因为没有任何东西真的可以被认为是不同的、新的）。这种本我功能障碍的体验可以从呼吸和姿势、从病人看别人的方式和他/她一般的交往方式及语言中解读出来。由于这个原因，身体和语言确实是治疗师最重要的现象学解读工具。例如，病人可能通过这样说来定义他/她的体验："你的声音进入了我的大脑"，或"那杯水把我的胃喝坏了"，或"流血的不是电影里的英雄，而是我，但是你可以在屏幕上看到"，又或者"当你微笑的时候我的呼吸更加轻松"。这些例子提醒我们，在精神障碍者的体验结构中，外部与内部之间有着严格的连接，需要在治疗干预中考虑它们（Spagnuolo Lobb，2002a；2002b；2003a）。

我将在第4章更深入地讨论格式塔诊断,那一章专门讨论这个主题。本节的目的是简单地定义精神病理学的认识论和格式塔诊断[1]。

3.5 心理治疗的目的:从自我中心到关系创造性

在自我功能的丧失中,古德曼包含了自我中心,这是一种被忽视或有争议的神经症结构,因为它在《格式塔治疗》中的定义有限,还因为它无可否认地具有挑衅性。"由于没有一个更好的术语,我们称这种态度为'自我中心',因为它是对一个人的边界和身份的最终关注,而不是对所接触的东西的最终关注。"(Perls,Hefferline and Goodman,1994,p. 237)

自我中心是一种接触中断,是自我功能在最终阶段,即接触体验的顶点发展出来的。这种情况发生在有机体与环境之间应该进行交换的时候,所有的决定能力都应该得到放松。相反,自我保持控制,从而避免被环境的新奇感所扰乱。这个人什么事都知道,而且经常对每件事都有话要说。

"典型的例子就是试图维持勃起并阻止性高潮的自发发展。通过这种方式,他证明了他的力量,那就是他'可以',并获得一种自负的满足。[……]通过寻求将自己孤立为唯一的现实[……]他努力避开环境的意外。"(Perls,Hefferline and Goodman,1994,p. 237)

因此,自我中心就是不让自己进入环境,不相信环境中包含的至关重要的新奇性。

伊萨多·弗罗姆经常说,自我中心是一种心理治疗师("甚

---

[1] 也参见 Francesetti and Gecele, 2009。

第2章 在接触中创造和被创造的自体：格式塔治疗的经典理论

至是格式塔治疗师",他幽默地补充道)与他们的病人沟通的疾病,这是在他们让病人能够了解自己的一切,却无法投入生活时的一种沟通疾病。"这种变态就是精神分析治疗里的神经症:病人能很好地理解他的性格,发现他的'问题'吸引着他,超越了其他一切——而且有无数这样的问题吸引着他,因为没有自发性和不知道的风险,他不会同化这些分析,仅仅就像其他事情一样。"(Perls,Hefferline and Goodman,1994,p. 237)自我中心主义者可能是被"治愈的"病人,他们已经学会了关于他/她的接触中断的一切,以及避免它们的方法,但仍然不能生活得圆满,不能接受对他者/环境所固有风险的信任,不能允许真正自发的接触发生。

自我中心的概念位于这种新取向的前沿,因为它提出了心理治疗的目的问题：它包括把病人带回"正常"的指标参数,还是包括更复杂的方面？如果是前者,我们不得不考虑自我中心的病人被"治愈"了,因为他/她对自己的生活有控制和意识。如果这是心理治疗的目的,那么我们就不得不把"健康"看成一个由无聊的人组成的世界,这些人对每一个问题都有话要说,但他们不能自发地发展。因此,自我中心的概念给我们带来了创始人们所接受的最初挑战,他们创造了一种心理治疗的现象学模式,去支持有机体遇到环境时的自发性,这一目的意味着更复杂的任务。

自我中心主义者"在承诺之前会确保背景的可能性确实都已经消耗殆尽——没有任何危险或意外的威胁"(Perls,Hefferline and Goodman,1994,p. 237)。对心理治疗师来说,这个概念意味着两个重要的问题。首先,治疗师的任务是支持存在的意识

（如弗洛伊德所建议的，使所有的本我成为自我①），还是帮助来访者在接触环境时恢复拥有他/她的自发性？

第二，心理治疗仅仅是一种技术干预，一种临床的超然艺术，还是它也蕴含着应用它的人（即心理治疗师）的一种生活方式和社会态度？

对于格式塔治疗来说，治疗的目的当然是个性化——不是通过自体的意识，而是通过在接触他者中的自发性，让自己进入接触的自发性，这是创造性的基础。赋予心理治疗在与环境接触中恢复自发觉察（有别于意识）的任务，意味着给创造性以空间和信任，该创造性对在关系中的人类有机体而言是自然的，而不是把空间和信任给预先确立的社会生活规则。这种自发的接触是整合了个体创造性和社会规则的社会生活的基础（Spagnuolo Lobb, Salonia and Sichera, 1996）。由于这个原因，自我中心的概念作为自我功能丧失的一种情况，既代表了心理治疗的一种创新，也代表了心理治疗的一种重要的文化和政治效应。

关于第二个问题，我们关注自我中心作为一种对被治愈的阻抗，这在某种程度上定义了心理治疗师的角色。事实上，我们对我们与来访者的关系很感兴趣，并且相信这种关系是治愈发生的地方。我们不会假装了解他者或自己的一切，相反，我们用我们的知识作为我们与病人关系的基础。

如果《格式塔治疗》中的自体在认识论上是基于对生命完整

---

① 在我与一位从事拉康派精神分析的同事里卡尔多·卡拉比诺（Riccardo Carrabino）的一次交流中，我发现了这个弗洛伊德式的句子（德语）的一个有趣的细节。按照他的说法，这句话的翻译是"哪里有本我，哪里就必须个性化"。这一翻译澄清了弗洛伊德对病人个性化的关注，而不是对他/她的合理化的关注。

第2章　在接触中创造和被创造的自体：格式塔治疗的经典理论

性和自发性的尊重，那么，这个原则在治疗关系中也必然是有效的，治疗师也必须将其整合到自己的存在方式之中。

菲利普·利希滕贝格：

弗洛伊德和古德曼都解决了定义自己（在接触中）和让自己迷失在一个比自己更大的单位中（在最终接触中）的辩证法，在最终接触中，一切都是图形和身体，其他则后退到彼此的区别里。沿着这些思路，我相信自体会在最终接触中减少，正如古德曼所建议的那样，而不是会在后接触中减少。当我们与他者融合，或与我们所需要的食物和其他营养物质融合时，我们就会在分离中失去自体。因此，自我中心将是最终接触时的焦虑的结果，不愿继续健康地融合，在健康融合中一个人成为比自己独自一人更大的东西的一部分。

玛格丽塔·斯帕尼奥洛·洛布

那你怎么解释内转呢？

菲利普·利希滕贝格

在我对定义自体和失去自体的辩证法分析中，我不认为内转有什么问题。

玛格丽塔·斯帕尼奥洛·洛布

也许我可以对关于自我中心和内转的最后一点做出解释。你所定义的自我中心是我所说的内转（在完全接触的那一刻失去自我功能）。再向前一点，我也会自我中心，当接触发生时，由环境/他者带来的新奇感没有被有机体同化到被它解构的地步。因此，成长不能发生，因为新奇性没有被同化。古德曼写道，自我中心主义者无所不知，但缺乏活力。这个人很无聊（作为精神分析的批评者，创始人们说精神分析者无所不知，但无法改变自己的生活）。

菲利普·利希滕贝格：

我相信内转既是自体导向，又是他者导向的。他者在某种程度上会感知到并受到正在内转的那个人的影响。当我的父亲通过咬紧牙关和绷紧身体来内转他的愤怒时，我感到害怕。内转不是简单的自体导向。你对自我中心的看法和我的看法并没有太大的不同。我注意到，在最终接触时的焦虑会阻碍通过与新事物合并来完成接触。你所指的"再向前"说的是类似的事情。

4. 第四种路径：最近的理论发展

近年来，许多理论家增加了新的概念，保持着与格式塔治疗理论的一致性。我们的取向如此迷人，以至它可以让我们忘记这个与众不同的认识论参考框架。格式塔治疗理论的发展如果不符合原始的认识论，就会成为我们的"阿喀琉斯之踵"①。在发展的许多创造性的可能性中，我想提一下伊萨多·弗罗姆教学的基本例子：(1) 接触过程中的时间维度；(2) "之间"的视角。

---

① 原指荷马史诗中的英雄阿喀琉斯的脚后跟，因是其身体唯一一处没有浸泡到冥河水的地方，成为他唯一的弱点。现引申为致命的死穴或软肋。——译注

第 2 章 在接触中创造和被创造的自体：格式塔治疗的经典理论

4.1 接触过程中的时间维度

在《格式塔治疗》中，对接触-后撤出接触体验中的时间概念并没有清晰的定义。具体地说，接触-后撤出接触的四个阶段是否表达了接触体验的可能发展是不清晰的，因而留给它们空间的可能性，它们不会总是在每一次接触的体验之中发展，或者仅仅因为体验随着时间发展，接触体验中的时间维度就必须用海德格尔的观点来理解，这意味着完全与过程中每个阶段的意向性相关联。伊萨多·弗罗姆依据现象学的观点来教授接触理论：病人的每一个行为都要在他/她进行接触的顺序的情境中来理解，事实上，病人在治疗开始时说出一个句子或将一个行为付诸行动，能够让我们了解那个手势或句子用了什么能量（什么接触意向性）。

例如，如果我们考虑治疗过程中的关系意义，那么病人说出的每句话都在时间的情境中具有意义。来自病人的信息，例如"我感到焦虑"，根据发出信息时的治疗时间阶段而有不同的含义。在第一阶段，它可能表示害怕开始互动；在第二阶段，害怕被逐渐出现的紧张所压倒；在中心阶段，害怕走得更深，害怕放开自己；在治疗快结束的时候，害怕从接触中分离。与预先确定的了解病人的方式不同，在时间的情境下理解病人的信息可以更准确地把握他/她沟通的关系意义（Spagnuolo Lobb，2003b）。

例如，所有的心理治疗师都认识这样的病人，他们直到一次治疗的最后几分钟才开始谈论重要的话题，而有的人甚至在还没坐下来就开始了。一个病人来参加第一次治疗，就立即告诉治疗师他/她的问题最私密的方面，显然是在回避与环境的前接触体验（可能是因为这会造成焦虑）。因此，我们可以说，他/她在前接触中感受到的焦虑不允许他/她自发地发展接触的过程。然后，通过自我功能的丧失，自体创造使他/她不感到焦虑的解决方案。对格式塔治疗师来说，一个基本的诊断和临床工具就是确定病人在接触的哪个阶段感到焦虑，并中断与治疗师的接触（参见Spagnuolo Lobb，2003a）。

4.2 "之间"的体验

最近有一个发展趋势是关于格式塔治疗的社会之心，即"之间"——亦即，我和你之间的体验空间，或在内在体验与环境影响之间的体验空间——的体验和治疗的关系方面，可以被定义为"场的共同创造"。除了我在这个主题上的贡献（Spagnuolo Lobb，2003b；2009d），其他同事也在该领域的理论和"关系式格式塔"（relational Gestalt）方面写了大量论著，只举几个例子，比如，马尔科姆·帕莱特（Parlett，2005）、加里·扬特夫（Yontef，2005）、林恩·雅各布斯（Jacobs，1995）、戈登·惠勒（Wheeler，2000b）、彼得·菲利普森（Philippson，2001）。在这里，我将只对这一方面与自体理论的经典模式之间的联系进行评论。

与现象学思维相一致，格式塔治疗认为，我们无法了解"现实"本身，而只能了解我们此时此地所体验到的那一部分——换句话说，就是与环境接触和后撤出接触的体验。对格式塔认识论来说，接触是一个持续发展的边界事件，格式塔治疗师将其视为关系意向性的过程。这种接触形成于这个我和这个你到达一个新的真相的地方，一个瞬间和谐的配置，随后立即让位给其他图形。能够停留在那一刻无法掌控的平衡之中，并能够去体验关系的瞬间真相的不确定性，这是格式塔治疗师的典型品质。格式塔方法让事情发生，在此时此地的治疗情境中创造一种新的合适的

第2章 在接触中创造和被创造的自体：格式塔治疗的经典理论

解决方案，条件是每个个体的自体都出现在接触边界上。

从内心范式转向"之间"范式意味着治疗师不把自己和病人看作单独的实体，而是看作一个对话的整体——与治疗师对话的病人/与病人对话的治疗师。就病人而言，每一次沟通都被记录下来，并从相互感知的格式塔中获得意义，在其中关系的意向性得到了表达。

举个例子可以说明这一点。一个病人说："我感觉胃里很紧张，我不知道……我好像很生气。"使用"内心"取向的治疗师会引导他/她试着从过去的体验中去理解这种愤怒来自哪里，病人对什么或对谁生气，等等。治疗师会问这样的问题："集中注意力在你的身体上，看看这种感觉让你想起了什么。"相反，如果使用"之间"范式，治疗师会将他/她的注意力引向"之间"中的什么导致了胃部紧张和愤怒的图形出现。治疗师会问这样的问题："和我在一起是怎么让你的胃里紧张并有愤怒出现？你为什么生我气呢？你不想告诉我是什么让你的胃紧张起来的？"在某种程度的迷失了方向之后，治疗师请他慢慢呼吸，病人回答说："当我想到你让我等了15分钟才见我时，我很生气。"此时出现一种可能，来恢复先前中断的关系模式。病人可以自发地与治疗师在一起，溶解在胃里造成紧张的内转，这是一种习惯性的关系模式。

这种类型的治疗对话向病人打开了克服关系焦虑的可能性，这种关系焦虑是他试图以中断接触来避免的（然后他就忘记了）。一旦关系意向性被带回到接触边界，治疗师就可以使用各种能够支持接触能量的格式塔干预，此时接触能量是能觉察到的。

5. 结论

为了呈现格式塔治疗理论的经典原则，我首先介绍了一个方法论的视角——循环的解释学逻辑——作为阅读和参考创始文本和病人的工具，以这种方式激发我们的创造性。

随后我批判性地介绍了新奇性，格式塔治疗的创始人们将其引入心理治疗的研究和实践领域，强调革命性的变化隐含在认识论的视角之中，以此审视人性的正常自发性，而不是试图将其包含在模式或类别之中。

第三部分主要从五个方面总结了经典格式塔治疗理论的核心：(1) 有机体/环境场的概念；(2) 自体作为过程、功能和边界事件的重要视角；(3) 发展有机体与环境之间接触-后撤出接触的体验；(4) 格式塔治疗中特有的精神病理学理论，其概念包括作为创造性调整的阻抗、自我功能的丧失，以及神经症的和精神病的体验；(5) 自我中心的概念，我批判性地认为它代表了临床和文化上的转变，从那时的精神分析视角转到更现代的心理治疗目的的观点，以及心理治疗师态度的结果。我把这座桥梁称为"从自我中心到关系创造力"。

作为我们的经典理论允许去创建许多可能的发展的例子，最后我提出了两根理论线：一是聚焦在接触体验中时间维度的现象学思考；二是从"之间"的对话视角开始，发展共同创造治疗场的概念。

希望我的介绍能让读者了解格式塔临床方法产生的理论的深度、魅力和有用性，希望读者能将其整合到自己的专业取向和生活方式中去。

第 3 章
表面的深度[1]：
临床证据中的躯体体验和发展视角

> 我们的目标是在他们的整体上回忆所有的体验——无论它们是身体的、精神的、敏感的、情感的还是口头的——因为正是从"身体""心灵"和"环境"的单一工作中（那些只是在它们自身中的抽象）出现了生动的图形/背景过程。
>
> (Perls, Hefferline and Goodman, 1951, p. 331)

1. 格式塔治疗师对身体体验的关注

如果不考虑由我们"具体化"的存在所强加的身体体验与精神体验之间微妙的相互联系，就不可能理解病人的关系需要，也就不可能理解接下来的治疗路径。这是一个治疗师需要的技能，他希望从观察表面开始到达病人的深层结构：关注最小的身体运

---

[1] 我有意在此重复皮耶罗·A. 卡瓦莱里（Cavaleri, 2003）所著的一本书的书名，以证明我们分享对格式塔治疗的解释学和临床研究，以便让未来的心理治疗师更加清楚地了解这种取向的精神。

动,作为插入病人角色和治疗关系的更大情境之中的体验细节。就像一个细心的照顾者对待自己的孩子一样,心理治疗师不仅能从言语中,而且最重要的是,甚至能从最细微的动作中去了解,比如嘴巴周围的肌肉震颤、下巴紧张、屏住呼吸、收紧臀部、双肩团着的姿势等等。

但还有更多。根据格式塔治疗,如果治疗师没有经历自己的过程,就无法发展身体过程。这种体验的综合性质,即这种财富的综合性质,返回到治疗师的办公室,驱使治疗师去寻找一种有意义的格式塔,在唯一的他们都能体验的现实中,换句话说,在接触边界上,将他/她自己的体验与病人的体验统一起来。因此,隐喻——主题图标——浮现自内在的诗歌感[1],这是治疗师在将自己的过程和勇气整合在一起时获得的,从而能够在平凡中读到非凡,在病人表达的表面复杂中读出简单。

治疗行动源自治疗师和病人两根体验地平线的发展,不应该在"上面"工作,而是在病人觉察的"根基上"工作,几乎是在挠他/她,以便使他/她在骨头和关节里、在肌肉和肌腱里、在眼球和泪腺里、在口腔和唾液里都能感觉到。

在我与伊萨多·弗罗姆[2]的治疗中,我被这样一个事实震惊了:仅仅一个简单的词,就能在我的体验中引发如此深刻的变化,甚至影响到我的生理过程,我对周围环境的感知也改变了。这件事我至今仍记忆犹新。有一次,在他位于法国多尔多涅(Dordogne)的家中,我们面对面坐在小扶手椅上。我感到一种强烈的冲动,想要去拥抱他。我记得他的白色衬衫就在我面前,

---

[1] 回顾一下"诗"这个词的词源可能会有帮助,它来自希腊语 *poiein*,意思是"去制造""用单词建造"。

[2] 格式塔治疗的创始人之一,顺便提一下,也是我自己的心理治疗师。

第3章　表面的深度：临床证据中的躯体体验和发展视角

而我渴望缩短这个距离，去触摸他。我的整个生命都在朝着那个愿望奋斗。我对他说了，他却满不在乎地说："你不需要这个。"他丝毫没有要接近我的意思，同时也没有表示接受的共情姿态。我突然觉得自己豁达了，呼吸开始顺畅了，也更深了，想要触碰他的欲望也突然平静下来。我对他有很深的感情，我知道他能看出来。我不再需要在身体上拥抱他，在那个特定的时刻，那种特定的欲望似乎是受到我的渺小和不被看见的感觉支配而产生的。这一切都是无声无息地发生的，对我来说，我感觉到我的身体和生理过程发生了深刻的变化。这几个重要的词在我的身体里抓住了朝向未来的此时，这让我准备好了让自己更强大，以针对我的接触历史的背景，我的父母是自己家里的长子和长女，我作为家里的第二代"配置"了一种"小女孩"式的接触方式。

根据格式塔治疗，个体通过其可以随意支配的特定的生理支持与环境进行接触，这些生理支持是他/她体验的一部分，是伴随他/她的"在一起"（being-with）的自发的自体调节所必需的。

这里有一个具体的例子。一个孩子在早上不得不去上学的时候会呕吐，他/她的父母因为上班要迟到了已经备感压力，就责骂了他/她，孩子感到很羞辱。在他/她的体验中，呕吐代表着一种生理上的支持，可以让他/她放松紧张。如果他/她感到在他/她的痛苦和情感"阻塞"中被父母接受，他/她就能够利用这个生理上的支持。我会很快回到这个例子。

格式塔方法对身体的关注标志着心理治疗在一般情况下的一个重要途径：从对心理体验"场所"的感知，到对关系化身的感知（Spagnuolo Lobb, 2005c）。如果身体对于赖希来说是压抑的场所，对皮尔斯来说是表达存在和整体体验的特权手段，那么对同时期的格式塔作者（特别是 Kepner, 1993; Frank, 2001）来说，身体就是最卓越的接触器官，它既能记住以前的接触，又能创造现在的接触。詹姆斯·凯普纳的书《身体过程》（*Body Process*）——起源于克利夫兰学院之内——面对的是身体体验的程序性的单一性，根据格式塔治疗理论的自体进行重新解读。鲁拉·弗兰克（Ruella Frank）的书《觉察的身体》（*Body of Awareness*）——成长于纽约格式塔治疗的土壤之中——发展了罗拉·皮尔斯的临床取向，她从美学和关系的观点来看待身体体验（Bloom, 2005）。在接触体验的格式塔语言中，赖希（和他的学生们）的历史贡献得到了重塑。

回到刚才呕吐的那个孩子，在压抑的肌肉或姿势里去解读活力和情感受阻已经不再重要，重要的是看到接触的意向性被打断，不论是在孩子那里（没有打扰已经处于压力下有着自己困境的父母），还是在三个人组成的现象学场里（例如，父母要照顾那个小小孩），重要的还有看到非言语信号，这些信号表明接触边界重新敏感起来（更自由的呼吸、一个微笑等等）。

这首先是一个从积极的关系人类学视角看待身体的问题，在其中对困难情境的创造性调整是观察病人症状及其治疗资源的窗口。

正是由于这种特殊的视角，在格式塔治疗中对身体体验的关注，与对生命的弧线上接触过程发展的关注，二者不能分开。当前的非凡状态形成了治疗师与病人之间在朝向未来的此时的接触过程，带着过去，即以前的接触历史，首要的是接触意向性和过程的发展，以及试图满足他们的人。

让我们想象一下，早上呕吐的孩子现在已经是我们治疗室里的成年人了。呕吐对他来说不再是个问题，他来治疗的是关系问

第3章 表面的深度：临床证据中的躯体体验和发展视角

题。我们感兴趣的是，在他的重要关系中，呕吐这种生理支持（通过呕吐来释放紧张）是如何被接受或不被接受的。例如，重要关系中的成年人是否意识到孩子试图缓解外部和内部的紧张，或者他们是否嘲笑过孩子早餐吃不下去？假设今天的这个成年人带着一个在家庭中关系困难的问题来治疗：关系中有很多的紧张，他想了解一些事情，例如，把自己定位为父亲能做什么。他来接受治疗，因为他想解决紧张关系，而不是在自己感觉最难受的时刻离开家，那时每个人都在大喊自己的要求，使他感到很痛苦，这种在当时的重要关系中释放紧张的过程便是通过离开家来表达。也许这个病人觉得无法忍受与孩子和/或妻子在家里的紧张关系，就像呕吐一样想要挣脱。他想避免"呕吐"，并找到一种不同的方式来处理紧张。我们也知道，这种"减轻负担"的方式迟早会在治疗关系中发生，正是在那里，真正的改变将会发生。

在与治疗师之间建立接触获得支持时，这个病人如何能达到朝向未来的此时？我们能识别什么样的创造性调整，例如，当孩子们和母亲在吵架时，他离开家？我们怎样才能以一种这个病人和所有相关人员都更满意的方式来支持他的挽救紧张情境的意图呢？答案是复杂的，必须从两个层面来考虑，一个是共时层面或图形层面（在治疗场景中病人整个自体是如何与我们在一起的[1]），另一个是历时层面或背景层面（多年来病人的感知是如何结构化来解决紧张的）。

---

[1] 换句话说，通过身体过程、社会定义和接触意向性进行接触的能力；参见第2章的自体理论。

2. 格式塔治疗的发展理论问题

此时此地这个病人在身体层面的体验是一个创造性格式塔，它总结了在接触前同化的身体的和社会关系的图式（通过身体和对自体的社会定义实现的"在一起"），也总结了支持病人取得与治疗师当前接触的意向性。因此，参考发展的观点就变得非常重要，以便解读与重要他人以及与一般环境的接触方式的发展。

然而，直到20世纪80年代，国际格式塔学界都认为参考发展理论是毫无意义的，因为心理治疗工作是在此时此地进行的。理论图式（不论诊断的还是发展的）的使用被视为一种谬误，支持解读过去的阻碍，却分散了（就治疗师而言）对当前接触体验的注意力。根据当时的格式塔心理，这就需要回到对解释的需求上来，回到现成的解读上来，去了解这个病人，这显然意味着不可能在病人建立与治疗师、与环境之间的当前接触中保持新鲜感。

然而，在20世纪80年代，社会变革使这些人文主义结构发生了演变：严重干扰的增加不仅需要发展观点，而且需要使用诊断这把钥匙。如果通过与方法一致的理论参考来看待的话，那么治疗师与病人之间接触的新鲜度是可以提高而非减少的。

从那时起，关于人类发展的格式塔思想开始出现。然而，即使在今天，使用从病人和治疗师此时此地治疗情境的体验出发的理论参考，这种取向的挑战仍然存在。与此同时，发展理论也发生了深刻的变化。

20世纪80年代发生了从"发展心理学"到"生命周期心理学"的转变。"发展心理学"研究从童年（不成熟的和变化的）

第 3 章　表面的深度：临床证据中的躯体体验和发展视角

到成年（成熟的和平衡的，但没有变化）的过程，"生命周期心理学"则认为人的生命的所有阶段都以变化为特征。人的内部（成熟的）和外部（环境的）因素都需要对以前的平衡做出重新调整，并过渡到能够执行其他发展任务的新的综合（如埃里克森的人格渐成阶段概念，1984年）。生命周期和人格渐成图谱的概念与以下观点联系在一起，即生命或任何发展路径都是由不同阶段构成的，其特征是每个阶段存在不同的需要、技能、特定的存在主题及成熟任务。以这种方式为特征的各个阶段由一个连续的、累积的过程联系在一起，这个过程最终带来关系的成熟，换句话说，建立起对自己和整个团队（或整个环境）有益的功能性接触的能力。丹尼尔·斯特恩（Stern，1985）的研究深刻地解构了这一发展视角，按照斯特恩的发展概念，我把格式塔视角称为"领域的复调发展"（polyphonic development of domains），它超越了阶段结构的思想。由于这些阶段是累积的，因此每一个阶段都以前一个阶段的能力为前提。领域的概念与具有明显分化的能力相关联，这些能力在整个生命过程中都有各自的发展，它们相互作用，从而形成人的当前能力的和谐（我们可以说是格式塔）（见图1[①]）。

有了这些前提，很明显，当我们观察病人的身体过程及其发展时，如果我们与格式塔治疗的认识论保持一致，我们就不会去考虑那些与特定阶段相关的发展任务是否已经完成。提前设定发展目标会有对病人体验进行外部评价的风险。如果我们从发展目标的角度考虑，我们就不得不将我们的病人与这些目标进行比较。我们必须避免这种可能性，即为了达到关系的成熟，使我们

[①]　图见第107页。——编注

的理论所基于的接触方式（比如内摄、投射等）成为依次达到的阶段。领域是一种关系能力，它存在于体验的背景中，并在人类发展的某一特定时刻成为图形，并与其他能力或领域相互作用（参见下一部分）。

3. 历时性和共时性层面：接触形成的图形和背景

我相信，如格式塔治疗这样一个关系的、程序的和现象学的取向，必须考虑到"既定"情境和病人发展体验的背景（历时性层面），以及现在感觉不适的图形和他/她力图完成的接触的意向性（共时性层面）。在上面的例子中，病人在孩提时期发生呕吐，他现在进入治疗，想要克服目前家庭中的困难。此时的图形是当他感到一种他认为自己无法忍受的压力时，他就会离开家，并渴望在目前的家庭中成功地"不呕吐"，以支持作为一个丈夫和父亲应该做的缓解这种压力的可能性。病人体验的背景是今天的病人内在的那个孩子的接触发展：这些年来，他是如何在亲密关系中练习自己的内摄、投射和内转能力的（参见下面关于领域的描述）？呕吐是如何代表一个崩溃的或抗逆的接触方式的？在他对自己身体的觉察中，他还能体验到什么样的生理支持（呼吸、横膈膜的控制等）？

格式塔治疗师需要工具来管理治疗接触边界的共同创建，此外还需要一张地图，使他/她能够根据临床证据和治疗设置为病人的发展找到方向。

接触中的身体证据和发展的过程都对创造性调整的格式塔原则做出了反应。因此，我们需要描述病人的创造性调整是如何在重要关系中适时地发展起来的。对我们有帮助的不是看病人是否

第3章 表面的深度：临床证据中的躯体体验和发展视角

达到了特定的目标，而是他们如何为困难情境做出创造性调整来实现接触意向性。我们感兴趣的是身体过程，他们让这个过程发生，是为了实现接触意向性及其发展的情境化，或者——我们甚至可以说——一种"音乐"，它源自针对体验背景所做出的创造性选择（可以用发展地图来解读）①。

对于格式塔治疗，接触意向性及其实现（通过创造性调整）是与身体过程一起工作的指南。从温尼科特（Winnicott，1974）到奥格登（Ogden②，1989），再到福格尔（Fogel，1992，1993），以及毕比、贾菲和拉赫曼（Beebe, Jaffe and Lachmann，1992），早期的互动调节模型已经指出相互同步（Mutual synchronization）对我们来说是观察的一个重要标准，不论是当我们被背景所占据时，还是当我们把注意力集中在治疗接触的图形上时。我们在与他者的接触中认识自己，自体是形成于边界的一种接触过程（参看第2章）：一个人在与他者的接触中重新发现自己。反之亦然，发展的阻滞与身体过程的阻滞重合，这总是意味着敏感度（完全展现自己的感觉）的降低（或丧失），因此与他者调频的能力也降低了。

领域的发展始终是一个有机体/环境接触的自体调节过程，例如，内摄的能力是在与环境接触中获得支持的基础上，伴随着或多或少的焦虑而发展起来的。每个领域都可以经历从完全接触到去敏化的连续体验。

在一次与伊丽莎白·费瓦兹（[Elisabeth Fivaz]她与我们就洛桑三方游戏［Lausanne③ Trilogue Play］的"格式塔"维度进

---

① 我指的是根据布卢姆（Bloom，2003）的接触美学标准——优雅、流畅、韵律清晰。
② 原文误作 Odgen。——译注
③ 原文误作 Lousanne。——译注

行了极富成果的对话）的公开谈话中①，我们通过一个演示视频，对一个18个月大的孩子的个案进行了研讨。这个孩子通过使父母唱歌，"解决"了他们之间明显的紧张关系：他成为管弦乐队的指挥，协调着处于冲突中的场的能量。这个孩子虽然扮演了一个不属于他自己的角色（即照顾他的父母），但是给这个舞台带来了一种令人愉快的和谐，使他们彼此之间调频一致。从发展理论的角度来看，孩子的这种行为是"非典型"且不适合他成长的：不能认为一个孩子成为父母的治疗师这样的事情，是"健康的"或"典型的"。但对于格式塔治疗来说，这种行为是适当的和具有创造性的，它允许孩子实现了与父母接触的意向性（他触碰他们，与他们共同成功），还找到一个所有人都感觉更好的解决方案（他的父母感到愉悦并受到感动，看到他们儿子优美的姿态）。显然，由孩子采取的这个解决方案并不能解决父母之间的问题，也并不是应对紧张情境的唯一的、正确的回应，但它确实解决了当时现象学场中出现的问题，这对孩子的成长是一个重要的肯定。从参与者（孩子父母和其他见证者）的层面来说，他们对此会非常敏感并且能够成功地看到孩子富有创造性地解决问题的尝试，这会使这个孩子感到被认可，并能够结束这个格式塔（即不会在这方面发展出未完成事件），在将来也就有了做出其他不同选择的自由。但如果这种行为是重复的，这将是一种去敏化的迹象：这个孩子将在没有自发接触新鲜感的情况下进行这个行为，正是这种现象而不是行为本身造成了问题。

---

① 在由意大利HCC格式塔研究所组织的心理学专家研讨会上，研讨会论题是："发展：精神内部动力学的共同创造还是进化？"（"Development: co-creation or evolution of intrapsychic dynamics?"）会议于2009年11月5日在本笃会修道院的卡塔尼亚大学（University of Catania, Monastery of the Benedictines）举行。

第3章　表面的深度：临床证据中的躯体体验和发展视角

这个孩子所采用的解决方法的适宜性标准是美学的，是——最重要的——身体体验所固有的：孩子和父母的身体在惊喜的刺激下闪闪发光，这构成了我们的诊断标准，而不是预先建立在身体体验之外的标准。它不是帮助我们——执行我们作为心理治疗师的职业——去思考预先建立的阶段或规范来面对孩子的身体证据，而是帮助我们评估这个孩子如何组织在情境中所给予的东西，带着欣赏并支持他的创造性调整的观点。

在格式塔治疗发展理论中最重要的研究来自惠勒（Wheeler, 2000a）、麦康维尔（McConville, 1995）、惠勒和麦康维尔（Wheeler and McConville, 2002）——与儿童工作的模式——以及维奥莱特·奥克兰德（Violet Oaklander, 1978）的相关工作，而史密斯（Smith, 1985）、凯普纳（Kepner, 1993）和弗兰克（Frank, 2001）的著作思考了治疗期间身体过程的作用。在我看来，这些取向中的每一种都与其他取向是相互补充的。例如，鲁拉·弗兰克从罗拉·皮尔斯的临床工作和其他以活动为导向的取向中学习，从而建立起理论，提供了一个内隐关系知识的发展模型，一个关于儿童作为活动中的身体"在那里接触"（being-there-in-contact）的模型（我们也可以说是自体的本我功能的发展模型）。惠勒和麦康维尔回顾了发展模式的需要，该模式应考虑到发展的单一的和关系的性质，因此既要考虑到儿童，也要考虑到环境——总而言之，就是场[1]。

格式塔治疗师需要的是一种躯体的和发展的审美心灵，而不

---

[1] 在意大利有一些关于格式塔治疗发展视角的研究。Righetti and Mione, 2000 和 Righetti, 2005 在将自体理论应用于产前发展时，考虑了母亲/环境和孩子/胎儿的互动方面。其他文本有：Fabbrini and Melucci, 2000; Mione and Conte, 2004; Spagnuolo Lobb, 2000。这些文本提供了阅读儿童和青少年接触意向性的关键。

是一幅表观遗传图（epigenetic map）或一个发展的阶段性模式。为了定位我们的诊断和干预，我们需要在病人的身体和言语中追溯接触过程的演变，去理解他们仍然拥有着什么样的新鲜和活力，我们不需要参考有助于成熟的阶段。用尼采的话来说，治疗语言必须从病人的"身体原因"开始，如同它们在治疗师的身体中回荡。

4. 领域复调发展的格式塔治疗图

我相信，在格式塔治疗的发展视角下，现代发展理论的两大成就必须得到整合："广义互动再现"（Representations of Generalized Interactions，RGI）原则和复调发展思想。广义互动再现（Stern，1985；Kuhn，1962；Fogel. 1992；Beebe and Lachmann，2002，意大利文翻译版2003，p. 110 ff）考虑的是孩子如何学习"在一起的方式"（way of being-with），而不是单一的行为，其目的是解决他/她的需求。斯特恩等人（Stern et al., 1998a，1998b）及毕比和拉赫曼（Beebe and Lachmann，2002）认为，再现符号（显性）水平和感知-行动（隐性）水平是个体生命过程中发展起来的基本领域。接触的格式塔形态（内摄、融合、投射等）构成了我们"在一起"的诠释学范畴、我们的领域，以及与环境接触中自体的能力。在格式塔认识论中，谈论一个领域的显性或隐性关系知识是没有意义的，在这种情况下，自体是一个统一的接触过程（参见第2章），通过本我、人格和自我功能，人们所获得的是一种与环境接触的整体方式，而不是一种知识。

第3章 表面的深度：临床证据中的躯体体验和发展视角

相反，领域的复调发展的概念是我从丹尼尔·斯特恩那里学习到的定义方式。正如上一节所指出的，斯特恩谈到的是领域发展而不是阶段发展（Stern，1985；1990）：发展并不意味着以前几个阶段里的学习为前提的日益复杂阶段的演变，而是像谱写旋律一样，获得新的主题（用格式塔语言我们可以称之为"接触的获得形态"）和工具（换句话说，可以转移到不同关系模式的"在一起"的能力，如同由新的乐器进入管弦乐队演奏同样的音乐时那样），被转变成一种新的、更加清晰而复杂的和谐（Stern，1985；Tronick et al.，1978）。这个新概念对发展过程的复杂性是公平正义的，同时回应了格式塔的美学标准：发展并不意味着在阶段概念里的比较测量（根据这种观点，孩子被假定应完成特定的发展任务或结果），而是被视为值得赞赏和支持的旋律。

格式塔发展理论从成熟的角度假设接触方式的发展（似乎按照顺序的接触方式，从融合到内转，是一个人发展的任务，直到有能力进行"全面"接触），将接触体验描述的共时性层面（Perls, Hefferline and Goodman，1994，p. 227）叠加在历时性发展层面上。在接触方式顺序里的描述，实际上属于此时此地有机体与环境接触体验的认识论语境。这种语境不能转移到儿童的发展阶段，但可以在领域方面并在病人的接触能力中回想起来。对我们来说，这个领域变成了与某种接触能力相关的体验范围。换句话说，融合、内摄、投射等不可能是发展的阶段，而是儿童有能力并在一生中不断发展的接触模式。治疗师问的不是病人的障碍涉及什么发展阶段，而是病人目前的投射、内转等能力（随着时间而发展）是如何在由病人目前正在接受的治疗所表现出来的格式塔中结合起来的。

这些领域是一种主体间体验的能力，是接触方式的能力，在儿童发展的某个阶段变得更加明显，并在整个生命历程中得到发展，作为互动中的自主能力。

换句话说，发展可以被理解为通向接触复杂性的一个旅程，而不是一个从不太成熟到更成熟阶段的过程。发展就像一段最初由一种或两种乐器演奏的旋律，其他乐器逐渐加入其中，这增加了人们可以实现的接触的复杂性。临床的任务不是判断一个人发展的成熟程度，而是判断这个人如何处理其感知的复杂性。每个领域都可以有从自发到受阻的/固着的兴奋的范围。我更喜欢说"风险"，当接触边界去敏化时，风险就隐含在每个领域中。这给了我们专注于自发性的可能性，这种自发性总是存在于进行接触和领域的多重音域中（这也是我们作为心理治疗师想要认识和支持的）。

下面描述的目的是观察儿童行为的可能性，不将其局限在发展阶段，而是将其视为有自身发展的纠缠成一团的关系能力的短暂格式塔。与阶段视角相比，领域发展视角的优势在于，在解读情境的复杂性时，考虑的是瞬间纠缠在一起的因素，而不是减少这种复杂性到一个阶段的模式，虽然各个因素是相互影响的，但每个因素都有其独立的发展。如果我们把当前时刻看作各个领域发展的横向平面（参见图1），那么个体发展的复杂性可能会得到更好的尊重。这些领域在每个时刻都以不同的方式交织在一起，从而产生在此时此地接触的格式塔。

格式塔治疗的发展视角不仅在这个概念上得到了完美的满足，而且在将观察范围从儿童扩展到插入格式塔治疗的现象学领域的想法上也得到了完美的满足。换句话说，孩子学会演奏的旋律，是更伟大的音乐的一部分，是在现象学场中创造出来的旋律。正如弗兰克所写（Frank, 2001, p. 21）："［……］婴儿

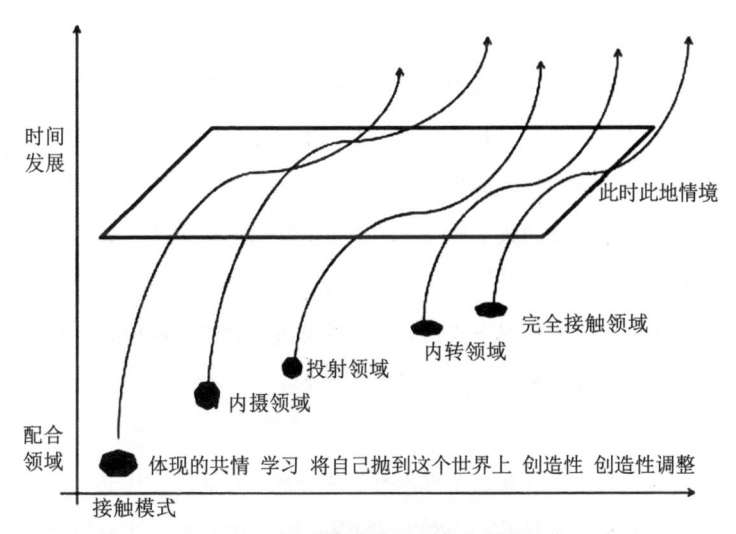

第 3 章 表面的深度：临床证据中的躯体体验和发展视角

图 1 领域复调发展的格式塔图

［组织］一种发展的、关系的肢体语言。双方都会影响和塑造他者的体验；此外，［……］移动模式［……］不属于婴儿，也不属于环境，而是属于*关系场*[①]（*ivi*, p. 19）。这不是一个有机体自体调节的问题（根据仍停留于个人主义观点的传统人文主义人类学），而是一个接触的情境场的自体调节问题。在体验的、程序的和现象学的视角下，格式塔治疗将儿童和照顾者共同创造相遇的边界地区正确地定义为"接触边界"。这就是为什么发展——包括身体的发展——发生在现象学场或情境场，从中获得的东西就像体验代码，每个人都将其整合到此时此地的"在一起"的方式之中。

每一个领域都包括在接触边界完全呈现的能力，以一种分化的、敏感的方式感知自体和他者，带着与接触情境的不确定性待

[①] 强调为原文所加。

在一起的勇气。在边界上的人能够创造性地适应他者的动作和自己的举动,因此包含着不确定性(一个人不知道另一个人的下一步会是什么,也不会知道自己的下一步),并且不断地寻找一个创造性解决方案,既能推进自己的存在,也能推进他者的存在。成为管弦乐指挥的孩子所引用的例子清楚地解释了这一概念:孩子成为"小小治疗师"的能力是一种自发的、自然的品质,每当他们在有差异的情况下找到创造性的解决方案时,这种能力就会发生在人与人之间。

融合领域:没有边界感知的"在一起"的能力。

在出生的时候[1],接触以一种融合的方式发生:母亲和孩子互相凭直觉知道对方。孩子感知环境是他/她自己的一部分(Stern,1990),而母亲完全意识到她爱着她的孩子。融合作为一种接触方式,是一种感知环境的能力,仿佛环境和有机体之间没有边界,没有分化。这种能力构成了共情的基础,是一种自然品质,在今天的神经科学中被称为具身共情(参见 Gallese, Migone and Eagle,2006)。融合的能力源于我们的存在从根本上属于环境的一部分(Philippson,2001)。斯特恩等人(Stern et al.,2000)已经相当清楚地表明了儿童凭直觉知道成年人意图并完成其意图的能力,他的观察产生于他对马勒的原发性自闭症理论的批评背景(1968;Mahler, Pine and Bergman,1975),证明了孩子凭借直觉主体间性地感知重要他人的能力(实际上是自闭症的反面)。他们也确认了格式塔治疗的美学视角是平行的而

---

[1] 认为人类的发展从子宫里的生命开始是正确的,在这种情况下,胎儿能够感知环境并在环境中有意识地行动(Righetti and Mione,2000;Righetti, 2005)。

第3章　表面的深度：临床证据中的躯体体验和发展视角

不是故意的：即使在边界上缺乏分化的感知，带着在接触边界上的感觉，孩子自然的完整存在也保证了他/她对他者的直觉。"融合"的格式塔概念很好地解释了存在于母亲与孩子之间（也可能保留在成年人身上）的直觉，即对环境中存在的东西的敏感性，或者用现象学术语来说，对"自然证据"的敏感性（参见 Blankenburg，1971）。这个领域在整个生命过程中都存在，并在一生中都可以得到发展。

这一领域的去敏化体验带来的风险是疯狂的：一种不清晰的感知——我甚至可以说——（基于焦虑的）无呼吸。

内摄领域：将环境置于内心的"在一起"的能力。

孩子对环境刺激的敏感正是学习的机会（他/她重复发出声音，然后是单词，接着会掌握语言的句法和基本的关系，会把物体扔在地上，重复成年人的手势，等等）。这些体验属于内摄领域，其接触的形态特征是被环境刺激所同化，最先也是最重要的是他/她所处的语言和整个文化环境（一个既定社会的习俗和规则）、家庭关系模式（当妈妈累了的时候什么会让她微笑；什么会让爸爸决定允许孩子去玩耍；反之，又是什么会使他生气；等等）。孩子的精力会集中在为事物和关系模式"命名"上，这种行为能使他/她获得一种力量感：当他/她饿的时候可以说"叮叮"，而不再用尖叫让周围的人理解；又比如孩子可以通过一个胜利的微笑，让爸爸不再生气，从而赢得这场与爸爸的"比赛"。孩子的整个自体致力于通过将世界置于内心来学习，通过让世界塑造他/她来从中汲取能量和自体感，他/她的创造力表现在对"世界吃起来是什么味道"的好奇。在发展这个领域时，孩子还会给他/她自己和自己所做的事情命名（"卢克饿了"，"卢克是个好孩子",等等)。这种接触方式是贯穿一生的,也是学习能力的基础。

这个领域的风险一般来源于麻痹了接触边界的去敏化,这样世界进入有机体的时候就无须获取能量来进行交换,有机体就会因为不能给那些没有感觉到是属于自己的东西命名而感到沮丧。

投射领域:把自己投入世界的"在一起"的能力。

另一个领域所关注的是投射的接触方式,通过投射,孩子能够"投入世界",将自己的能量托付给他者和环境。这个孩子会对一切都很好奇,并会用他/她的精力去了解这个世界,他/她会打开抽屉和任何关着的东西,把自体投射到不属于和可能属于自身的地方。在投射游戏中,孩子将自身投入世界和环境中的能力是十分明显的,例如,当游戏中代词"你"被频繁使用的时候,孩子会显得由衷的高兴并享受着:"你……你……你……"无论对他/她说了什么,他/她都会将其归还给他者。想象力、探索的勇气、与环境接触时将身体作为改变的催化剂、把舞蹈作为在这个世界表达的运动——这些都是有机体通过这一领域贯穿一生都在发展的能力,也代表了将自体托付给他者的方式。就像在内转的领域中,我们会因为将世界融入自体而获得能力和快乐,在这里,我们也会因为将自身投入世界而获得能力和快乐。

在接触边界去敏化的情况下,投射的风险是在没有感知他者的前提下试图化解自身的焦虑,生成偏执狂的体验(我将我自己"投射"于其中的他者是无能的或不好的)。

内转领域:控制自身能量的"在一起"的能力。

还有一个领域是关于内转的形态,即感觉自己的能量被安全地限制/控制在身体和自体之中。孩子现在获得了去独处、去反

第3章 表面的深度：临床证据中的躯体体验和发展视角

思、去产生创造性思维、去编故事的能力，斯特恩（Stern，1985）、斯特恩等人（Stern et al., 2000）及波尔斯特（Polster，1987）都证实了这一点。当这个领域开始时，孩子会着迷于讲故事，告诉别人关于他/她自己的事情，编造故事，纯粹的创造力：他/她讲故事，并将整个自体都投入创造的行动中。这使得成年人感到惊叹，因为它增强了孩子与他者和环境接触的能力，展现了他/她自己的一个被创造的且富有创造性的图形：事实上，在成人以孩子的方式接触时，他/她会以一种令人惊奇的角度重新找到自己（或世界），既意外又和谐（十分完整）。这种接触方式是创造性的基础，是对自己感到安全和信任的能力的基础，也是在用自己的个性去反思和奉献给这个世界，是贯穿一生的发展。

风险在于，在接触边界去敏化的情境下，内转可能会导致孤独，而主体的创造性可能不会被他者发现，或者会表现为狂妄自大。

自我中心领域：在有意识控制中与他者相处的能力。

最后，是关于自我中心形态的领域，这指的是为自己感到骄傲的能力，这是有意识控制的艺术（Perls, Hefferline and Goodman, 1994, p.236）。这个孩子在接受母亲试图喂给他的一勺食物，他想自己做这件事[①]，从创造一个自己的明确图形中获得能量，而不受环境的影响（"试图消灭不可控制的和令人惊讶的东西"，*ibidem*）。这种建立接触的方式是自主性的基础，是在困境中找到策略的能力（*ibidem*），是将他/她自己的个性奉献给世界的能力。它的发展贯穿一生。

---

① 感谢马德里格式塔治疗研究学院（Madrid Institute of Gestalt Therapy）院长卡门·巴斯克斯·班丁（Carmen Vázquez Bandín），是他为我提供了这个例子。

接触边界去敏化的风险是这个人会"发现他自己的问题比任何其他事情都更引人入胜"(*ibidem*),自己面对环境的感知导致了无聊和空虚感(图形是一种强迫性重复),所以控制自身的需要取代了自然的自发性。

格式塔治疗从一开始就警告人们要警惕自我中心的危险(Perls, Hefferline and Goodman, 1994,或 1951 年版;Spagnuolo Lobb, 2005a),认为它是生活中自发性和兴趣的障碍,而自发性和兴趣实际上是上述每一种模式的体验可能性。事实上,自发性的能力是与审美的存在、完整的感觉及感官的可用性相联系的,而这些本身就构成了身体感觉的和谐合成、自体定义及接触意向性的条件,简而言之就是对情境的创造性调整。自发性和兴趣隐含在充分的感觉中,在自体的自发性中,因此也在每个已经考虑的领域所表达的关系能力中。由于这个原因,抗逆力应该是每个领域所体验的模式的一部分[1]。

表 1 所展示的是兴奋、生活能力和风险是如何描述每个领域的特征的。

表 1　每个领域的兴奋、生活能力和风险

领域	兴奋	生活能力	风险
融合	成为环境的一部分	具身共情	混乱、疯狂
内摄	命名	学习	抑郁
投射	投入世界	想象、发现、勇气	偏执狂体验

---

[1] 有些个体即使面对灾难也依然能保持积极乐观,并不是只有心理治疗界才总是想知道这种能力来源于何处,而恰好与此相反,另一些个体即使在正常或有利的生活中也依然固执地看见消极负面的东西。有些人假设不快乐是快乐的必要条件(Andreoli, 2008),而且有些人坚持认为历史上的伟大人物正是因为他们的抗逆能力(Short and Casula, 2004)而伟大。

续　表

领域	兴奋	生活能力	风险
内转	被很好地限制在自己之内	安全、消息灵通	孤独、狂妄自大
自我中心	快乐而骄傲地做自己	自主性,在困难的情境里能找到策略	控制、无聊、空虚

5. 作为临床证据的格式塔治疗发展观点

这里所描述的发展模式有助于我们掌握在此时此地接触中有关过去的临床证据。我们可能谈及"发展过程的临床证据",它允许我们保持在此时此地的治疗接触体验。

这是一个解释表面的深度的模型(Cavaleri, 2003),该表面触摸着我们的感官,是我们所感知到的。我们的临床参考框架实际上不是内在体验(情感主题)的动态发展,而是儿童与照顾者在一起所学习到的接触过程的发展,这些接触过程后来构成了他/她作为成人的习惯性接触模式,这些在治疗中可以观察到。正如毕比和拉赫曼(Beebe and Lachmann, 2002, p. 20)所指出的那样:"调节互动的基本过程最初是在非语言层面上,在整个一生中都保持不变。"格式塔治疗师不仅观察这些模式,而且试图抓住朝向未来的此时,那是隐藏在病人习惯性的、去敏化的接触模式中的意向性。格式塔模型把这一切看作发生于治疗师与病人之间的接触边界上,因此这里隐含着现象学场的观点。在病人的接触模式和治疗师的反应所创造的现象学场中,出现了支持病人接触意向性自发发展的可能性。

与环境接触的体验是格式塔治疗理解人性(我们为了接触并

在接触中出生和成长）的一个关键概念，它是发展和运动及关系过程的解释学密码。就像我在为弗兰克著作的意大利语版所写的序言中所说的：身体的意识是，从拳打脚踢那一刻开始身体就能体验到他者的限制，并从身体在接触中的具体体验（即与人接触）中建立起关系支持。

换句话说，发展的观点是在病人的话语中寻找临床证据，尤其是在他/她的身体体验中，以及在治疗师/病人接触的隐性相互协调中。举个例子，在《当下》（The Present Moment）这本书的序言中，丹尼尔·斯特恩（Stern，2004，p. Ⅺ）的现象学描述提供了在一次治疗中所隐含的共有知识，从这个精妙的治疗故事开始，我们可以假设治疗师的躯体发展心理可能提出的问题，绝对超出任何理论模式。斯特恩是这样说的：

> 她走进我的办公室，坐到椅子上。她从高处掉落进去。椅垫迅速收缩，然后需要5秒钟才会自己停止调整。她显然在等待，但就在垫子发出最后的叹息之前，她交叉着双腿，转向另一侧臀部。椅垫再次泄气并重新平衡。我们等着它被搞定。相反，她坐着，她在倾听它，在感受它。自从她进来我就准备好了，但现在我也在等着。很难知道垫子什么时候会挤出所有的空气。但一切都在等待。她是否感觉到她在等待或占用时间？一切都在等待她做好准备。在搞定之前，我感觉受到了移动的限制。就好像我应该屏住呼吸来加速它，以便更好地判断何时到达静止点，何时治疗可以"开始"。当我终于觉得她的身体和坐垫已经准备好了，挪动的声音和感觉已经停止时，我开始在椅子上移动，期待着，呼吸更自由了。但她仍然在听声音减弱，还没有完全准备好。我的移

第3章 表面的深度：临床证据中的躯体体验和发展视角

动被她仍在等待的举动阻止了。我觉得我好像被困在了一个"雕像"的游戏中。这是荒谬的。我能感觉到一种烦恼正在我心中滋长，因为我的节奏被打乱和控制了。我应该让它继续下去吗？我应该提出来吗？她做梦也不会想到我们已经完成了这次治疗的主要主题，而且是她生活中的一个重要主题。

通过与病人在此时此地所设置的表面接触，治疗师抓住了在这次治疗中他/她将确认的发展模式。病人习惯于在困难的情况下采用这种"等待"接触的模式，作为一种原始的创造性调整。治疗师的问题是："我应该让这个游戏继续下去呢？还是我应该提出来？"我们可以想象在等待中的一种自发的共同参与。治疗师发现自己沉迷于（尽管最后很厌烦）这种等待，共同创造着他们这次治疗的接触边界。病人感到她处在一个不确定的情境中（反映在治疗师的感觉中，他也不确定该做什么），可能通过等待来解决这种双重的不确定[1]。

去发现在治疗接触中主要显示的领域是很有趣的（病人会内摄治疗师所说的吗？或者把他/她的能量投射到治疗师身上？或者保持沉默、内转？）这是治疗师在进入同一领域时会提供的具体支持，使病人对他们的接触边界（领域的一个新格式塔）有一个新的感知。与此同时，他/她（治疗师）将成为任何归因于他/她的东西，也将是一个支持被打断的意向性的新"伴侣"。作为一名格式塔治疗师，我在利希滕贝格、拉赫曼和弗斯

---

[1] 参见 Mahoney et al., 2007 的详细临床例子，在这个例子中，治疗师和病人双方的身体感觉代表了治疗接触边界的共同创造。

海格(Lichtenberg, Lachmann and Fosshage, 1996, 意大利语版 2000, p. 104)表达的概念中认识到了我自己, 他们说治疗师必须"佩戴着那些写给他/她的属性"。在格式塔语言中, 这可以用我们所说的"接触边界的共同创造"来翻译: 治疗师发现他/她自己参与到了病人所使用的接触模式中(例如, 他/她发现自己对一个使用内摄模式的人给予了内摄, 参见第1章中的那次治疗), 但是——他/她的艺术也恰恰在于此——支持病人通常不被支持的东西, 也就是实现接触的意向性。

6. 临床举例

6.1 抵抗呕吐的微笑

现在让我们回到那个早餐时呕吐的孩子的例子, 去看看现象学的场。一对父母要求进行心理治疗会诊。他们很担心, 因为在过去的两个月左右, 他们8岁大的唯一的儿子, 每天早餐时都会呕吐。这不仅引起了对孩子健康的关注, 而且给送他去上学带来了麻烦——他总是迟到——也给他的日常生活安排带来了麻烦。儿科医生建议他们和心理治疗师谈谈。当治疗师问道"除了这个问题, 在家里早上会发生什么?"时, 这对夫妇回答说他们之间的气氛不是很平静; 他们必须很早去上班, 而孩子的要求导致了紧张气氛的增加。如果我们从关系的视角来看这个案例, 那么我们可能会做出这样的评论: 孩子早上呕吐是为了引起对他的注意, 以获得父母不吵架的效果。关于这一点, 可以进一步提出许多意见。如果我们从接触的角度来看这个案例, 也就是从现象学场的体验的角度来看它向孩子所揭示的，我们就能去构建这个故事。这个孩子，当他吃早餐的时候，在某一时刻感觉到了他的母亲和父亲之间的紧张，以及他的胃里的紧张，而且他也不知道这两个紧张哪一个是先开始的，外在的紧张还是内在的紧张（内摄领域）。然而，他对这种紧张的反应是给横膈膜的肌肉以更大的压力（内转领域），同时感受到了愤怒和痛苦的情绪，认为如果他能通过使胃的肌肉（横膈膜和腹部肌肉）变硬来控制住自己，他就不会突然哭起来（投射领域）。他意识到哭不是解决问题的办法，因为在场的人似乎都不愿意接受他情绪的爆发（自我中心领域）。所以他看着他的母亲，希望能找到一个答案来解决他的痛苦，但只看到他的母亲和他的父亲有自己的问题，他认为他必须自己管理好自己，但这也导致他的痛苦进一步增加，并且腹部和横膈膜肌肉的紧张增加，直到呕吐变成是必要的、自发的解决紧张的方法，他再也忍不住了（投射领域）。

孩子在这种情境下学会的是一种面对缺乏对他的环境支持的方式，可以说，是一种溢出的情绪。如果没有人能容纳这种强大的紧张，排空的过程就会发生在他的意志之外，那是因为体验结构的崩溃。这个学习被刻在他对自己的界定里（也就是说，这成为他通过人格功能与环境进行接触的方式："我是一个无法阻止呕吐的人"），也被刻在他的关系中身体的体验里（本我功能）：每次感受到强烈的紧张，都将倾向于重复这一令人崩溃的"清空"。

治疗师与父母一起在一次治疗中。他/她可以选择维持这对夫妻的设置，或在一个家庭设置中工作（甚至开始与孩子进行心理治疗）。在任何情况下，他/她的任务都是去支持作为一个整体的现象学场的接触意向性。这三个人似乎都沉浸在"我有能力/

没有能力包容"的体验极性中（内转领域）。孩子想要抑制这种紧张（在他的身体里和场里感受到的）。父母希望能控制与孩子亲近和上班准时之间的冲突。治疗师支持他们体验中隐含的兴奋。如果他/她维持夫妻的设置，例如，治疗师可以在父母面前扮演这个孩子的角色，向他们解释，如果他看到他们微笑，他感觉到的内部和外部紧张一下子会被驱散，他就能吃完他的早餐，并以更大的勇气面对学校（外部环境）的"新奇"。如果他/她更喜欢在家庭设置中工作，他/她在任何情况下都必须引导父母的注意力去理解孩子的体验。这个"真相"（由孩子或治疗师明确说明）可能会导致夫妻之间出现冲突。父亲可能会指责母亲对孩子过于保护："我告诉过你，你要少担心，无论如何送他去上学！"在格式塔的语言中，这种冲突只会是一种不受支持的接触能量的表现：他们都想吸一口气，笑一笑，相信自己的接触中的自体，发展自己的自发性，但他们更喜欢去指责，这几乎是一种不同形式的"呕吐"（投射领域），实际上是属于这个场的一个过程。然后治疗师可能会把他们的注意力吸引到微笑的疗愈想象上来："当你们看到你们的小男孩的脸上显示出他很紧张时，你们怎么看待对他微笑这个想法呢？"这个问题可能足以支持父母去克服他们的恐惧，并决定去支持他们儿子的能量。否则，治疗师应该为这对夫妻提供更具体的支持（参见第 7 章）。

现象学治疗场构建了这些心理-生理的——用一个词来说即感知的——支持，使他们自发地、坚实地体验到接触中他们自己的"在那里"。

6.2 物化的死亡

一位 57 岁的病人僵直地坐在扶手椅上，面对着我这个治疗师（内转领域）。病人礼貌地微笑着，紧紧抓住她的钱包：她紧紧地握着它，好像因为某些原因（投射领域）她不能放松。我注意到她的呼吸困难，以至她的姿势似乎没有被吸气呼气的节奏所改变。我所有试图让她放松的努力都被病人注意到了，一个刚开始感到安全的人的反应却不受欢迎（内摄领域）。我在接触边界的感知是，面对这个病人的极端封闭时我感到震惊，我觉得无法接受，把她的反应归结为恐惧。我发现在边界处有一种冷漠的感觉，无法接受（自我中心领域）。我和病人两个人的活动的关系模式，被迫地指向控制可能的惊喜，而不是我们彼此之间的扩展。我观察着这一点，听着病人的故事，故事似乎是围绕着她丈夫家人的坟墓的一种奇怪关注。她觉得是被迫同意自己的原生家庭把继母埋葬在丈夫的家庭坟墓里的，继母和她的关系并不好，因此她感到不快乐和痛苦。她两年前退休了，无法适应生活中的变化。她晚上睡不着。她感到非常紧张，认为自己要发疯了。她已经接受了心理治疗师的治疗，这位心理治疗师对她一生中所做的积极的事情给予了极大鼓励。起初她感觉好多了，但那个基本的想法，那个被外人侵犯的坟墓的想法（那是她和她丈夫埋葬的坟墓）永远不会离开她（融合领域）。尽管早期的治疗师支持她的人格功能和社会角色，但她感到生理上的不适仍然存在。

自体的本我功能（僵硬、控制身体、无法扩张的呼吸）和人格功能（发疯的感觉、自己失去控制的感觉）的临床证据，选择（自我功能）使用口头语言来表达身体水平体验的担忧，她无法控制像家庭坟墓这样如此亲密的一件事情，我感觉到的在接触边界与病人分享情感的不可能，这些全部都是现象学场的各个方面，都代表了"分裂型人格障碍"的诊断。没有对"表面"的这种"深"的观察，我会被诱发做出"抑郁型适应障碍"的诊断，认为这可能与病人的近期退休相关,这将会导致将干预中心放在——像以前的治疗师那样——去支持人格功能,即对自体的社会定义上。将注意力集中在共同创造接触的过程上,并牢记病人进行接触时的生理支持,就有可能诊断出本我功能障碍,这需要完全不同类型的支持。结合自发性和思想,我决定调整治疗干预,一方面基于我真正的感觉(什么样的内部或环境确定性能让我在和病人的接触边界上放松,进而让我感觉到她的情绪呢?),另一方面基于语言,从病人的身体体验开始,从被侵犯的亲密感开始,当然不是从那些不能表达情境中的具身化共情的保证开始。

在这个具体的案例中,我被病人提到的她不能听到"死亡"这个词的症状所震撼。如果她在一本书中读到"死亡"这个词,她必须合上书,永远不再拿起这本书。如果她在电视或新闻中听到"死亡"这个词,她必须去另一个房间,或把电视关掉。这个词对病人的力量——超出了我自己对她强迫性体验的关注,这是一个强大的焦虑信号,有可能导致精神崩溃——告诉我的是融合领域,让我想起了皮亚杰的发展理论(Piaget,1937),以及词语和物体"物化"的概念,这可能是孩子的万物有灵思想的一部分。对于正在经历万物有灵思想阶段的孩子来说,月亮是有灵魂和意志的,词语(或其他物体)可能被赋予了它们自己的生命。

这种强烈的感觉的浮现和对皮亚杰理论的记忆构成了悬搁(回忆胡塞尔引入的现象学概念),在悬搁中治疗干预得以构建。我决定对语言进行干预,对病人说:"'死亡'这个词只是一个词,它本身没有力量。你能支配这个词,不是支配死亡本身,而是支配你对这个词所做的事。你可以取消它,而不是去听它,去取代它。你能控制'死亡'这个词。"

在语言上的这一重新定义让病人的呼吸放松了，整个身体的姿势打开了，这甚至让她把钱包放到了其他地方。在接下来的治疗中，我甚至可以让她写几个包含"死亡"这个词的句子，感受一下她是如何支配这个词的。几周后，病人解决了她痛苦的问题，结束了治疗。她告诉我，她已经和她的原生家庭达成了协议，把继母的遗体转移到别处。她感觉好多了，更能控制自己了。

6.3 我在不顺从你之中爱你

病人抱怨性功能障碍的唯一对象是他所爱的并想要与之结婚的女人。治疗师注意到他呼吸很浅，几乎不涉及横膈膜，他的骨盆也不动。治疗师清楚地知道，在这个病人的体验中，骨盆是去敏化的。治疗师的任务是将这种现象学观察纳入病人生活的更广泛的背景中：这是如何发生在他的姿势构造中的？他在青春期前期必须抑制它吗？或者更早，在5岁左右（本我功能）？考虑到这一体验（人格功能），病人对自己的定义是什么？他是否有一种压抑的虚张声势感或规范的刻板（他是那种"以正确的方式"做事的人吗）？失去了什么自我功能？病人和治疗师之间的关系是怎样的？尊重她的"权威"（内摄领域）还是在他肯定不会被理解的情况下挑战她（带着自恋体验的内转领域）或害怕被评价（投射领域）？[1]

根据这个和其他插曲如何在治疗师的感知中构成病人的格式塔，尤其是他们处于接触边界的格式塔，在这个点上治疗故事可

---

[1] 参见第4章对格式塔诊断的相关论述。

能以很多种方式进行分解。正是在这样的背景下,双方的这个想法形成了病人在关系中和治疗接触中的需要。

在这个特殊的案例中,病人生长在一个高度规范的家庭里,通过发展出一种内摄的模式来适应它(他用顺从来解决冲突),病人以这种方式保持自体的再现和他对照顾者的依恋。此时他正在体验着性困难,伴有一种压抑的虚张声势的感觉,并"把自己托付给"治疗师,这与内摄的接触风格相一致:"我来这里,是到一个知道该给我什么建议的专家这里来。"假设他的接触风格并没有被严重自恋的部分所"污染":例如,他并不体现出一种绝对坚信——在内心深处——坚信没有人可以帮助他,他也不会因一件自己本来能够单独处理却不得不求助于他人的事情,而感到羞辱。那么,治疗师就可以支持接触能量,这在病人的故事里和他的身体存在里已经体现得很明显了。例如,治疗师注意到,当病人谈论他的工作及其伦理方面时,他是非常坚定的。他的姿势改变了,他"占据"了他坐着的椅子(牢牢地把臀部放在上面),他呼吸着,包括他全身的所有肌肉向下直到到耻骨区都有所变化。她说:

> 治疗师:当你和我谈论你的工作时,你的身体有什么感觉?在我看来,你的整个存在方式似乎更坚定了。
>
> 病人:完全正确。我在工作中没有遇到问题。这是我喜欢做的事情,也是我感到安全的地方。
>
> 治疗师:如果你把这种安全感和决心带入你和你所爱的女人的关系中,你会怎样改变你与她在一起的方式呢?
>
> 病人:(微笑,他的脸亮了起来)嗯,如果我能做到,我就不用来这里了!

第3章 表面的深度：临床证据中的躯体体验和发展视角

治疗师：这是什么意思？你和她在一起的方式会发生什么变化？

病人：首先，我会拒绝做一些我不喜欢做的事情，比如和她去购物，或者听她同事们那些无聊的谈话……简而言之，我会对她更加严厉。

治疗师：是的，更加严厉……从你所说的话来看，如果你对她更严厉一些，你就会觉得自己能够主宰自己。

病人：是的，没错，如果我不害怕失去她，我就能对她更加严厉了……

治疗师：也许你应该更加相信自己对这个女人的重要性。你认为她会轻易离开你吗？

病人：不，她不会轻易离开我的。如果我想想我是什么样的人，我就会觉得自己很强大，而且我知道这就是她想要的。如果我开始认为我必须让她快乐，那我就必须顺从，我就会迷失，我甚至从生理上失去了与她在一起的力量。

治疗师：所以你的身体和你的整个身心都想与这个女人亲密，但又想要保持你的独立性。你不想依赖她。

病人：是的，没错。正如我刚刚所问您的，医生，我是否可以不顺从我女朋友！（他笑了：他有了自己的洞见！）

治疗师：我完全同意你这么做！（她亲切地、意味深长地微笑着。）

治疗师尊重病人的内摄接触方式，并且——使用同样的方式——支持着他的接触意向性，即在他的身体和他与治疗师的接触中已经标记出来的朝向未来的此时。

7. 结论

我在这里展示了一张领域的复调发展的地图,它使格式塔治疗师们能够通过认识到各种领域是如何在治疗接触的此时此地互相交织来定位自己,以便更好地支持接触的意向性,从而激发来访者的求助。

在格式塔治疗的身体取向中,运动的关系模式概念(Frank, 2001)在某种意义上取代了精神分析学中无意识的概念。对构成社会关系生活条件的无意识冲动的探索,被现象学观察所取代,后者观察的是病人如何构建他自己接近他者或与他者分离的模式。通过这种方式,解剖知识被整合到了未决体验的觉察中:简而言之,这是一个现象学现实主义的问题,而不是转化为成人文明的需求与儿童"部落"自发性之间相互冲突的身体体验。

> 在通常的特性分析中,阻抗被攻击并被溶解。但如果我们认为觉察是具有创造性的,那么阻抗和防御就将被视为活力的主动表达。(Perls, Hefferline and Goodman, 1951, p. 248)

这是处理表面的深度的关键,在此时此地的情境中对身体过程进行治疗接触:病人的身体感觉有理由存在于关系之中。病人在这个善意的过程中感受到对他的支持,感受到在与治疗师的接触中可以释放身体的紧张并允许觉察的浮现,感觉直接性的浮现,以及自发的情绪的浮现。移情和反移情的旧概念可以被治疗

第3章 表面的深度：临床证据中的躯体体验和发展视角

师重新定义为"边界上的'在那里'"：这是一个完全克服二元心智的问题，据此治疗师必须对病人的体验保持"中立"。治疗师/病人二者在这个设置中进行自体调节，治疗师受训以感觉他/她的情绪属于那个场，并将其用于治疗目的，而不是将其视为对治疗的干扰。

在心理治疗中使用这一观点使人们有了面对最严重的心理障碍的可能性，如今这种障碍变得越来越普遍，与环境的主要心理-身体关系在其中起着基本作用。

第4章
在治疗中叙述自己：
朝向未来的此时与格式塔诊断

> 诗歌恰与神经症喋喋不休的言辞表达相反，
> 因其是人类在言语上最质朴简单的解决问题活动［……］
> 然而，言辞表达亦是消耗能量的努力和尝试，
> 它所借助的是说话、压抑感官需要和反复唠叨，
> 难以做到集中注意力，
> 这是一种未完成的无声场景。
> （Perls，Hefferline and Goodman，p. 102）

在处理完共创治疗接触的躯体发展边界之后，本章我将对行动中的治疗叙事展开详尽分析。我所使用的是言语部分的诊断工具，借助接触的自发过程的每一次中断，我力图展示治疗师如何与病人的语言保持一致，支持朝向未来的此时，这与实现接触意向性之间是有张力的，而这样的张力早已存在于病人的体验之中。治疗师发现病人之美的能力，便是去发现他们自己保持对他者之爱方式中的美好——以及诗意——尽管他们爱他人的方式存在着让自己受伤的危险。简而言之，治疗艺术便是捕捉病人当下依然在对他者使用的身体和话语的能力。病人在面对治疗师时所

第4章 在治疗中叙述自己：朝向未来的此时与格式塔诊断

选择的措辞早已包含着他/她向治疗师暴露自己的动向，仿佛在向一个新的舞步发出古老的邀请。这敦促治疗师保持直觉，心怀具身共情，将自己的体验与病人联结起来，并与本取向所提供的现象学地图联结起来。

一次咨询中病人与治疗师创造的故事不仅需要关注，而且要求做出选择。在尽管有限但依然浩瀚的语言学宇宙中，去经历寻找确切词语的艰辛痛苦是非常重要的。参与到故事之中意味着反应-能力（[response-ability] Parlett, 2003）、扎根感，以及此时此地的全然在场，将思想或情绪变为朝向他者的言语（words-for-the-other）的体验。然而，正是由于这些原因，叙述成了一种创造性行为，对用词、句法、加重语气等方面的选择，变得如同画家对画笔、材料或颜色的选择一样。

对治疗故事设置言语边界使得为体验赋予具体形式成为可能，借此克服界定自己的自恋恐惧，在这样的创造性行为中，无论是治疗师还是病人，都将承受与他者全然接触的风险。

格式塔治疗的程序性和现象学立场对弗洛伊德"使自我成为本我"的警告提出了挑战，同时对此加以重新解读（Spagnuolo Lobb, 2006b）。这不是将对我们而言非常重要的无意识提升到意识层面，而是通过向治疗师进行叙述的行动，具体地重新发现自体，重新认识自己的能量和目标，重新唤起接触意向性。对我们格式塔治疗师而言最重要的是，除了叙述的内容之外，病人在这种状况下的存在本身便是一种创造性适应。

在奠基性文本《格式塔治疗：人格中的兴奋与成长》中，皮尔斯和古德曼对诗意的语言与空洞的言语化做了区分（如导论中所说），并建议恢复日常生活语言的元气。掌握诗意语言似乎成了与心理治疗并驾齐驱的路径（Sichera, 2003；Sampognaro,

2008)。"[……]对皮尔斯和古德曼而言,诗歌的奇迹包含着日常生活语言的复原,[……]治疗可以被当作通向诗歌的旅程,在此旅程中,遭受言语化幼虫折磨的病人,其陈旧不堪的言辞在治疗关系中重新恢复其光和热。"(Schera,2003,p.138)

为了达到叙述的目的,一个人必须从意识到的感觉里走出来(直到我们将这种感觉变为具体的词语,这对我们来说是显而易见的,似乎人人都能理解),去确认使我们恢复元气的能量将我们带到了哪里(我们必须确认我们到底在谈论些什么),选择使用哪些词语,如何去表达我们对叙述时所面对的那个人的感受,选择准确的词语,弃用聚焦不够清楚的词语。当我们做出选择的时候,我们认识到我们所感觉到的不再一样了,而是得到了发展,获得了改变。叙述(用伽达默尔的话来说)是在同一时间里"演"故事并"使自己演出来",这是浸入完全的体验之中,认可体验本身,而不是简单地传达某个体验,这是在制造一种新的体验(Sampognaro,2008;Spagnuolo Lobb,2008e)。

因此,接触过程的观点推翻了萨特(Sartre,1943)的存在主义观点,根据他的观点我们必须在活着和叙述之间做出选择,好像叙述是一种内转行为,而活着是一种接触行为。与此相反,叙述是活着,没有叙述地活着是空洞的,是唯我地活着,缺乏与他者的真正接触。存在的本质不是被"让自己活着"所抓住,而是创造一个人自己的故事,这样的故事总是开始于对某个情境的体验(因此是开始于现象学的数据),并受到接触意向性及自发关注他人意愿的激活和支持。

我并不是说体验的可表达性是心理治疗不可缺少的条件,事实上,我早已经有机会与主张主体间性的同事们及研究发展阶段的学者们一起坚持一个观点(参见 Spagnuolo Lobb,2006b),即

第4章 在治疗中叙述自己:朝向未来的此时与格式塔诊断

许多心理治疗过程展示了隐藏的关系知识水平（Stern et al., 2000; 2003; Stern, 2006）。在治疗关系中获得发展的心理治疗有可能呈现多种形式,其中有一种便是言语形式。好好活着并不一定总是知道如何将自己的体验用言语表达出来,相反,好好活着常常要求在观点上保持前语言期的和谐一致,对事情缺乏和谐的命名只是一种表面的解决方式,这只停留在心理层面,而不包括体验和/或神经连接的深层结构改变。

治疗直觉或病人改变并不总是由言语而引发,有时某种感受会照亮或改变生命。然而,语言总是当下体验的启示者和催化剂,无论对病人还是治疗师都是如此,因此对我们诊断和治疗而言是重要的基础。

1. 在接触边界上共创叙事

> 说话是好的接触,
> 既可从三个人称我、汝、它汲取能量,
> 又可借助我、汝、它三者建立结构,
> 说话者、说话对象、所说之事,
> 那时有一个需要
> 针对某事,进行沟通。
> (Perls, Hefferline and Goodman, 1994, p. 101)

心理治疗中关于叙事的概念经历了几个阶段,这与文化趋势的发展是相呼应的,从分析病人故事结局以探寻无意识资料,到将故事用作治疗工具（Barker, 1987; Peseschkian, 1979; Erickson，1983；以及其他人），再到将故事的当下概念作为治疗过程的诠释要点（Spence，1982；Hillman，1983；Ricoeur，1985；Polster，1987；Spagnuolo Lobb，1999a）。

对我们格式塔学者（现象学关系治疗师）而言，病人对治疗师的叙事是一种创造性行为，病人试图借此克服与治疗师接触中不舒服的关系模式，而这种关系模式是在其以前的关系中习得的。

引起格式塔治疗师兴趣的叙事重要性在于在治疗师与病人的接触边界上所发展出来的意义，这是一种富有创造性的、积极的行动，是由治疗师角色和病人角色共同完成的。因此，故事创造着关系，它既不是关系的可能性故事之一，也不是关系的附带现象，而是在同一时间里既是表面，又是深度（Cavaleri，2003）。

如第1章所述，治疗关系是一种真正的关系，这种关系在治疗师与病人的接触边界上得以展开，所运用的是安住当下的能力，而不是活在过去的"幻觉"里。因此，对病人故事的诠释学解读意味着对治疗师提出了如下问题："我在创造故事中是如何做出贡献的？"接着又问："这个故事在以什么方式告诉我：病人希望如何改变与我之间不舒服的关系模式？"

让我们来思考一下在第1章里所引用的例子：病人告诉治疗师他梦见了一面无法逾越的墙。治疗师问病人："在上一次治疗中，我对你来说是怎样一堵无法逾越的墙呢？"

这个梦的故事（不是梦本身）被与治疗师接触的意向性激活："墙"的故事既包含着有问题的体验（我无法克服某些障碍……），也包含着去克服的愿望和可能性（我告诉你是希望你能够理解……）病人向治疗师提供了重写故事的钥匙（Spagnuolo Lobb，2003b）。

第4章 在治疗中叙述自己：朝向未来的此时与格式塔诊断

让我们再来看一下第1章里的另一个例子，病人告诉治疗师的不是一个梦，而是一个句子："我昨晚状态很糟糕，无法入睡。"除了谈到个人体验外，她还传达了某种属于两个人之间所创造的接触边界的东西，病人试图以某种方式去加以界定。治疗艺术包括以某种方式为病人提供完成其活动的可能性，同时还提供描述该活动的接触意向性。因此，治疗师可以回应说："今天这次治疗怎么做才能让你容易睡着呢？今天发生什么事或不发生什么事能让你今晚获得平静呢？有没有什么事、什么话上一次你没有做或没有说而今天想做或想说？"

因此，病人的任何叙事都包含着与治疗师接触的意向性，只是因为这是一个"既定的"情境。病人越"清醒"，感觉器官越开放，越有觉察，其意向性就会越清晰，治疗师就越容易支持；反之，病人越"昏沉"，感觉器官越迟钝，对治疗师而言要想使他们的接触边界保持生命力并通向成长就越困难。

格式塔治疗中的治疗故事不是为了去确认病人生命里的缺口，而是为了在治疗师与病人之间创造一种新的接触；不是为了去理解这样做是不行的，而是在被堵住时创造一个发展的过程。因此，故事便是一个场现象，在这里听故事的他者不是处于最微不足道的边缘，而是成为故事的界定要素；事实上，这个故事在向"谁"诉说的基础上做出了修改和调整。这不再是关于事实的那个故事，而是关于说给某人听的事实的一个故事，由某种接触意向性赋予意义。这超越了赫尔曼·黑塞的概念（Herman Hesse, 1993），依据黑塞的概念，树林就是一大批等着伐木工砍伐的树枝，是逃亡者的藏身之地，是恋人们的约会场所，而在这里我们认为故事讲述者的意向性里蕴藏着（充满着具体形式的）接触，因此伐木工必须砍伐那些特定的树干，逃亡者会藏在

131

特定的树林里，恋人们会在特定的环境里寻求亲密。这就是我们所看到的创造性调整，是我们必须考虑的实际现象。这是向对我们比对故事本身更感兴趣的人叙述的过程。

下面举个例子加以说明。一个高中生上学迟到了，在那天的第一节课上她向老师道歉说，她之所以迟到是为了帮助一个处于困境中的朋友；接着，在第一节课和第二节课的课间休息时，她告诉邻座的女同学说，她之所以迟到是因为前一天那个女孩要求她陪伴，而且当时她答应了；最后，在午休时，她又告诉班级里的同学们说，她必须向老师编造一个理由，而事实上是她不想来上学。哪个是真的呢？它们都是真的！请求她留下来陪伴的那个女孩真的遇到了麻烦，而她也特别不想上学。

2. 在病人的故事中抓住朝向未来的此时：行动中的诊断和治疗

故事总是特定的情境里的一种创造性调整，而情境是由一个我、一个你和一个它（故事的对象）所精确地决定的。因此，故事便是两种协调的结果：说故事对象的关系类型（老师、好朋友、朋友等），以及我们向他/她传达的愿望、意图和紧张。

这种针对与他人创造性接触而产生的亲张力（pro-tension）是我们所称的病人抗逆力的灵魂：不再有障碍会阻隔接触的过程——有可能会缺乏一些自发性，付出焦虑的代价，但是不会剥夺其意向性意义。

每一个治疗故事都带有意向性和独特的抗逆力，有赖于治疗师去看清这些迹象，并对抗逆过程和接触意向的实现给予支持。

第 4 章　在治疗中叙述自己：朝向未来的此时与格式塔诊断

这就是我所称的在治疗接触中支持朝向未来的此时。

对格式塔治疗而言，诊断需要考虑到情境，不能绝对化。不管怎样，如果我们把治疗关系看成真实的关系，那么整个治疗就会在这个关系的朝向未来的此时此地（the here-and-now-for-next）展开。治疗的目标在于治疗师与病人之间的接触、带来焦虑的接触模式、去敏化的接触边界，而不是预先设定的要在治疗室外面去激活的接触模式。因此，诊断始终与治疗情境紧密相连，治疗师扮演着积极角色，在病人采取其接触风格时成为共创者。

现在我将举一些例子，说明在面对病人的各种接触风格时治疗关系是如何得到发展的，目的是解释每一种模式的接触中体验（experience-in-contact）的特点，并支持治疗师所能提供的朝向未来的此时[1]。

我将参考格式塔治疗的经典诊断类别，鉴别其方式：内摄、投射、内转和融合。[2]

2.1　具有内摄接触风格的治疗叙述

> 病人：我永远也讲不下去。您总是鼓励我，因为您太好了。事实是我从来没有做过什么好事。

病人的抗逆力意味着通过消极的内摄来保持对他者的爱。保

---

[1] 接下来的内容是以阅读第 2 章关于作为没有氧气支持的兴奋的自发接触中断和焦虑为前提的。
[2] 有关这些接触方式的说明，参见：皮尔斯、赫弗莱恩和古德曼（Perls, Hefferline and Goodman, 1994, p. 227ff）；斯帕尼奥洛·洛布（Spagnuolo Lobb, 1992: 2001）；以及本书的第 2 章。

持对她自己的消极定义是为了避免积极的内摄所引发的焦虑。治疗师的积极内摄会被避免：最终接受他者的欣赏会导致焦虑，对给予消极内摄的他者的爱也会面临风险。对成年人的依赖，被认为是神经症感知的必要条件，在接受负面定义时仍然保持着，牺牲了自己的形象以维持对他者的爱。

治疗师：如果你不告诉我你不喜欢我的什么地方，那你一定很喜欢我。什么让你认为我觉得你没有能力呢？

病人：恰恰相反，我认为您高估了我。

治疗师：如果不是这样呢？如果我认为你根本不会成功呢？

病人：（惊讶地看着治疗师）我认为基本上您知道我是没有希望的，也许我取得了一点小小的进步，您和我相处得很好，但我永远不会成为高飞的鸟儿，您知道的。您如一只高高翱翔的鸟儿，而我不是。

僵化的内摄模式从长远来看会导致抑郁。嫉妒的情绪掩饰着自体发展的可能性。很明显，嫉妒发生在与治疗师接触的边界上。

治疗师：这个房间里有两只在天空中翱翔的鸟儿。我真的很想让你展开翅膀，在天空中飞翔，一起快乐地飞翔。

我支持抗逆力，抓住病人对我的爱。我并不对嫉妒进行分析。

第 4 章 在治疗中叙述自己：朝向未来的此时与格式塔诊断

病人：您真的喜欢这样吗？

治疗师：是的，如果我们在飞行的时候你告诉我我飞行的缺点，那么我们甚至可以试着告诉对方我们的缺点！这是我喜欢的。

因此，通过游戏，病人可以获得说"国王什么也没穿"这样的自发性，这种自发性之前被没有接受分化能量的成年人的僵硬所冻结了。

病人：我猜您手里拿着一本心理学的书去飞，您永远不会放弃您的知识分子风格的！

治疗师：而且我认为你在飞的时候会担心我是否放松或对你生气……但我认为无论如何你都会展开翅膀，享受你的能量的。

病人：是的，我想我现在就能做。我知道如果我释放能量，您就不会觉得受到限制或害怕了。（她站起来，展开双臂，好像在翱翔。她看着我，开心地笑了）。

2.2 具有投射接触风格的治疗叙述

病人：非常感谢您今天能见我，没有您我不知道该怎么办。

治疗师：你为什么打电话给我呢？

病人：在过去的几天里，我身边发生了很多不愉快的事情。我朋友的 20 岁的儿子死于一场交通事故。我无法想象他父母的感受。一个女孩，我在大学指导过她的论文，我听说她得了乳腺癌，她是在给才几个月大的女儿停止哺乳后才发现的。我的一对好朋友夫妇正在痛苦地闹分手，他们 3 岁大的儿子总是哭，他很紧张，没有人能安慰他。好像整个世界都在我身边崩塌了。当我早上醒来时，我感到极度痛苦。

治疗师：似乎有许多确定性正在你周围瓦解。你感觉自己怎么样？你感觉你的内在能量如何？

对这种投射体验类型的具体支持是导向对自己能量的感知（参见 Spagnuolo Lobb，1992）。

病人：那是……我没有感觉到！

在投射模式中，习惯的知觉是以外部世界为中心的。当一个人处于压力之下时，这种风格更加普遍：这种倾向是越来越关注摇摇欲坠的外部世界，而对他/她自身的支持，对自己稳固性的感知丧失了。抗逆力可以在试图控制外部事实的过程中看到，这就好像病人在问治疗师："我在这个世界上还有价值吗？我能和我的能量一起扮演一个角色吗？或者一切都取决于命运吗？抑或取决于其他无法控制的、外部的东西？"如果治疗师提出他/她自己是病人痛苦的容器，例如，要求病人叙述他/她所有的痛苦，那么这将导致病人的感知依然保持对外部世界，即对治疗师的不平衡，这样不会给病人在这些人类悲剧中感到积极和创造性的机会。

治疗师：试着把注意力放在你的身体上，你感觉怎么样？你对自己的身体有什么感觉？你感觉到了什么情绪？

病人：（他停顿了一会儿，集中注意力）我感到外部的

第 4 章 在治疗中叙述自己：朝向未来的此时与格式塔诊断

灾难正在挤压我，挤压我的能量。

治疗师：试着多去感觉一下你的能量，并描述一下。

病人：它虽然小，但很强大。我越专注于我的能量，我的感觉就越好一些。我有空间，我能呼吸，我感觉更强大了。

治疗师：保持这种感觉，想象你呼吸中的能量到达你身体的各个部位。

病人：（专注于这个任务。）

治疗师：现在，带着这个新的觉察，看着我，保持你那到达身体各个部位的呼吸，看着我。你看到我怎么样？

病人：我看您小了一点……奇怪。我觉得更强大了，我好一些了。奇怪……甚至事实上，我看到您更小，在某种意义上，也许更弱……这吓不倒我。相反，我很高兴成为一个更强大的人。您可以软弱，也可以坚强，这并不重要。我可以舒展开来，感觉更强大。

病人对自己的感知依赖于治疗师的模式已经被克服了。

2.3 具有内转接触风格的治疗叙述

治疗师：早上好，你今天好吗？

病人：非常好，谢谢，没什么可抱怨的。您好吗？

治疗师：很好，你这样问真好。我想照顾别人对你来说不是问题，你会自动地去这样做，即使是对我，你的咨询师。

病人：别客气，这一点也不麻烦。困扰我的事情是完全不同的！比如，我从来没能让我的女朋友开心过。我努力去做她喜欢的事情，只要我能让她开心，我就限制自己做自己喜欢做的事情，但她总爱找点事儿来抱怨。

内转模式导致他们难以相互接近：他想满足她，但基本上认为如果女孩真的爱他，她就会明白她对他很重要。那个女孩或许觉得不管她说什么，他都会理解为这是对他忽略了她的指控。对病人来说，抗逆力显然是对他者的照顾无限期地维持下去，甚至可以说，"到死亡之际"，因为这使得维持一个被他者所爱的自体形象成为可能。

　　治疗师：你对你所爱的人非常慷慨。
　　病人：终于有人理解我了！您能给我的女朋友解释一下吗？
　　治疗师：不，我认为你不需要那个。
　　病人：我不需要它？我的生活就像地狱，没人能理解！

一个人不被看到和理解的感觉模式很容易被触发。最重要的是，对独立的邀请——"我不需要它"——被体验为抛弃。

　　治疗师：这是真的，有时候很难理解你。我想，在某些情况下，这会给你一种羞辱感，当你被发现在某些对你来说特别重要的关系中需要爱和亲密，对方却提出更多的要求时。或者更糟的是仍然会指控。
　　病人：是的，您又说到这个问题上来了。羞辱是最让人难以忍受的感觉，没有人能理解！
　　治疗师：这是真的，也许你可以做点什么，至少保护自

第4章 在治疗中叙述自己：朝向未来的此时与格式塔诊断

己不受羞辱……

病人：是的，我必须这样做。有时候，我希望被理解，所以我放松了我的警惕，但我最终骨折了。

治疗师：也许我们不可能做些什么来治愈他者没有给予我们的创伤，但我们可以昂起头：拥有我们自己的历史，并为此自豪。

病人：是的，我可以这么做。我被您的话感动了。我觉得在我的痛苦中，在我选择这样活下去的沉默中，有人看到我，有人欣赏我。

在我们两个人接触的边界上改变感知的目的已经实现了。在最强烈的感觉即羞辱中，在他的抗逆力中，即在有尊严地体验孤独，在接受他者谴责并继续照顾他者中，病人深刻地感到被看见。与治疗师分享这些体验的意向性也得到了满足。显然，这个简单的对话并没有假装要解决病人戏剧性的问题，但它是这种接触模式下的治疗故事的一个例子。

2.4 具有融合接触风格的治疗叙述

病人：我知道即使我不说话您也能理解我。

治疗师：你想和我谈什么呢？

病人：我经常遇到的，是我和同事在工作中的关系问题。

治疗师：这周有什么新鲜事吗？

病人：平常的事情，一大群同事一起去吃比萨，却没有邀请我。我假装没事，我该怎么办？

治疗师：你是怎么麻醉你自己的？我想这对你来说一定很痛苦。

治疗师将病人的注意力吸引到病人避免感知的多样性,正是因为在这种情况下接触的模式倾向于消除差异,避免对接触的兴奋发展,如果分化得到发展,这是一个先决条件。此外,她试图引导病人观察避免分化的过程。

> 病人:我怎样才能麻醉我自己……我不会对他们的拒绝做出反应。如果我指出来,我害怕我会被拒绝。
>
> 治疗师:所以这就形成了一个恶性循环:他们拒绝你,你没有反应,然后他们以为他们可以更多次地拒绝你,因为你根本没注意到。

治疗师指出,病人试图避免因为"过度差异"而导致自己的放弃,这其中隐含着一个悖论。

> 病人:是的……
>
> 治疗师:如果你告诉他们你也想和他们出去,你认为会发生什么情况?
>
> 病人:他们会找各种借口来为自己辩护,但我不认为这会改善他们对我的看法。
>
> 治疗师:你希望他们对你有什么看法?

治疗师再一次引导病人分化,去创建一个具体的图像。

> 病人:哦!当然,我希望他们把我当成一个英雄,一个随时准备在困难时刻去拯救他们的超人。是的,在内心深处我希望他们认为我有超人的能力,虽然我很害羞,但在内心

第4章 在治疗中叙述自己：朝向未来的此时与格式塔诊断

深处我是个英雄。

治疗师：这样你就保持了自己的英雄想法。这就是你麻醉自己的方法，去避免看到你和他们的不同之处。

病人：看到我和他们不同对我有什么用呢？

治疗师：它会让你被接纳。

病人：什么意思？

治疗师：你能告诉我你和他们有什么不同吗？

病人：我想我很不一样。我不明白他们在说什么，有些笑话我还没听懂，他们马上就笑了。

治疗师：你自己喜欢什么？

病人：我喜欢看着他们的脸，把我所想的说出来。我喜欢说出我喜欢或不喜欢的人。我不喜欢说三道四。

治疗师：很好啊，你应该对他们表现得那样。

病人：不，他们再也不会正视我了！。

治疗师：似乎在任何情况下你都没有什么会失去了。

病人：真的！（思考……）你对我说的是真的（**断然地**）……（停了一下，深呼吸。）现在我可以和他们在一起成为我想成为的人了，做一天狮子要比做一辈子兔子更好！

治疗师：好，为了说明问题，你能不能告诉我你喜欢我什么，不喜欢我什么？

病人：我喜欢您对我的体贴。也许从长远来看，我不愿意和您长谈，因为您是个老成持重的人，我喜欢谈论简单的事情。

治疗师：做得好！你看起来像是分化方面的专家了！

在这种情况下，感知的重建来自认知的支持："似乎在任何情况下你都没有什么会失去了。"在共同创造的故事中，被区分的抗逆力，即避免分化得到了支持。被分化的意向性得以完成，支持了分化已经存在的事实。

3. 结论

在本章中，我描述了格式塔治疗师破译和共同创造病人故事的基本代码。我这么做的时候，坚信我们必须爱上一种理论，这样才能学习做好我们的工作，并最终发现我们的工作方式与其他同事类似。事实上，我想很多同事，包括具有其他取向的同事，都能在这些治疗对话中认出自己。这只能证实该理论的有效性，这在实践中是有用的：一张共享领土的好地图，这就是人类关系的痛苦和美丽。

格式塔治疗对病人的接触意向性，以及在由病人和治疗师共同创造的接触中对病人的支持的关注，这些是这种取向所特有的。所需的艺术并不是简单的，不能是理所当然的：它必须不断地更新，因为它必须不断发现作为治疗师的自体和作为"他者"的病人，惊奇于他/她对重要人物的爱（参见在第 6 章的解释），超越了伤口。

在接下来的章节中，我们将看到这一基本能力是如何应用于具体情境的。

第 5 章
后现代社会和心理治疗中的攻击与冲突

> 如果不考虑攻击问题,
> 就无法理解个人与社会及社会团体之间存在的关系。(……)
> 为治愈攻击所规定的补救措施,
> 总是相同的陈旧而无效的压制性媒介:理想主义和宗教。
> 我们没有学到任何有关攻击的动力学,
> 尽管弗洛伊德警告说,
> 如果被驱赶到地下,
> 被压抑的能量不仅不会消失,
> 甚至可能变得更危险,更有效。
> (Perls,1969b,p. 7)。

1. 攻击与冲突:比较的人类学

格式塔治疗中关于攻击性感觉和冲突的研究值得讨论。所有的心理治疗取向都对以下这些问题给出了自己的答案:冲突在人际关系中扮演着什么角色?它总是功能障碍的标志吗?攻击性是否总是一种具有破坏性的消极感受？答案与每一种取向都有对人性及个人与社会的关系的观点有关。

攻击性在格式塔治疗中被视为一种主要的积极力量，因为它与咬人的生命能量相联系，与为了创造（或共同创造）一个新现实而解构现实的能力相联系。它凌驾于身体之上，因此可能令人不安：强烈的愤怒（无论是由宗教、意识形态、对归属的热烈需要，还是由对权力的渴望所引发的）可能使我们超越任何属于社会生活范畴的逻辑。

攻击性是人性的一部分，这是显而易见的，但这并不能保证它会被认为是积极的。事实上，心理理论普遍认为它是一种破坏性力量，因为它与社会生活的需求相冲突。很明显，这种观点的基础是一种特定的人类学：根本上悲观的（因为它不考虑自体调节的可能性）和二分法的——它将现实和体验在好与坏、个人与社会、心理与身体、政治与私人等等之间两极分化。把攻击性看作一种力量，认为它是人类生存的基础，也是解决社会问题的根本，不是先验地牺牲个人需要，这隐含着一种积极的人类学：对尊重社会规则的生理学的整合可能性持开放态度，因此，即使是在社会层面，也相信人类的自体调节能力。

弗里德里克·皮尔斯脱离精神分析的原因（参见 Perls，1942）恰恰是他的攻击性概念与弗洛伊德理论中所隐含的不同。他认为攻击性是生存的一种基本生物力量，不仅是身体/动物的生存，而且是社会的生存。正是通过这种体验生理学的思考，格式塔治疗的创始人（吸纳现象学和存在主义的欧洲传统和实用主义的美国传统，参见第2章）提出超越精神事件与物理体验之间、个人与社会需求之间的二分法。在"此时此地的接触体验"这一概念中，两极被整合在一起。生理学完全恢复了它在"在一起"和社会现实的现象学场中的位置。

在实践中,皮尔斯在概念的连续体里将传统上被定义为"攻击的个体体验"和"冲突的社会体验"连接起来。攻击性不仅可以得到生存有用的东西(食物),而且可以得到他者——同样对生存有用的环境的一部分。走向他者意思是达到他/她,"咬他/她"是使他/她成为自己的,而不是去消灭他/她。皮尔斯的认识论操作并不容易。事实上,在1936年的国际精神分析协会(International Association for Psychoanalysis)的马林巴德(Marienbad)大会上,他提出了牙齿攻击的观点,作为对精神分析发展理论的批评,但没有成功。它意味着从死亡冲动的概念中解脱出来,从超我中解脱出来,从许多其他的理论和方法论框架中解脱出来,这些理论和方法论框架支撑着基于好-坏、健康-生病等等二分法的文化结构。

从20世纪早期的后浪漫主义文化(独裁的、父权家庭的及以服从作为归属感的摇篮)中,精神分析诞生了,焦点从这种文化所提出的作为学习(和变革)的基本方法的内摄,转移到"牙齿攻击"上,转移到反抗和自体的分化作为正常成长的模式上。儿童咬人的生理能力被认为与解构现实的心理能力相对应,所以病人为了成长,必须能够说不,必须能够反抗,甚至反抗心理治疗师。这与精神分析的论述恰恰相反,精神分析认为病人必须接受分析者的解释,以确保积极的移情,从而达到治愈。

牙齿攻击的发展证据变成提出一个不同的、更积极的人类学的链接,这使个人需要与社会需求之间的两极分化有可能过渡到两者的整合,方法是解构和重构在关系中所创建的意义的过程(参见 Spagnuolo Lobb, Salonia and Sichera, 1996)。

我们可以把这两种人类学趋势的区别概括如下:

朝向未来的此时：后现代社会中的格式塔治疗

从内心人类学……	……到格式塔人类学
人类-文化分离 自然-文化分离 对人类的悲观看法 攻击性是具有破坏性的消极力量	人类-自然-文化 发展过程的统一性 对人类的积极看法 攻击性是生存不可缺少的力量

人与人之间的冲突，即攻击性的社会结果，在格式塔治疗中被视为关系的正常发展的一部分。它提供了一种解决差异的可能性，不以牺牲他人为代价，达到一个新的、不可想象的共同创造的现实，在其中每个人都能表现出他/她自己的个性，并因"赢得"在社会团体中的"在那里"的独特感觉而感到满足。因此，在每一种攻击性中，都有可能追踪到一种接触意向性，而在由此产生的每一场冲突中，都有一种改善接触的潜力[1]。在冲突情境中，格式塔治疗师问自己的问题是：在那个特定的冲突中，共同创造关系的意向性是什么？

从冲突的根源出发，简而言之，就是要对情境做出积极的贡献。经受冲突意味着对关系的自体调节有信心。这是格式塔疗法的创始人自己不得不说的："我们的差异有很多，但是我们宁可把它们提出来，而不愿礼貌地隐藏它们，我们很多时候找到了我们中没有人能够预料到的解决方案。"（Perls，Hefferline and Goodman，1951，p. 13）[2]

---

[1] 在接下来的临床案例中，我们将看到病人是如何并不想摧毁治疗师，而是带着他自己的能量和个性浮现的。

[2] 埃德·尼维斯（Nevis，2003，p. 293）叙述道："我对我早期与弗里茨·皮尔斯、罗拉·皮尔斯和伊萨多·弗罗姆一起研究印象最深的是，他们近乎无情地迫使我去审视我自己对一个想法、一个行动或一个洞见的反对意见。弗里茨不停地问"那你的反对意见是什么呢？……""你有什么样的反对意见？……"等等，并没有要求我改变自己的态度或行为，但如果我这么想对与众不同的潜力有丰富认识的话，这就是很有必要的。

2. 后现代社会中的攻击性[①]、冲突和接触意向性

到目前为止所讲的内容简要概括了格式塔治疗在攻击性和冲突方面的革命性观点。至关重要的部分，是对个体的接触意向性的信念，每个人都想因他/她想做出的积极贡献而被看见并被认可，这种贡献与他/她的完整而自发的在场是相互冲突的，而最重要的是确信，这意味着社会关系的自体调节。因此，社会团体应该接受来自这种信任的不确定性：团体的调节实际上是自发的，它不需要通过外部强加的规则来控制善与恶。

善就是对人性的信任。

这种观点是深刻的伦理（参见第 10 章），并且可能无法从政治权力观点的角度来维持。它在"新时代"（在 70 年代，格式塔追随者的口号是"格式塔是一种存在方式，不仅仅是心理治疗"）对社会提出了挑战，完美地跟随着自恋社会的脚步，寻求支持个体自主权（参见导论）。

今天，这种对攻击性和冲突的观点继续在双重意义上给社会带来挑战。一方面，后现代社会对源于缺乏稳定参照点的不确定感很熟悉，因此更愿意接受自体调节的理念，在一个任何事情都不再确定的社会里，即使是受人尊敬的隔壁邻居也可能变成恐怖分子，或者我们呼吸的空气也可能是有毒的，自体调节可能是为了相信积极的东西的需要而采取的一种形式。

另一方面，攻击性的感受不再有 60 年前所拥有的情绪结构。

[①] 参见第 23 页的注释[①]。

在社会感受上，它实际上似乎脱离了冲突，这是它的关系情境。人们毫无理由地咄咄逼人。攻击性是在没有可能包含它并给它指明方向的体验背景的感知下被感受到的。攻击性之所以变得危险，正是因为它不受其所属的关系感觉的支持，一个人可以在任何年龄、出于任何无用的理由（或毫无理由）杀人。

在本章中我们会看到更好的进步，今天的年轻人，当他们咄咄逼人时，似乎对世界感到愤怒（在未分化的术语里去理解），他们有一种典型的心理-生理障碍，这是一些没有被爱他们的人抚育、包容和安抚的人。在隐藏的被阻止希望中，他们体内释放出的负能量是无人听见的，是看不见的，是不受控制的，是随意攻击人的（Spagnuolo Lobb，2009c）。由于缺乏关系包容，现在的年轻人在成长过程中不允许自体的分化，他们以一种融合的方式表现：开枪或杀人是不敏感的，没有任何区别，总的说来，是在一种融合感知的迷雾中攻击。

必须为这些年轻人提供强壮的臂膀，以包容和放松他们因无须抚育他人而生活所感受到的可怕压力，在一种痛苦的孤独中，一切都需要表现，臂膀能让他们休息，把注意力集在情绪上，在他们感到兴奋的方向上，这样他们才能最终确定"我是谁，我想要你做什么"。

3. 在治疗接触中处理冲突：一个临床例子

现在我想给出一个与攻击性和冲突工作的经典格式塔范例。之后，我将提出对情境化攻击性的更多问题案例进行临床干预的一个建议，这是"液态"社会的典型。

病人：现在我必须选择是和我的女朋友一起度过夜晚，还是和我的朋友们一起度过夜晚……（他呼吸紧张，没有看治疗师。）

治疗师：你现在感觉怎么样？

病人：愤怒。

治疗师：你能看着我吗？

病人：（看着治疗师。）

治疗师：你感觉怎么样？

病人：（继续看着治疗师，然后深呼吸）当我看到您的时候，我的怒气越来越大。这让我害怕……

治疗师：你觉得怎么样？

病人：一方面，我认为，像每个人一样，您希望我选择。另一方面，我认为您能理解我……

治疗师：你在你的身体里感觉到了什么？

病人：如果我看着您，我就感到在我身体里面怒气越来越大……

治疗师：哪里，你在身体的哪个部位感觉到愤怒？

病人：在我的胸部，我的腿也有一点痛。

治疗师：让我们站起来。

（他们面对面站着。）

治疗师：把你的双脚牢牢地安放在地上，深呼吸，感受你的骨盆……看着我，让你的愤怒去移动你的身体。

病人：（呼吸，集中注意力，看着治疗师，然后……）我想跺脚……

治疗师：就这么做……再对我说些话。

病人：（跺脚，一开始慢慢地，接着逐渐融入动作中，变得有节奏，紧张，紧张地看着治疗师，呼吸并……）我不想让您为我做决定……我不想让任何人为我做决定……我要成为那个选择我的生活的人……我要成为那个选择我要做什么的人。

有节奏的动作与愤怒的增加是完全和谐的，与病人的信任感也是完全和谐的，病人的这种愤怒可以被治疗师所接受。治疗师用她的眼神和她自己的呼吸，与病人协调一致，支持他的身体和关系体验的发展。当体验的浪潮平静下来时，病人似乎很疲惫，但他是完整的。

治疗师：你现在感觉怎么样？在你的身体里和对我的感觉是什么？
病人：我感觉更自我了……我的身体现在是我的一部分……对您，我感到……平静……谢谢您和我在一起。

病人的脸更明亮了，身体更和谐了。治疗师与病人之间的空间更清晰了，呼吸也更容易了。
创造性解决方案只有在经历了分歧之后才会获得，而且总会是一种新的、意想不到的解决方案。

4. 从对攻击的需要到对扎根的需要：对冲突的一种新的临床和社会视角

回到当代社会的攻击性问题。当今的社会心理分析揭示了在关系能力中的一个改变。正如导论中所述，所谓的"自恋社会"

（20世纪70—80年代）（Lasch，1978）又发展成为一些人定义的"边缘社会"和另一些人定义的"技术社会"（Galimberti，1999）（20世纪80年代—2000年），今天使用的术语是"液态社会"（Bauman，2000），其特点是缺乏关系支持和随之而来的缺乏自动支持。这种社会需要的发展既影响人们的一般感知，也影响个体的冲突体验。

几十年前，在格式塔治疗最盛行的时期（20世纪60—70年代），攻击性的感受与自体实现联系在一起，与独立于权威人物的能力联系在一起。今天，攻击性被具有一定"流动性"的个体所感知到，没有必要的支持使其在接触中发挥表达功能：缺失的是源自早期同化接触的被视为理所当然的确定性的基础。因此，去解放（认同或疏远部分环境，自体的自我功能）的行为不能在体验背景（自体的本我功能和人格功能）下被明确定义（参见第2章）。

社会感受变得越来越"液态"：它可能需要很多变化，同时既没有限制也没有结构。例如，孩子们在学校里不能静止不动，他们必须不停地移动，他们不习惯/被教育去集中注意力和呼吸：他们的呼吸没有容器，缺乏容纳情绪的整个身体的体验。

这一体验系统似乎没有让位于自体调节的一种积极人类学。今天很难谈论积极的攻击性。任何事情都可以在攻击性的瞬间完成，甚至杀人。21世纪充斥着低龄青少年的暴力行为，这些青少年的家庭似乎都受到了怀疑。举个简单的例子，我提到过艾瑞卡和奥马尔（Erika and Omar）的案例，他们残忍地杀死了艾瑞卡的母亲和弟弟之后，又出去喝啤酒了。[①] 还有罗瑞拉（Lorena）的案

---

① 在这一点上，参见翁贝托·加林贝蒂对年轻人麻醉状态的意见（Spagnuolo Lobb，2010a）。

例。罗瑞拉是一个 14 岁的西西里女孩,她是被三个同龄的年轻人用冷暴力谋杀的,她一开始和他们玩一个青少年性游戏(参见 Spagnuolo Lobb,2008d)。还有德国男孩金姆(Kim)在发疯的时刻用他父亲的武器杀死了 15 个无辜的年轻人,他们是他以前的同学和一个路人(见 Spagnuolo Lobb,2009c)。我们可以举出很多类似的事件,在这些事件中,当面对"你为什么要这么做"的问题时,年轻人通常会回答"我不知道"。

因此,很明显,攻击性是在没有冲突的情况下被体验到的,这是一种不受控制的攻击性,没有关系意向性。

4.1 对扎根需要的社会否认

西方社会已经从否认攻击性转变为否认扎根的需要。在现代,理想主义和宗教已经成为消除对立和个体批评的两大体系(参见 Galimberti,2006a,但也包括皮尔斯本人;Perls,Hefferline and Goodman,1951,pp. 9-11)。如果这种个体差异的水平化是对否认攻击性的社会和文化战略的回应,那么当代社会所采取的一种相似的水平化可能在否认人们扎根需要里得到确认。我指的是在年轻人对工作的需要方面远离大众传播和立法承诺:他们大多数人只是临时就业或没有工作,而且,移民需要找到一个居住的地方,需要与孩子建立基本的良好关系,这些孩子的父母在身体上或关系上经常是不在场的(父母们离开家或心烦意乱),不管他们是否分开。我不认为我们对孩子们的状况有足够觉察(也没有得到帮助去觉察到这一点),他们从出生起就生活在一个情感遗弃的环境里,父母与孩子在一天 24 小时里有一个密切的身体关系是多么罕见,这至少在人生的第一年里是很普遍的。如今的孩子在成长过程中会适应照顾者的缺失,对自己情

第5章　后现代社会和心理治疗中的攻击与冲突

绪的遏制产生焦虑，并习惯于不与他人分享情绪（他者要么不在身边，要么总是很忙，或者可能是一个意图邪恶的恋童癖者）。

这种状况并没有随着时间的推移而改善：事实上，社会自身显示出的是，要求在增加，而养育是错误的。学校要求学生有专注力并献身于学习；上大学有时是一场赌博；如果一个人找到了一份工作，就要求做出明显的牺牲，而且几乎没有什么保证。至于情感关系，在这些压力情境下，是一种额外的选择，并不总是放松的，或是一个休息和睡觉的壁龛（而不是锻炼一个人的关系创造力）。

当今年轻人的体验条件是，必须迅速在一个复杂的世界里找到自己的方向，在那里教育者——父母和老师——所知道的比那些受教育的人还要少（Spagnuolo Lobb，2011）；想象一下互联网的世界，基于价值观的工作关系与20年前迥然不同了。年轻人必须在不清楚自己要往哪里走、不清楚自己与环境之间的平衡的情况下找到自己的路，而且他们必须迅速做到这一点；电子游戏不停顿地前进，不会等待任何人。他们学会了通过尝试和错误来面对这种紧急情况，不能在一场比赛和下一场比赛之间浪费时间。有时，他们甚至不知道自己是赢了还是输了他们发现自己正在玩的"比赛"。他们不能放松，在他们的生活中没有确定方向的阶段：紧急情况太多，时间太少，没有哪个成年人比他们懂得更多。

如今的病人也是"液态的"：他们患有与缺乏被认为是理所当然的体验的背景有关的疾病：惊恐发作、脱髓鞘假瘤（DPTS）[①]、

[①] 脱髓鞘假瘤（demyelinating pseudotumors, DPTS）是近30年来才逐渐为人所认识的一类中枢神经系统脱髓鞘疾病，临床症状与核磁共振成像（MRI）表现与脑肿瘤相似，可发病于5—80岁各年龄段，20—50岁为发病高峰期。——译注

饮食失调、严重的精神疾病（参见 Francesetti，j2007）。他们的体验特点是缺乏关系支持，因此也缺乏自体支持。

简而言之，如果 50 年前社会对个体分化的需要和对既定权威的反抗不敏感，那么，今天它对个体扎根的需要也是不敏感的。

4.2 作为扎根的共创背景

在我们的社会里，所缺失的是在一种关系中存在的能力，这种关系是从最初混沌的遏制开始的，这将允许个体去体验理所当然的安全感，它来自重要他人"显而易见"的在场，以及可能浮现的自体的分化。新奇体验赖以生存的关系背景已不复存在。攻击性情绪的体验需要一个关系背景加以支持，这样才能通向与他者的接触，而不是任意破坏。没有坚实的背景感，图形就无法清晰地形成。

回到健康冲突的体验中，年轻人必须能够以来自（生理上和心理上）扎根大地及自我和谐自发感的力量来体验他们的抗争。一个例子就是在小学里让孩子们以身体放松练习来开启一天，而不是以分散注意力和过度活跃来做出立即反应的一个任务来开启一天。这种基本的体验会让孩子们以更有边界的自体意识投入课堂之中。在工作领域的另一个例子可能是在工厂里以一个简短晨会开启一天，任何愿意这样做的人都可以告诉团体里的同事们自己在一天开始时的身体感觉和关系情绪。诸如此类：所有社会化和工作的机构都应该牢记这种扎根的需要。

5. 今天治疗关系中的冲突的：从图形的支持到背景的支持

每一次体验的开始其特点都是混乱，治疗关系，像任何其他关系一样，必须通过包容这种混乱来面对这种紧急感。此外，它必须以程序和美学方面为基础，这些方面在其他地方被定义为隐含的叙述方面（Spagnuolo Lobb, 2006b; Stern, 2006），有能力建立获得确定性的背景，从中图形能够以分化了的清晰度和关系强度出现，具有魅力，这种魅力构成了在图形/背景动态中对立的和谐的特征。没有来自大地和背景的坚实感，就不可能在关系中找到方向——尤其是在困难的关系中——带着清晰，带着接受不同（新奇）所需要的安全感。

攻击性的感觉是生存的积极力量，皮尔斯（Perls, 1942）指出这是社会需要去认识的，以支持每个个体的创造力，解决管理社会、个人和团体冲突的问题，今天必须从接触体验中背景缺乏的角度去重新思考。

临床问题不再是在接触中支持攻击性，而是支持关系，使攻击性的感受找到一个坚实的关系遏制，以便在接触中确定它的方位。因此，治疗关系必须不能提供太多勇气来打破威权主义预先确立的规则，而是提供在这种关系中和在他者中的安全感，这种安全感作为一种有觉察的共同创造，允许对图形有清晰的感知/区分，以及清晰的做决定的能力，通过对他者好奇心的支持。

倾听是通常被用来解决冲突的策略，今天必须通过倾听自己的身体，通过一种类似于扎根的感觉来获得支持，在边界上存在的体验是强有力的方式——这在几十年前是理所当然的,如今,"流动性"的体验已经取代了它。今天,在重要的接触中,支持一切去允许一个人保持专注于自己变得更加重要。

6. 在攻击性体验案例里支持背景的临床例子

通过临床对话,在这一节里我将举例说明在格式塔治疗中什么可以被理解为关系背景的支持。

首先必须厘清格式塔治疗中"背景"的含义,这在任何情况下都是一样的。以下是摘自《国际心理治疗词典》(*International Dictionary of Psychotherapy*,Spagnuolo Lobb,即将出版)的定义:

> 在格式塔心理学[1]和格式塔治疗[2]中,我们谈到图形/背景动力学,意指兴趣从体验的感知可能性中灵活地浮现。背景是图形在关系里为了浮现而借助之物,是允许图形支配的感知条件。对于这两种思想流派来说,图形/背景动力学并不构成对意识/无意识二分法的回归。无意识已经被移除,而背景被定义为已经被同化了的东西,有可能已经被忘记了。它是建立新感知(对格式塔心理学而言)或新接触(对格式塔治疗而言)[3] 所必需的支持系统。[……]格式塔治

---

[1] 参见 Wertheimer, 1945 和 Spagnuolo Lobb, 2008a。
[2] 参见 Perls, Hefferline and Goodman, 1951, 1994 和 Spagnuolo Lobb, 2007e。
[3] 参见 Robine, 1977。

第 5 章 后现代社会和心理治疗中的攻击与冲突

疗考虑了两种背景：被视为理所当然的接触的背景，由有助于安全感的心理-身体学习所建立；罗拉·皮尔斯①将这种支持系统描述为"来自自由的初级生理学，隐含着体验的同化和整合"。一个例子是，我们坐在椅子上，想当然地认为椅子会支持我们。当这种背景受到挑战时，就会体验一种深刻的有关存在的或精神上的痛苦②。另一种是当前体验的背景，与图形形成鲜明对比，使图形清晰地呈现出来。

在治疗关系中考虑攻击性的感觉，我们从它产生的背景的一个"诊断"开始。我们越是认为被视为理所当然的接触背景受到了干扰，我们的干预就越会着眼于构建背景的安全，最重要的是通过治疗性关系的隐性方面（治疗师呼吸的平静、对病人挑衅的接受等等）来进行。然而，背景是病人的体验背景，也是病人在与治疗师接触中确定他/她位置而凭借的所感知数据的定义（第二类背景），在某种程度上是由治疗师"馈赠"的——正如我们在本书的其他地方已经看到了的。

这种接触的知觉可以被描述为一种内摄、投射、内转或融合形态（参见 Perls, Hefferline and Goodman, 1994, p. 227 ff.; Spagnuolo Lobb, 1992）。在接下来的对话中，我将考虑一些"接触模式"，我的意思是通过这个术语，体验背景在治疗师与病人之间的接触中得以保持。对于每一种模式，我都将确定治疗师必须达到的"背景支持"目标，在此时此地与治疗师接触时所体验的冲突中，使得这种接触可能自发产生，病人的攻击性感觉可

---

① 参见 Perls L., 1989。
② 参见 Francesetti, 2007; Spagnuolo Lobb, 1997; 2001d; 2002a; 2002b; 2003a; 2005d。

能找到一个特定的搭配，因此产生能量和关系的方向性。

6.1 在接触的内摄模式里体验攻击性的例子

目标：支持重要的存在。

病人：我不知道我上次跟您说的事情是否有用（不确定地、带着抑制的紧张看着治疗师）。

治疗师：你以为我没有把它们都考虑进去吗？

病人：您非常聪明，懂得很多事情，我不知道我对您说的是否有用。

治疗师：如果我把它们考虑进去，我们的关系会有什么变化？你跟我的关系会怎么改变？

病人：我会感到更加确定，更加成熟。

治疗师：如果不被考虑进去就会让你愤怒：这就好像你必须抑制你体内的能量，而不能扩展。

病人：（叹气）是的，我不明白为什么我要等着您或其他人的许可才能扩展！

治疗师：这让你更加生气：这就好像在用你自己的双手欺骗你自己。

病人：（哭泣）您看到了吗？我生气的时候就忍不住地哭！

治疗师：你的哭泣感动了我。我现在感受到了你全然的在场，你渴望扩展，渴望变得很重要，而你因未能在这些方面达到成功而感到痛苦。即使你哭个不停，也试着对我说："M，我对您很重要。"

心理治疗师支持病人在人际关系中的真实存在，而在内摄模式中，这是被人际关系双方所轻视的。

> 病人：（看着治疗师，叹了口气，她的眼睛恢复了原来的强度）M，我想对您很重要！我能做到，我想做到，事实上我已经做到了。（微笑，满意。）

6.2 在接触的投射模式里体验攻击性的例子

目标：支持能量。

> 病人：您住得离我住的地方太远了！（呼吸自如，但她在说这些话时脸红了。）
>
> （换句话说，如果我不能经常来，那是你的错，所以我不能随心所欲地和你在一起。我的现实是由你构建的。我很强大，我能感觉到自己的能量，但是如何使用它取决于你，取决于你给我留下了多少空间。）
>
> 治疗师：有时候你想见我，会因为我离你那么远而生气。你是否曾经就是因为生气而设法做了你想做的事？用你的生气来达到你的目的会很有趣。
>
> 病人：我觉得这有点像个骗局：您是住在很远的地方的人！但是不管怎样我可能还是喜欢做我自己想做的事。因为您，我感到更独立，更坚强，更安全。
>
> 治疗师：好的，所以你的生气对你得到你想要的东西是有用的。

病人放松了，脸色红润，似乎很高兴自己不用依靠治疗师就能随心所欲地做自己想做的事。

6.3 在接触的内转模式里体验攻击性的例子

目标：支持分享。

病人：（沉默，尴尬，呼吸困难，没有直视治疗师。似乎不想用愤怒"玷污自己"。）……我不知道我能否告诉您这些事情……

治疗师：告诉我吧。

病人：我不知道您能否经受得住。

治疗师：我想这些对我来说是相当不愉快的事情……但是您要是能跟我说，那您会愉快的！

病人：如果您答应不生气，我就告诉您。

治疗师：我不能对我现在不知道的事情做出保证，但是即使我有一个您不喜欢的反应，您也可以和我保持关系。我认为您足够坚强，可以忍受我的不愉快的反应。

病人：所以在这种情况下，我是那个不留在这段关系中的人，而不是您会离开。

治疗师：我可以有消极的反应，但我不会离去。我们是两个强大的人：我们可以面对我们关系中的风暴。

病人：好吧，我可以告诉您我感到不愉快的事情，接受失去您的风险，并相信您不会离去。

病人接受了分享风险，似乎恢复了活力，而不是放松，但接受治疗师包容他的可能性。

6.4 在接触的融合模式里体验攻击性的例子

目标：去支持这种感觉。

根据定义，融合接触是基于对接触边界的去敏化，因此，精确的特征是缺乏最重要的攻击性能量。这可能是一段典型的对话：

治疗师：对不起，今天我让你等了15分钟。这真是一个延误接踵而来的日子。

病人：不用担心，我甚至还不知道您迟到了呢。

治疗师：你怎么会不知道呢？

病人：我以为您有很多事情要做……像往常一样。

治疗师：是的，但我是那个确定这次治疗时间的人，然后不尊重它。

病人：我知道，您总是这么忙！

治疗师：从我应该接待你到我叫你进来的这15分钟里，你有什么感觉？当你坐在我面前的时候，你又有什么感觉？

病人：（叹气，然后胆怯地，压低声音）……我想愤怒……（看着我，看到我很平静）是的，我生气了（声音很弱），我以为您这样对我是因为我是一个善良的人。

治疗师：谢谢你对我这么好，我也很感激你告诉我你生气了。在这15分钟里，我决定优先考虑其他事情，而不是你。我在你和我之间插入了另一件不同的事情。你看得很清楚，我认为你不能停止你的感官去看或去听你所感觉到的。你的不同感受、你的愤怒帮助我更好地了解你。

病人看起来又惊又喜，不确定是要"回去睡觉"，还是要体验治疗师提出的微妙接触。

7. 结论

我见过一个妈妈装哭，喊着："啊，坏孩子，你把妈妈弄哭了！"她对她两岁大的儿子说，因为她不让他继续玩，儿子很生气，想用他的小手打她。我也见过一位来自"体面"社会的父亲严厉地责备他12岁的儿子，因为在一次聚会上，他从盘子里拿了一个冰激凌，却没有注意到一位老妇人也在同一时间朝盘子走去，所以没有给她让路。我看到母亲们如此关心自己的孩子，以至不让他们自己独立地解决问题。我曾看到父母介入兄弟姐妹之间的冲突，制定规则，希望解决这种问题，实际上却阻止了它。可悲的是，我最后看到一些父母把孩子关在自己的房间里，不知道他们在和世界上哪部分人在聊天，我看到他们盲目地相信他们的孩子会做好事，却对孩子日益严重的抑郁视而不见。我曾见过孩子们满怀爱意地看着他们的父母，他们需要身体上的接触，但这些父母却总是关心游泳池的时间表，关心他们在学校的表现，或者关心他们晚餐应该吃什么。

所有这些例子都以某种方式出现在我们的治疗室里，我们的病人试图结束他们与我们关系中向着倒退的动作。我总是说，我们治疗师在父母与孩子的关系中拥有更好的部分，因为我们不受情绪介入的影响，而情绪介入让父母在面对孩子的需要时变得麻木。我喜欢看到在病人与我的接触中出现的分化的能量，他们想要完全融入其中的渴望。我温柔地看着病人和他们的父母，看着

第5章 后现代社会和心理治疗中的攻击与冲突

他们在困难的情况下试图做出自己的贡献却未能如愿,我试图让他们(双方)意识到自己是多么的英勇。我知道每个治疗师都必须执行这个开发觉察和分化的任务,支持争斗和经历冲突的能力意味着一个重要的社会价值,在某种程度上,也是心理治疗的政治价值。

此刻,无论心理治疗师参照的是什么取向,他/她所进行的都是一项社会和政治使命,目的是个体可以重新拥有激发的活力、多元的信念和根深蒂固的激情,克服当前由没有原因的暴力和价值感的空虚所制造的僵局,那是从缺乏包容的生理体验开始的。

第6章
心理治疗中的爱：
从俄狄浦斯之死到情境场的浮现[①]

1. 导论

性欲（sexuality）作为一种关系的事实，在心理治疗中得到了充分的研究。从伦理规范的定义来看，爱是一个很难定义的概念（尽管它被认为是理所当然的），对治疗师和病人都是如此。我从治疗师的爱和病人的爱的定义开始组织这一章，随后在既定情境中，在共同创建的接触边界的参考框架内并置这些感觉。然后我解释了接触边界的观点如何意味着偏离了俄狄浦斯情结概念上的心理动力支柱。最后，根据格式塔认识论，我引入了三元场（triadic field）的概念，作为心理治疗中爱和性欲体验的认识论框架。

[①] 这是 2007 年 5 月 17 日至 20 日在柏林举行的德国格式塔治疗协会（DVG）年度大会上发表的重要学术报告。与本章相似的一个版本以意大利语发表在《心理治疗中的观念》(*Idee in Psicoterapia*) 杂志上（Spagnuolo Lobb, 2008c），以英语发表在《格式塔评论》(*Gestalt Review*) 和《国际心理治疗杂志》(*International Journal of Psychotherapy*) 上（Spagnuolo Lobb 2009f; 2009g）。

第 6 章　心理治疗中的爱：从俄狄浦斯之死到情境场的浮现

2. 治疗师之爱

我们对病人的感觉是爱吗？病人经常会问："你爱我吗？"他们很难相信——尤其是在治疗的最初阶段，当他们仍然对治疗师在他们身上看到的东西感到惊讶的时候——他们所求助的专业人士，他们向其付了钱的那个人，能够真正地爱他们。他们害怕治疗师对他们的积极方面给予支持（他们实际上深刻地认识到这一点）是一种技巧，是一种交易的诡计，而不是一种真诚的感受。结果，我们的职业有时被视为一种卖淫："我要付钱才能得到爱吗？"病人想。我们可以区分出治疗师对病人可能有的两种爱：一种与角色有关，另一种是从情境中自发产生的爱。

与治疗师角色相关的爱是一种"制度性的"爱：治疗师在照顾病人。但在多大程度上，这种照顾可以称为"爱"呢？答案就在我们对职业的定义中：是一种技术还是一门艺术？作为格式塔治疗师，我们毫不迟疑地回答，我们的职业是一门艺术，因此情感介入是治疗方法的一个内在部分。治疗师的介入是真实的，他/她对病人的感觉是真诚的，而我们的治疗方法正是基于这种具体性的。但是治疗师的这种介入能被称为爱吗？在我看来，对这个问题的最迷人回答是由埃尔温·波尔斯特（Poster, 1987）在他的书《每个人的生活都值一部小说》（*Every Person's Life is Worth a Novel*）中给出的，他将治疗师的治疗态度定义为寻找病人隐藏着的魅力，治疗师对这个隐藏着的魅力的兴趣和好奇心能使病人感兴趣/变得有趣的能力得以复活。对我们来说，健康是自发的活力，而神经官能症是接触边界的去敏化，是使我们感到无聊的感官的停息。波尔斯特采用了古德曼不知怎么开发出来的一种语言：他用魅力/兴趣/审美吸引力来诠释有机体与环境接触的生命力和自发性概念，保持了奠基文本中对新颖性、兴奋性和人类人格成长的概念的诠释学参考（Perls, Hefferline and Goodman, 1951/1994）。

对于我们格式塔治疗师来说，这是定义治疗师之爱的一个好方法：治疗直觉和"爱"的任务是重新发现病人隐藏的魅力。我们可以说，神经症是缺乏重要他人投射的爱之光的结果。疗伤的爱是一种聚光灯，照亮了他者的美，是一束在关系中让人可见的光，是在与他者的关系中和谐的生命力具有的内在完整性，是接触意向性，他者带着这一意向性奉献他/她自己，以便以他/她所有的创造性和独特性去适应情境。当治疗师想知道"这个病人真正吸引我的是什么呢？"时，他/她就以这样的方式被置于他/她的治疗之爱的聚光灯下，当病人在这样的光里看着他/她自己时，他/她便会重新唤醒对自身之美的感觉，这种感觉意味着他/她的"在那里"的自发性（Spagnuolo Lobb, 2003 b）。

2.1 治疗之爱的伦理

治疗师对他者已经在病人自己身上抹去的魅力的好奇，便是将治疗之爱置于治疗角色的伦理边界之内：美学就是我们的伦理（Bloom, 2003）。在谈到"美"和"魅力"时，我们参考了美学准则，那些与感官体验相联系的准则（Bloom, 2005）。

几十年前，在应用人本主义心理治疗所倡导的治疗师与病人之间的人类平等时，治疗师对病人之爱记录着一定的困惑。超越权威心理的动力隐含在当时的强制治疗概念中（以及持阐释方法的精神分析中），这导致许多人本主义的心理治疗师抛弃了乱伦

第6章 心理治疗中的爱：从俄狄浦斯之死到情境场的浮现

禁忌，他们认为那是权威体制所强加的规则。在心理治疗中禁止性关系与面对不同的情感时可以打破的规则相混淆。当然，问题在于，无论谁决定打破这一规则——或任何其他规则——他仍然是治疗师，因此，他反过来又变成权威，扭曲病人的要求。

事实是，病人接受治疗是为了疗愈，而不是为了寻找伴侣。当时的治疗有时甚至被治疗师和病人双方确定为炫耀自恋：病人可能是"父亲选中的那一个"①，而治疗师可能决定不把他/她的信念放在一个不偏不倚的伦理规则上，以保证他/她自己对治疗关系的责任，尽管会参与其中。如果对强加规则的令人遗憾的遵守导致了治疗师与病人之间自发感受的分裂，并且"必须"与他们各自的角色联系起来，那么，在治疗关系中对规则的绝对拒绝就会导致令人困惑的混乱状态，受害者就是被虐待的病人和模式化的形象。在20世纪80年代和90年代，欧洲心理治疗的专业化——随着伦理准则的普遍接受——引起了人们对病人要求的伦理尊重的关注，在心理治疗关系中可能使用心理治疗里的性欲是被清晰地、明确地禁止的。格式塔治疗的实践遵循这一演变，以维护病人和方法本身的最大利益。

也就是说，必须回答这样一个问题："格式塔治疗看待性的感受和爱的感受的具体方式是什么？"我们将这些感受设置在接触边界上，因此将它们视为对这种关系，以及病人和治疗师创造的情境场而言具有功能。下面将更详细地讨论这个方面。

---

① 我在这里不打算讨论治疗师和病人的性别差异问题，因为这可能会导致我们偏离我的目标。

3. 病人之爱

病人的爱显然是毋庸置疑的：它是在各种治疗情境下通过承诺所采取的形式。病人以隐含着与他者完成开放格式塔的接触意向性，以及与他者的完整的自体实现，向治疗师提供一段亲密历史的访问代码。在这个意义上，我们也可以谈及病人之爱的"制度方面"：它是作为一个病人的事实，把他/她自己放在治疗师的手中，从而导致爱的依恋的出现。将自己托付或不托付给治疗关系——结果是与爱和依恋的感觉相抵触——也可以被治疗师用作诊断工具：过度信任或不愿意信任，这无疑给治疗师提供了解读病人习惯性关系模式的钥匙。治疗关系的目的是治疗师和病人在他们的接触边界上找到一种存在方式，这使承诺得以遵守，同时使他们双方的独立性成为可能：作为一个我与一个你相遇。

到目前为止，我们的取向与其他心理治疗模式并没有太大的不同。标志我们的是自体在接触边界上展开的概念，也就是说，认为每一个病人对治疗师感受到的情绪，不仅仅是在治疗师以前关系中所体验的情绪屏幕上的一个重复、一份移情、一种投射，而且是在病人打算修改的关系模式的参照框架内一个特定的回应，是为那个治疗师做出的适当调整。在治疗过程中，假设一个病人习惯性地过度承诺（例如，我们可能认为这是一种歇斯底里的关系模式），这就允许批评的自发性浮现出来，这是一种对环境各部分的解构。病人会找到一种方法来批评特定的治疗师可以接受的治疗情境。例如，因为他/她有能力成为一个好病人（典型的歇斯底里关系模式），所以他/她就会把他/她的批评锚定在

第 6 章 心理治疗中的爱：从俄狄浦斯之死到情境场的浮现

治疗师之前说过的话上，从而避免把可能的愤怒发在治疗师身上。重要的是，治疗师要认识到病人的这种"多情"能力，因为这是他/她创造性调整的一部分，他/她为了不失去他/她自己而把自己塑造成那个重要他人的形象。因此，例如，他/她可能会说："我很高兴你可以随便地让我提出批评，同时选择一种方式告诉我这似乎是为我量身定做的。"正是因为病人有能力与治疗师创造性地适应当前的情境，才有可能修改不满意的关系模式。

4. 治疗中的爱：接触边界上的突发事件

自发性的概念把我们带回到另一种爱的出现：在某一情境下而不是其他情境下突然出现的爱，这可能意味着身体上的吸引，因此产生性感受。治疗相遇的特殊性质可能包括病人和治疗师双方对完全亲密关系的深刻渴望，旧的和新的同时存在（Salonia，1987）。我认为格式塔治疗以其接触边界的诠释学可以为心理治疗界提供一个新的视角。

对于格式塔治疗师来说，病人或治疗师的感知（情绪也是如此）是一个不在个体"内部"发生的过程，而是在他们的体验得以实现的"之间"的空间里共同创造的。治疗师和/或病人可能感受到的吸引力——像任何其他感受一样——在病人自己所触发的关系模式中具有意义。例如，被某个病人吸引的治疗师可能会发现，这个病人可以说是"习惯了"父母的爱。事实上，通过这种方式，病人"塑造着"治疗情境，为反应灵敏的治疗师提供了通向亲密体验的钥匙，这样治疗师就能创造条件来实现尚未完成的接触意向性。有觉察的治疗师感受到的吸引力（他/她的所有感觉都在接触边界上）是对这个特定病人所创造的情境场的一种敏感而具体的回应。

让我们来举个例子。治疗师来接受督导，因为他确实被一个年轻、善良、聪明的病人吸引了。我问他："是什么吸引了你？""她的好女孩的风格。"他说，"看起来她真的想让我开心，好像她很关心我。她能让我放松。"显然，我们都认为，在这个案例中，治疗师的自恋与病人对真实或梦中父亲的开放和崇拜相勾连。但这两个方面可能是情境的背景，而图形是这种类型的接触的实现，是对女孩"被暂停的"意向性所做出的反应。这正是病人在新情境中可以体验到的旧爱。治疗师面临的挑战是提供一种更清晰、更勇敢的爱，以便在非操控的背景下重新定位这种爱的积极方面，并使病人在一个清晰关系的背景上体验她的自发性。因此，我问这位治疗师："如果你想象一下，把你刚才对我说的话公开地告诉这位病人，你认为会发生什么？"他说："我不知道。奇怪的是，我觉得所有我感受到的紧张都会得到放松。也许她会告诉我，她一直希望她父亲对她说这种话。我也认为，在这一点上，我的性吸引力将会平静下来：我理解吸引力的掌控实际上是由不说这些事情决定的。也许病人最终会感觉到，她在对我的感情里被看见，她的钦佩也在于达到这个目的。也许她甚至可以变得更加独立于我。"治疗师已经掌握了一种尚未完成的接触意向性，通过明确地陈述吸引他的东西，他给了病人在一种新的、真实的情境下，在此时此地实现完全接触的机会。治疗师对病人的性吸引——就像父亲对女儿的性吸引一样——是一种脱离语境的情感，但事实上这种情感的发生在某种程度上是对情境的自体调节所做出的反应。

病人对治疗师的吸引力可以用同样的方式来理解：治疗因素

第6章 心理治疗中的爱：从俄狄浦斯之死到情境场的浮现

不会是治疗师对这种吸引力的积极反应（相反会使她迷失方向），而事实上是病人感受到在她的接触意向性中被他看见和欣赏。只有这样才能恢复病人的爱的自发性。例如，病人告诉治疗师，她曾梦见与他做爱。治疗师倾听她的诉说及如何诉说，然后他说："我被你为克服害羞和尴尬所做的努力打动了。我感谢你对我的信任，以及你面对与我的关系的勇气。"这个回答让病人感觉到在接触意向性里，而不仅仅在吸引的感觉里被看见，吸引的感觉就这样被治疗师局限在治疗的情境里：病人有权表达最令人不安的情绪，这样的表达不会导致她个人选择的环境发生改变。

在这一点上，我们一定会想到心理治疗中的著名爱情故事，首先是荣格和萨宾娜的关系。很明显，其中所涉及的存在的人性可能会带来关系图形（在平等的爱的关系中）的浮现，这是在治疗关系之外的，但我相信这种可能性不能用治疗关系固有的标准来评估。当这种治疗关系被有意识地、清晰地中断时，一种新的、平等的、爱的关系就开始了。在这里我焦急地想强调的是，如果这些感觉出现，它们总是可以在一个意义的语境中被配置，那是属于治疗关系的，这将我们从融合的解决方案（比如，或多或少清晰而明确地从治疗转向爱的情境）或僵化的解决方案（比如因为这些感受已经出现而中断治疗）中拯救出来。换句话说，格式塔认识论允许在治疗过程中包含治疗师和病人的自发性，甚至在诸如爱的感觉和性吸引这样的边缘型个案里。

从移情的观点来看，治疗情境可以说是人为的，分析者必须保持尽可能的中立，以便能够清醒地进行分析，使无意识变得有意识。从格式塔视角来看，治疗关系是真实的，在那里习惯性的关系模式得到了关注。为了寻找新的解决方案，为了找到它，治疗师和病人用他们的真实感受赌博，维持治疗情境的语境，在这个语境中，一方寻求治疗，另一方提供治疗。

5. 俄狄浦斯情结和心理治疗设置中隐含的关系知识：克服本我/自我极性

作为格式塔治疗的特征，这种现象学的诠释学给弗洛伊德"所有本我都必须变成自我"[①] 的主张带来了一场彻底的革命。

在精神分析诞生的文化氛围里，治疗的想法与合理化所有的干扰联系在一起，弗洛伊德观点的新奇之处并不在于他把所有不理性的想法都变得理性，而在于他提出了无意识，这实际上是决定人类行为的一种非理性水平。弗洛伊德所说的"所有本我都必须变成自我"是基于——在当时很正常的——一种启蒙主义的理性信念的。解释作为一种治疗机制是其一致性的方法论应用。

在这期间的一个世纪里，尽管心理治疗经历了文化上的变化，但让无意识的东西变得有意识的想法通常仍然是所有心理治疗的核心。有些取向谈到意识和无意识，其他取向谈到理性和非理性，还有一些谈到有意识和没有意识，但归根到底，心理治疗的目的仍然是让"不可说"的变成"可说的"。

最近，不同的科学发展对这一基本观点进行了检验。例如可以说，一些新技术应用于心理治疗，一方面，挑战了来访者需要说出和理解与他/她的不适相关的体验的概念。丹尼尔·斯特恩（Stern et al., 1998b）阐述说内隐关系知识真正地引发了大量治

[①] 2011年，在巴勒莫关于本书的一次公开研讨会学术发言中，荣格学派的精神分析学家里卡尔多·卡拉比诺（Riccardo Carrabino）对这句话进行了有趣的解读：所有未区分的东西都必须有明确的形状和意义。他还回顾了图形/背景动力学和做出创造性调整的自体的自我功能作用。

第6章 心理治疗中的爱：从俄狄浦斯之死到情境场的浮现

疗改变，许多心理咨询师一直在争论这个话题（Spagnuolo Lobb，2006a）。眼动脱敏再处理（EMDR）认为，创伤和其他深层负面感受只能通过特定的眼部运动和自由讲故事来解决，病人不需要了解症状就能好转。另一方面，镜像神经元的神经科学发现（Gallese，2007）为发生在病人与治疗师之间或者父母与孩子之间的"魔力"，提供了心理治疗和发展研究的革命性支持。基于这些神经学的发现，以及对婴儿的研究，内隐关系知识被定义为非言语、没有意识但不受压抑的（Stern et al.，1998b），换句话说，这对精神分析学而言是知识的一个新范畴。格式塔治疗自诞生以来一直是以程序性知识为基础的：主要观察病人与治疗师在一起时进入接触的关系模式，从呼吸和身体的关系进程，到将梦的关系意义告诉治疗师（参见 Müller，1993 中有关伊萨多·弗罗姆理论的论述）。尽管与其他取向相比，有了"更多的东西"，但格式塔治疗尚未充分开发出基于关系过程的实践，而是继续以明确的程序要素来确定治疗方法："你意识到……吗？"

我们需要更好地适应后现代性新挑战的理论反思和临床视角。我们还能说心理健康取决于控制一个人成功地运用他/她的体验（"所有的本我必须成为自我"）吗？或者我们希望把它归因于我们在他者身上寻找的一种关系确认？今天，在人本主义运动很久之后，我们成为以关系为中心，或者更确切地说，以关系的体验为中心的文化运动的一部分。我们已经从一个建立在精神分析诞生时生效的控制原则（首先是外部的，随后是内在化的）基础上的文化，转移到 20 世纪 50 年代自体调节的主体性范式，然后到真理范式，它从来都不是发生在外部的，而是从关系本身中产生的，并且不可分割地属于其结构。这种视角使我们摆脱了内心的观点,即将治疗视为与需要满足(或升华)相关的过程,从而朝向一种后现代的观点,在该观点中,"真理的力量"已被"关系的真理"所取代。

6. 接触意向性:心理治疗中朝向未来的此时

70年代,当我跟随埃尔温·波尔斯特和米丽娅姆·波尔斯特受训时,他们经常教导我格式塔治疗与朝向未来的此时有关,而不是与此时此地有关(Polster and Polster, 1973)。事实上,使精神障碍的治疗成为可能的是对自发性的支持,即一个人朝着实现一种接触意向性的主动的紧张感,而不是冲动的升华。因此,将俄狄浦斯神话作为寻求满足个人需求的唯我主义的范式而使用已经消失了(Vernant, 1973)。孩子对母亲的体验和行为不是心灵内部的需要,而必须从关系的角度来理解,这对我们来说就成为接触的具体性质:母亲和父亲,与整个情境场一起,共同促成了那种体验。决定着体验意义的是场中隐含的接触意向性,而不是单独个体的内在需要。

总而言之,一种观念的根本改变不仅发生在心理治疗上,也发生在一般文化和社会化机构上:对待病人的不是理性的理解,也不是扰动的控制,更不是随意地接受限制,而是程序和美学问题。"治疗"包括帮助病人不去理解和控制,而是完全地活着,尊重他/她在这种情境下调节他/她自己的天赋能力。

7. 在一个情境场里的性和爱

我们的文化形成了对个人主义的崇拜，它并没有使我们习惯于看到关系的多元性。"关系"这个词通常指的是一个个体遇到另一个个体。例如，我们想到的是母子关系，而不是关系的一个场。事实上，在孩子的发展中，重要的是他/她嵌入的关系场，在那里有时是母亲，有时是父亲，有时是其他人代表正在形成的图形的，这是背景影响图形的各种交织关系的一个场。孩子体验着一个场、一个情境，其中包括背景和图形。例如，在孩子对父亲的感知里，包括父亲对母亲的感知，也包括孩子自己对母亲的感知，所以，有关母亲的事，这个孩子知道父亲所不知道的（他/她知道），也知道父亲知道而他/她不知道的。

主体间观点（尤其参见 Mitchell，2000；Stern *et. al.*，2000；Beebe and Lachmann，2002）可能是描述在接触边界上感知的有效工具。如果母亲感到被父亲忽视了，孩子（尽管这种感觉没有明确地传达给他/她）会注意到母亲被强迫的呼吸、她悲伤的脸、她低垂的双眼，他/她看着父亲，发现父亲在沉思，正瞅着母亲。这样孩子就知道父亲知道母亲出问题了。但如果孩子看到父亲继续跟他/她玩或打一些日常的业务电话，他/她就知道父亲不知道母亲感觉被他忽视了，因此，孩子必须决定是否采取行动或不去采取行动，以便让父亲意识到这一点。父亲的觉察将取决于孩子对这个情境的创造性调整。因此，孩子的感知是朝向母亲与父亲之间的接触边界，也分别朝向他/她自己与母亲之间、他/他自己与父亲之间的接触边界。

这个原则也适用于当时在这个场里的其他人，构成——在母亲-父亲-孩子三角形的这个案例里——三元顶点的一个现象学场（图1）。

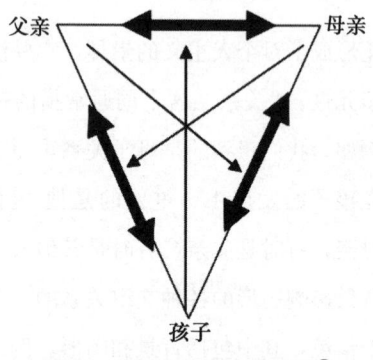

图1 一个三元场里的感知[1]

这个孩子不仅能感知母亲（或父亲），还能感知在他们之间的接触边界上所发生的事情，所以他/她知道父亲是否知道母亲悲伤，诸如此类。符合现象学原理的体验，是一个场或情境里在此时此地的接触边界上所发生的（Robine, 2001），在格式塔治疗中，我们看到亲密关系（例如，在家庭成员之间，或在病人与治疗师之间）作为一个图形从一个关系场中浮现。与迄今为止在婴儿研究情境中所开发的三元模型相一致（Fivaz-Depeursinge and Corboz-Warnery, 1998），格式塔治疗可以将这种体验视为一个边界事件，而不是一种内化的关系模式。这种将体验视为边界事件（而不是"心智化"）的方式，将信任置于自发性和关系的美学方面。因此，治疗关系被体验为一个发生在此时此地的真

---

[1] 图中所示的感知原理是由斯帕尼奥洛·洛布和萨洛尼亚（Spagnuolo Lobb and Salonia, 1986）在他们的联合治疗模型中发展出来的。

第 6 章　心理治疗中的爱：从俄狄浦斯之死到情境场的浮现

实事件①。

总之，关系总是多重的，复杂的。这个在母亲与父亲之间的接触边界上觉察到"迷雾"的孩子，将发展出一套关系模式，满足他/她作为一个孩子（照顾在这个事件中正在体验混乱的父母）的接触意向性，并针对这个情境做出创造性调整，例如，他/她将采取措施让父母了解彼此，或者如果他/她是唯一可以这样做的人，就会承担起鼓舞母亲的责任（Stern，2006）。

简而言之，在接触边界上所发生的事情是由情境场的感知背景所支持的一个图形。在治疗设置中，病人永远不会孤立地与治疗师见面，而总是作为关系场的一部分。这样问病人会很有趣："如果你想到你的治疗师旁边有个人，你会想到谁？""这个人对你的治疗师了解多少？""你认为你的治疗师对这个人了解多少？""在你看来，他们两个人对你有什么看法？"

正如我们将在下面的临床例子中看到的，这项工作揭示了"内隐关系知识"的一个关键方面，并使治疗师对与病人建立接触有更好的理解。

8. 从俄狄浦斯神话到三元情境场

弗洛伊德理论中对俄狄浦斯神话的使用，得到了属于典型的西方个人主义文化的笛卡尔区分原理的支持。如果俄狄浦斯想要成长，就必须放弃自己的冲动。格式塔治疗的创始人对个体欲望和冲动（弗洛伊德的本我）与社会生活需求之间的不相容关系提

---

① 关于这一点，可以参见第 3 章中孩子作为"管弦乐指挥"的例子。

出了明确的质疑。例如，在《格式塔治疗》的开头章节里，皮尔斯、赫弗莱恩和古德曼将他们的目标确定为克服某些二分法（身体-心灵，自体和外部世界，意识-无意识，个人和社会，等等），"从而形成自体及其创造性行动的理论"（Perls, Hefferline and Goodman, 1951/1994, p. 17）。因此，我们的取向的诠释学强加给我们的是连续性的逻辑，而不是断裂的逻辑（Spagnuolo Lobb, Salonia and Sichera, 1996）。如果我们要在我们的著作中引用俄狄浦斯的神话，那么我们可以把俄狄浦斯的体验和行为，看作就他自己、拉伊俄斯和伊俄卡斯特（以及其他许多人）而言在接触边界上的一种共同创造。在心理治疗中使用俄狄浦斯的悲剧是受到他对一个女人的渴望（这个女人是他的母亲）的支持，也受到（无意中）不接受父亲权力的支持，还受到他的内疚和随之而来的赎罪需要的支持。在接触边界上，由于俄狄浦斯的戏剧是以失明为基础的，所以在三合体的接触边界上的去敏化，阻碍了所有三个人——不仅仅是俄狄浦斯——看见彼此。俄狄浦斯神话在心理学、社会学和心理治疗文化中的使用和滥用，在一个需要遵守规则的社会中，作为个体戏剧的范式而成为三元戏剧，是产生于对情境视而不见的集体戏剧。正如进化理论所表明的那样，在生活中独自生活和成长是不可能的，一个人永远不会仅仅作为伴侣而存在，而是作为社会共同体的一部分——一个共享的情境。让我们重申一下上面所说的：在治疗设置中，病人并不是孤立地看待治疗师，而是将其视为关系场的一部分。

第6章 心理治疗中的爱：从俄狄浦斯之死到情境场的浮现

9. 在一个二元治疗设置中三元视角的两个临床例子

现在我将给出两个临床例子，在这两个例子中我们可以清楚地看到从恋母情结视角到场视角的转变。

9.1 爱情中的病人

一个男病人疯狂地爱上了他的女心理治疗师。他的感情的热烈和对身体接触的渴望随着治疗次数的增加而增加。治疗师在试图尽可能明确地解读病人的感受后，感到很尴尬，她无法以清晰的感知去见病人。无论她说什么或做什么，似乎都会增加病人的欲望，此外，她发现他很有魅力。

在用三元方法进行督导后，她问病人："想象一下我的旁边有个人，你看见谁了？"病人的表情立刻改变，他笑着说："我看见了你的丈夫（我不认识他），或者至少是一个男人，你的男人，他和你很不一样。我感觉他不喜欢我，他对我和你在一起不太高兴，他认为我不怎么样。他让我印象深刻：现在他的在场比你的在场更吸引我，尽管有不愉快的感觉。他的眼神对我来说是可怕的，与你的眼神完全不同，你喜欢我。你是喜欢我的，对不对？你要是喜欢我就好了！"治疗师问："我对他了解多少？我的意思是，我知道他贬低了你吗？"病人回答："我想是的，这正是你对我好的原因！"

三元视角在治疗情境中带来了一种新的觉察，它对病人与治疗师之间的性感受产生了有趣的影响，使治疗关系朝着病人接触意向性的方向重新调整获得平衡。很明显，事实上，移动他的有机体的不是赢得治疗师青睐的"欲望"(就像二元观点所暗示的那样),而是去理解:(1)治疗师与她的伴侣之间的关系;(2)为什么她欣赏他,她的伴侣却不欣赏;(3)治疗师喜欢他是因为他比另一个男人好的事实,还是因为他"很小"、不成熟的事实;(4)他是否能独立于治疗师(也就是说,即使他做了她不喜欢的事情,确定她仍然喜欢他);(5)他能否接触那个成年男子,赢得他的尊敬;(6)治疗师能否说服她的伴侣来解决这个问题。总而言之,在三元视角下所浮现的与在二元情境下所看到的是非常不同的。在三元视角中,更复杂的动力学浮现在男女关系和代际关之系中:孩子在成长过程中总是提到至少一对夫妻关系,注意夫妻之间的接触边界,而不是与父母一方或另一方的二元关系。

从这个视角调整治疗干预要有效得多,尤其是在无论是治疗师一方还是病人一方的性感受来临的时候。在刚才提供的这个具体例子中,病人的回答使接触的注意力有可能转移到原来留在背景里的东西上。保留在阴影里,它就会点燃性吸引的火焰。聚焦于病人与男人的关系则使得谈论成为可能:关于他害怕达不到标准(男人的和女人的都有);关于他对女人诱惑行为的冲动特征(在母性角色中对一个女人的性吸引让他避免将他自己与男人比较而带来的焦虑);去理解从根本上来说,和治疗师开始一段性关系会让他感到害怕和困惑,担负起一种他不想要的责任。把自己和其他男人相比较的羞辱,使他能够自发地在平等的条件下,带着欲望和冒险意识,把自己奉献给一个女人。

9.2 来自国际研讨会的一个例子

在曼彻斯特的一次大会上,我解释了现象学场的概念,以及它如何有助于克服二元视角导致的障碍——借助该视角构想了俄

第6章 心理治疗中的爱：从俄狄浦斯之死到情境场的浮现

狄浦斯情结。事实上，现象学场的观点允许我们通过考虑不同的情绪来拓宽我们对情境的理解。我解释说，有一次出现了困难的情况，一个病人在治疗过程中陷入了爱河，在督导中通过考虑虚拟的第三方在这个场中解决了这个难题。问自己在第三方在场时病人和治疗师会有什么感觉，使人有可能摆脱刻板的依恋情境。当我向这个团体提议让他们进入体验阶段时，一位年轻的土耳其心理治疗师主动提出来和我一起工作。他说他被我当时在场中所披露的"另类"情绪感动得流下了眼泪。我感受到对他的喜爱和信任。他是一个非常有魅力的年轻人，和我说话时，他的眼睛闪闪发光。我感觉到自己将把重要的任务托付给他，感觉到我们关系的愉悦。从我对他的体验来看，这些感觉连同其他的考虑（汲取了人格心理学的研究；参见 Spagnuolo Lobb, 1982），让我认为这个年轻人一定是个长子。我问他："你是长子吗？"他被我的直觉惊呆了，回答说："是的，您是怎么知道的？"我的直觉几乎激起了一种恍惚状态，他让自己进入了激发自己取向的接触模式（选择和我一起做这一次治疗）。对一个能理解他的、被认为是孤独的老妇人的依恋、奉献和爱的情感，连同恶心、被困住的感觉，以及无法沿着自己的道路走下去的感觉，使他在我们之间产生了一个空间。他向我透露了这些情绪。

我使用三元现象学场的方法，在这一点上说道："如果此时此地有人在我身边，我倒希望他能多待在这里，你呢？"他回答说，一般情况下他不在那里，他在工作，但如果他能多待一会儿，他会很高兴的。他会感到受到支持，也会知道把我留给谁，总而言之，他会感到更自由。

就在那一刻，我清楚地看到了我们在场里玩耍的场动力，我知道他需要知道我欣赏他，他想回来就可以回来，我一直在他身边,我将永远在他身边,但是我不需要他,他可以走,如果他走了我也一样高兴,因为我知道他在外面也会很好。我把这些想法告诉了他。前面他望着我时,眼睛里闪烁着钦佩的光芒,现在却闪烁着喜悦和宽慰。他问我:"那我能走吗?"我说:"再见!"这句用意大利语说的"再见",听起来既明确又亲切,大家和他一起愉快地笑了起来。

后来,在反馈中,他注意到我也有一个成年的儿子,他问我,我的个人体验在我的工作中扮演了怎样的角色。当然是一种熟悉感,不过我的艺术更多地在于看到差异,尽管熟悉,但不是把我和我儿子一起经历的假想的"健康"过程传给他。

治疗师的艺术在于在现实的治疗情境中让自己被病人引导:我不是病人的母亲,他也不是我的儿子。这是对当前情境的新奇的敏感,我们可以为病人建立一个"为测量而制造的"治疗环境(Polster, 1987)。这是病人设定的旋律,我们可以帮助他/她把这个旋律发展成他/她想要创作的音乐,和他/她一起演奏我们的私人音符,但永远不会忘记他/她的现实。

10. 结论

治疗师和病人双方的爱是治疗情境的背景,包括性感受在内的种种感受是从一个三元场的复杂感知背景中出现的图形。在本章中,我已经证明,俄狄浦斯情结的使用是基于需要的个人主义观点的,而三元场提供的视角能更好地引导治疗师去支持病人的接触意向性。事实上,人类的知觉总是朝着一个接触边界的方向,而不是朝向一个孤立的客体,这使得在社会群体中进行创造

第 6 章 心理治疗中的爱：从俄狄浦斯之死到情境场的浮现

性调整成为可能。

在心理治疗中整合爱和性欲的体验不能被简化为一个技术事实，相反，它要求共同创造一个接触边界，在那里价值观、个性和病人及治疗师双方处理生活的方式起着重要作用。他们是两个一起寻找实现被打断意向性的可能性的人（Spagnuolo Lobb，2003b）。这是治疗师和病人的舞蹈，治疗师带着他/她所有的科学知识和人性，病人则带着他/她所有的痛苦和被治愈的渴望，创造是为了（重新）建立日常生活赖以生存的背景，以及在这个背景中和另一个背景中的安全感，并因此帖服于亲密。

第7章
夫妻心理治疗中朝向未来的此时

> 在不平静的海滩上,
> 一个男人和一个女人正在走着,
> 一种进退两难的巨大阴影笼罩着他们。
>
> 这是常见的困境,
> 一个基本的难题:
> 他们的爱是否还有意义。
>
> 困境代表着
> 这个场中力量的平衡,
> 因为爱和争斗
> 是我们这个时代的状态。
>
> 引自《困境中》(*Il dilemma*),乔治·加伯(Giorgio Gaber)

从严格的现象学视角来看,格式塔治疗是基于这样一个假设的,即改变来自伴侣在互动中共同创造的体验。格式塔治疗的心态是聚焦于此时此地,聚焦于某种意义上的方式,聚焦于他们相

第7章 夫妻心理治疗中朝向未来的此时

遇的短暂时刻，过去的影响和意向性设置着他们体验的方向，体现在目前与对方共享的创造性行为里。

我们如何处理这对夫妻的体验？我们在治疗行动中支持什么？这对夫妻的体验为格式塔治疗师设置了什么？

格式塔干预的目的不是把隐含的东西弄清楚（Spagnuolo Lobb，2006b），也不是在离心力（自主性、不同的行为等）和向心力（归属感、维持现状等）之间的一个自我平衡系统中引发改变，如支持接触的意向性、夫妻双方的体验中始终隐含的勇气、超越恐惧。其结果是在一种新的综合里整合了上述所有方面的夫妻接触体验，在这种体验中，夫妻双方可以感到"在家里"，双方都可以自由地向对方表达自己的接触意向性。

通过他们之间建立接触或阻断接触的方式，我们做出诊断并计划具体的治疗支持。

当夫妻双方都对对方的体验敞开心智时，夫妻治疗便是成功的。他们在等待解决办法的时候，不是躲在自己的伤口后面，而是照顾对方的伤口，允许自己被伤口所改变。作为一对夫妻，作为两个人的深刻感觉，意味着对作为其他人、作为新奇的伴侣的兴趣，除了在日常生活中他们如何习惯性地感知彼此外，他们还会感知扭曲，这样的扭曲会伴随并触发不受欢迎或不被看到的恐惧。这也意味着让自己被伴侣改变，认为他/她已经足够"成熟"，能够照顾我们。事实上，当夫妻中的一方将自己定义为善于理解对方，但同时又不让他/她自己被对方改变时，他/她在任何情况下都会陷入关系盲目性，即他/她不会看见或不会接受对方试图接触他/她的方式。

从这个角度来看，我将在本章处理如下内容：(1) 对格式塔与夫妻工作的具体性质的介绍；(2) 以这对夫妻看见并欢迎对方的能力为特点的三个体验维度（这构成这个模式特定的认识论）；（3）与夫妻工作的格式塔治疗模式。

我希望进入夫妻关系深处的这个旅程会带给读者有趣的发现，最重要的是对日常奇迹的欣赏，夫妻的每一次重新振作，都会让这对伴侣决定待在一起，同时从隐含着牺牲自体的不断重复的旧的、痛苦的故事中拯救他们自己，并创建新的感知形式。在这样的感知形式里，正是因为确认了自体的自发性，伴侣才可以获得爱。

1. 作为接触边界上兴奋和成长的夫妻生活：格式塔治疗的建议

标志着格式塔治疗诞生的那本书（Perls, Hefferline and Goodman, 1951）提供了一个中心思想，在副标题中强调了——《人格中的（新奇、）兴奋与成长》——这对夫妻生活来说是至关重要的。在与环境的接触边界[①]上，有待完全展现自发的人类能力（也就是说，带着感官清醒）对于夫妻来说是衰退的，他们难以保持自发地看见、感觉被吸引、让自己被对方如他者一样地改变、被我们没有期待的对方改变、被如新奇一样的对方改变。成人很难认识到这种对话相遇的质量，因为对他们来说，消除自己对再次感受旧伤的恐惧需要实际的训练。但只有当一个人在对方面前"赤裸"，此时此地与对方完全在一起时，才有可能支持这

[①] 有关"接触""接触边界""觉察""自体""自体功能"等术语的详细定义，参见 Spagnuolo Lobb, 2001b; 2004a, 2005a; 2005b; 以及本书第2章。

第7章　夫妻心理治疗中朝向未来的此时

一相遇的兴奋①的发展。为了达到这一目标，我们必须认识到我们自己的恐惧（以及由此发展出来的对另一半的反对），带着这些恐惧我们在亲密关系中装扮着自己，同样也必须认识到对方的体验。一旦做到，就有可能"调频"到相互接触的意向性上来。

伴侣相遇的感觉越是丰满，他们就越能完全觉察到共同创造的体验，在两个人之间的接触边界上发生的自体调节就越多，这是"治疗性的"，并给予双方充满亲密的感觉。因此，这对夫妻的"常态"恰好与他们清晰地感知接触边界的能力相符（这个我和这个你进入了接触），此时所有的感官都是清醒的。

作为一对夫妻，我们不仅回到亲密的维度，而且回到社会动物的本质存在（Kitzler，2003；Bloom，2003）。今天所有的心理学理论都同意，我们在与环境的互动中构建自己，包括人类的和非人类的环境（Searles，1960）。对婴儿的研究已经表明，社交能力是如何在刚出生的孩子身上发展起来的（这是孩子的"编程"）。儿童与照顾者之间所谓的"主体间岛屿"（[intersubjective islands] Stern，2004；Beebe and Lachmann，2002）构成了接触中自体的主要地方，形成了"在一起"的方式，对孩子而言他们构成了体验亲密的背景，借此建立个人安全感并接受新奇的灵活性——总之，是对环境的创造性调整（Perls，Hefferline and Goodman，1951）。

照顾者-孩子二人组是受到自体调节的，孩子学习的是与对方相处的方式，而不是内容。在兴奋和欢迎之间，在过程和内容之间，孩子-照顾者二人组共同创造着节奏，形成了一种舞蹈，

---

① 术语"兴奋"包括心理-身体能量的感觉和与他者进入接触的意向性，因此它整合了生活在身体中并被导向与他者相遇的体验的现象学（见第5章）。

一种孩子学习的体验代码。正是这一代码将调节成年人进入亲密关系和社会关系。他/她倾向于重新创造相处方式:他/她会期待对方的特定反应,通常会看到他/她习惯看到的东西。我们可以说,这种程序性知识[①]也是夫妻动力学的基础,它聚焦于成功的心理帮助,无论它适用于什么理论。

我们是关系中的存在,这种关于关系中心的当代观点使夫妻成为心理学和心理治疗界的主要兴趣点所在。然而,许多为研究个体而诞生的取向,如今都对关系的有趣观点敞开了大门,格式塔治疗保留了它对发生在接触边界上的体验的最初直觉,就在这个我和这个你之间。在我们的取向中,夫妻关系被看作一个接触边界的连续的共同创造,体验着诞生,体验着在伴侣"之间"的空间里拥有其自己的历史,在那里对另一半投射一个人的个人体验甚至是实现接触意向性愿望的一部分,也是给对方机会去重塑关系历史的一部分。一个嫉妒的女孩在查看未婚夫的短信时,把她对被背叛的恐惧投射到了他的身上,但她真正想要的,她的"朝向未来的此时",是希望收到来自他的关注的一个信息:"你对我来说太重要了,我能看到你对我的关心,我喜欢这种感觉——有时甚至让我感到尴尬——我喜欢你给我的所有能量。"对这个女孩来说,投射可能存在比她更重要的女人的恐惧,有一个基本的"目的",即最终为她自己、为她的能量而得到赞赏,她的能量不是令人讨厌的,而与之相反,是强大的,体贴的。对心理治疗师来说,接触意向性比个体体验所能给予的许多解读都更加有用。

夫妻生活是一种共同创造的即兴创作(Spagnuolo Lobb,2003b),它包含了社会生活最深刻的维度,那些亲密的关系模式和欲望展现了我们是群居动物的能力,超越了实际上教我们独处

[①] 斯特恩称之为"内隐关系知识"(Stern *et al*. 1998a; 1998 b; 2003)。

的社会自我（social ego）的策略。

事实上，在夫妻生活中（就像在心理治疗的某些方面），我们给我们的伴侣一把钥匙，去接近亲密关系里我们的恐惧，以及与这些恐惧相关的欲望。我们希望与我们联系在一起的另一半是不同的，能够认识到我们的美好的深度，以这样的方式，我们最终可以在社会生活中开花结果，并自豪地看到我们最积极的一面，有能力对我们所属的团体做出建设性贡献。如果这个建设性部分在我们的亲密关系中没有得到认识，它就会向团体和社会团体展示自己，通过策略的手段，有时说出来，有时不说出来。例如，一个领导者很擅长照顾别人，但是因为没有人能照顾他而感到痛苦。这些策略解决了为世界做出贡献的愿望，却得不到对方的认可，所以实施的人注定会产生孤独。

2. 夫妻"常态"的三个体验维度

夫妻的接触体验特点有哪些维度？作为一对夫妻的生活是复杂多样的：改善的渴望，身体和精神的吸引力、温暖，创建的希望、快乐、宁静，但也有失望、愤怒，有时有仇恨，有去敏化、报复、怨恨，等等。

基于多年来对夫妻过程的观察（我自己这对夫妻，生我的这对夫妻，在治疗中我所见过的各种夫妻），从格式塔的、程序的、现象学的观点，也是接触的观点来看，我认为，作为夫妻体验的"常态"包括三个基本维度（它们继续构成夫妻临床工作模式的基础，我将在第三部分展开描述）：（1）懂得如何将对方看作他者；（2）知道如何区分另一半的接触愿望和他/她的行为所引起的我们痛苦或愤怒的反应;(3)知道如何将自己交托给关系,在黑暗中大胆行动,调整我们的行为以回应对方的欲望(让我们自己被对方所改变),而不是去解决现在无法解决的旧伤。

1.1 看见他者的不同

> 我希望你抽我,就像你抽香烟一样愉快。
> 我希望当你和我在一起的时候,
> 你能决定用你和他们在一起的方式来放松。
> 我们被创造出来的真正快乐,
> 使自体意识出色地扩展的快乐,
> 我们发现它既不在自己身上也不在他者身上,
> 而是在边界上,
> 在那个既不在我们里面也不在别人里面的空间里。
> 它就在相遇的地方,
> 是我们在与另一个人
> 深刻的身心相遇中,
> 所能够拥有的快乐。
> 不幸的是,它也是一种
> 最让我们害怕的快乐。
> 所以我希望你抽我,
> 就像你抽烟一样。

通常,夫妻双方都想当然地看待对方。我记得有一对夫妻每周吃三次鸡肉,已经至少有10年了,结果才发现他们都不喜欢鸡肉!他们每个人都认为对方更喜欢鸡肉而不是红肉,为了满足对方所谓的欲望,他们在自己的心里"做出了牺牲"。

第7章 夫妻心理治疗中朝向未来的此时

看见对方意味着从融合的感知中浮现，这种感知是坠入爱河的特征，而且经常被认为是对对方理所当然的确定，在现实中从未核对过。

在治疗中，伴侣在接触边界上的体验只是一个具有非常丰富背景的图形，由过去与现在的体验和选择所组成。从系统和心理动力学的层面上看，各种家庭理论的所有表现都是对夫妻的心理治疗师的基本解读[①]。例如，原生家庭的关系体验对每个伴侣的影响让我们既能理解对这种类型伴侣的"选择"，也能理解当前关系中出现的困难。

让我们来看一对夫妻的案例，丈夫是家里的长子，我们称他之为卡洛（Carlo），妻子是家里的次女，我们称她为朱利亚娜（Giuliana）。

下面是他们原生家庭的家谱图，并带有一些注释。

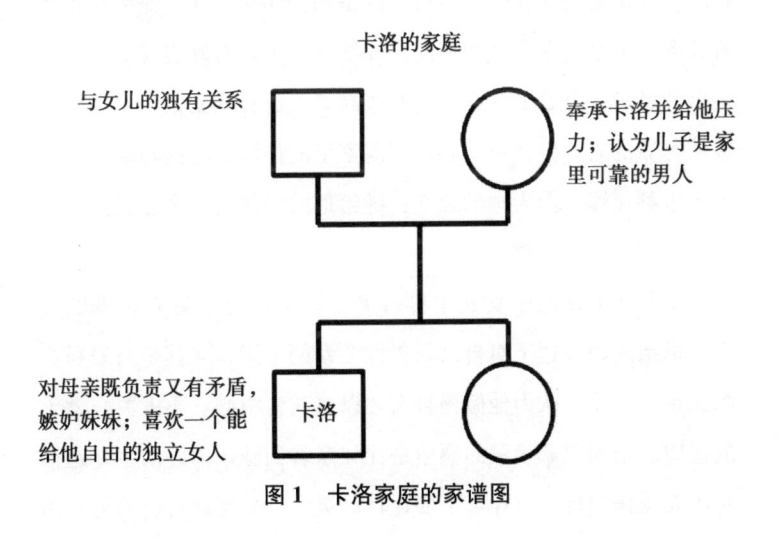

卡洛的家庭

与女儿的独有关系

奉承卡洛并给他压力；认为儿子是家里可靠的男人

对母亲既负责又有矛盾，嫉妒妹妹；喜欢一个能给他自由的独立女人

卡洛

图 1 卡洛家庭的家谱图

---

① 参见 Ackerman, 1966; Scabini and Iafrate, 2003。

朱利亚娜的家庭

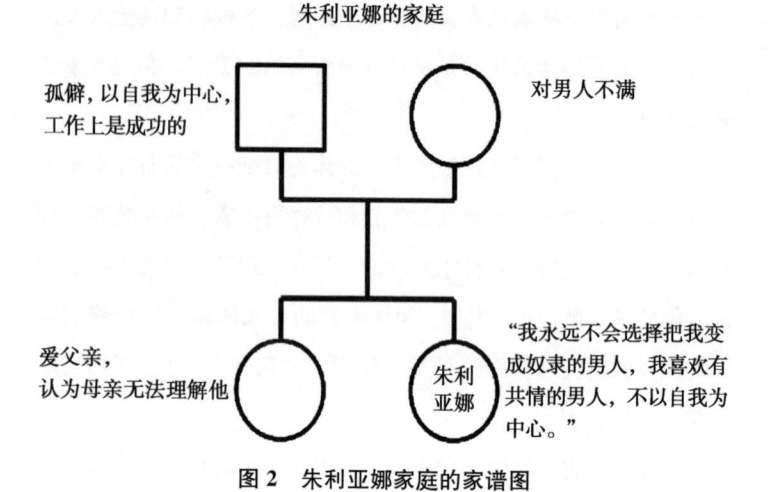

孤僻，以自我为中心，工作上是成功的

对男人不满

爱父亲，认为母亲无法理解他

朱利亚娜

"我永远不会选择把我变成奴隶的男人，我喜欢有共情的男人，不以自我为中心。"

图2　朱利亚娜家庭的家谱图

我们对这两个人坠入爱河能说些什么呢？卡洛和他的母亲有着特殊的关系，母亲总是认为他是家里"可靠的男人"。与儿子相比，父亲是边缘化的，但更多的是和女儿在一起，他和女儿有着独有的关系。卡洛认为他的妹妹被宠坏了，对她表现出一定的羡慕和嫉妒。母亲的赞许使他有些高兴，也有些紧张，卡洛是个顺从可靠的人，但他很小心，不向家里的任何人吐露心事。他爱上了朱利亚娜，因为她的独立：她给他的印象是一个能独立自主的、给他自由的女孩。

朱莉亚娜在两个女儿中排行老二，她和母亲有着特殊的关系，母亲向她表达了对自己与男性关系的不满，尤其是与朱利亚娜父亲的关系，认为他傲慢自大，以自我为中心，不太关心妻子的愿望。朱利亚娜暗藏的愿望是让父亲看到她，但她的生存选择是不要变得像母亲一样，不要让自己被一个只考虑自己的男人困住，这个男人会迫使她几乎成为一个奴隶，也不关心她的个人成就。与她相反，她的姐姐对父亲发展出一种"嫉妒的"爱，并与母亲发生冲突。她凭直觉知道父亲的孤独，判断母亲不可能理解他，而她肯定会更好地理解他，并让他快乐。朱莉安娜爱上卡洛是因为他的共情，尤其是对女人的共情（他受过母亲的良好训练！），这与她以自我为中心、感觉迟钝的父亲截然不同。

两人的关系建立在这样的感知基础上：卡洛认为朱利亚娜是独立的，不浮夸的（所以他认为他最终可以在一段重要的关系里自由地呼吸）；朱利亚娜认为卡洛对女人很体贴，也有能力支持她的独立天赋（所以她认为自己不必像她母亲那样忍受自我牺牲）。

这些感知是现实的，实际上暗含着一个弥补的方面，但它们是片面的。例如，起初卡洛看不出朱利亚娜深深地渴望得到一个男人的关注，而朱利亚娜也看不出卡洛深深地渴望不被女人"控制"。尽管有这样的盲区，相爱的人的直觉——如果真的相爱（那种令人窒息、让人神志不清的爱）——那里仍然保有着这对夫妻待在一起的基本动机。当融合的阶段让位于一种更加分化的感知时，另一些极端的方面出现了（卡洛渴望逃跑，而朱利亚娜需要关注）。对方的眼神可能会令人震惊："我到底爱上了谁？"对方看起来像个陌生人。夫妻的这种冲击对于"重新设置"接触边界上的感知是必要的。

2.2 理解那个我们感到为其所伤的他者所隐含的欲望

> 工作吧，如同你不执迷于金钱。
> 去爱吧，如同你从未受到过伤害。
> 跳舞吧，如同没有人在看一样。
> S. 克拉克和 R. 利（S. Clark and R. Leigh）

夫妻双方被他们互动中的两个因素所感动：接触、触及对方的接触意向性和不被理解的恐惧。这种渴望被理解的恐惧，与渴望被认可一样，让我们暴露于负面评判的羞辱，这对另一半来说是错误的。就在那里我将搭配上羞耻的感受，这在格式塔文献中已有很多讨论（Lee，2008；Wheeler and Backman，1994）：在投射向对方的过程中，便是之前在一个重要的关系场中所体验的缺乏理解。

让人伤心的是，对方对他的不理解不在于体验的内容，而在于我们的欲望和我们的接触尝试，在于我们重要接触的意向性，几乎可以说是我们对亲密关系的意向性。这有点像我们赤身裸体时感受到被嘲笑的体验。

我记得有一对结婚两个月就受到严重伤害的年轻夫妻，她（来自一个东方国家）有一种强烈的羞耻感和愤怒感，因为每次她试图为他做一些"意大利"菜时，他都会嘲笑她。他的母亲曾是一个出色的厨师，他会说："想达到我母亲的水平，嗯？"他看出她听了他的话很难过，便一再说他是温柔地说的，他也意识到她是多么努力（在他看来，这是没有必要的）。但他真正感到被激怒的，是看到她太过努力了，她的努力对他来说是失败的。她试图像他母亲那样做饭来让他快乐，但她觉得自己没有得到承认，他则觉得她没有看到他不想让她操劳的愿望。

改变这对夫妻动力的是在赤裸的直接体验里去向对方/看见对方"展示自己"的意图，这是对亲密关系的需要，就像希望有宾至如归的感觉，就像孩子感觉到被抱在妈妈怀里的放松，就像终于回到家里的旅行者感到身体和灵魂获得承认的体验。另一半被期望为一个欢迎的身体、一个在暴风雨中的避难所、一个可以说自己的语言的世界。这种渴望在夫妻中表达的方式夹杂着一种

第7章 夫妻心理治疗中朝向未来的此时

恐惧:另一半不在我们想要找到的地方,即另一半在别处。

因此,对方的体验除了恋爱的时候明显是盲目的以外,也因感受到渴望亲密关系的风险而沮丧,还会感受到在重要关系中重复失败体验的风险:另一半还有着无法理解的外国人的体验,有着保持我们身体警觉的不确定的臂膀的体验,有着在吵闹的房子里难以休息的体验。

坏的另一半(偏执体验)或想欺骗我们的另一半(边缘体验),太弱小,需要我们的帮助,不能包容我们(自恋体验),当我们重新开启信任一个重要的、有意义的接触的可能性时,填补了我们跳进去的空白,我们已经给予了这种接触建立一段亲密关系的潜力。

因此,就像罗拉·皮尔斯喜欢说的那样(参见 Bloom,2005),恐惧和风险创造了特殊的振动,这种振动是对另一半所具有的紧张的特征,这对伴侣的每一次重要互动,就好像一对夫妻的全部生活一样——我们希望——是一个有着美好结局的故事,在这个故事中,我们的重要关系路径是翻新的,我们在充分觉察中体验到我们更新并增强的与对方接触的能力,真正地看到对方,超越了被抛弃的投射,从而能保持与他/她接触的愿望。

当朱利亚娜厌倦了每天晚上等待很晚回家的卡洛时,她问他为什么非要到那个时候才回家,她担心她对他来说并不重要(就像她的母亲——或者她自己——对她的父亲来说并不重要一样),她的愿望——她的"朝向未来的此时"——是想让他明白她想帮助他,想成为"成年人"和对他重要的人。卡洛觉得朱利亚娜的要求像是一种控制,他害怕重新回到他非常熟知的情感网中,他希望建立一种更加健康的关系,尽量不要卷入其中,而是用他用他自己的方式让朱利亚娜快乐。他害怕被控制,害怕没有自己的生活,害怕没有个人自由,他的愿望——他的"朝向未来的此时"——是双重的:让朱利亚娜开心,并且——在更深的层面上——能够把自己托付给她(因为他对他的母亲不能做到这样)。

有趣的是,我们注意到,一方的深层愿望是如何与另一方的深层愿望不谋而合的,或者更确切地说,如果得到了满足,就能让对方快乐,并且给他们自己带来深刻的改变。朱利亚娜会很乐意扮演照顾卡洛的角色,因为这样她就可以体验成为一个"成年人",不再是一个从下面抬起头看父母的小女儿,而无法改变大部分的情境。卡洛会很高兴地认为,让朱利亚娜满意的最好办法正是把自己托付给她(这是他母亲无法向他传达的)。

在他/她的多样性中,同时在他/她与我们的恐惧的交织中认识到对方的体验,这会带来对另一半的分化感知,并帮助伴侣彼此接触。与最深刻的恐惧相关联的风险感,使我们有可能与对方达成渴望已久的亲密关系。

2.3 在关系的黑暗中飞跃,并给予他者快乐

> 我停留在
> 你的臂弯里
> 品尝这段关系的
> 脆弱
>
> 第一次
> 我觉得你
> 和我所喜欢的不一样
> 这让我感觉到
> 甜蜜而充满活力的

第7章 夫妻心理治疗中朝向未来的此时

现实感

我希望不再有
不存在的东西的梦想
那是想使不存在
成为可能的东西

但和我唯一脆弱的存在
在一起是新的
失望的同时
也是真实的
脆弱里拥有
难以置信的强大

遵循重要的接触意向性需要对自体的初始解构,对一个人的确定性的解构,以便在另一方所代表的新奇面前裸露自己。裸露的瞬间是微妙的,通常充满了过去的痛苦,也许不是有意识地感觉到,但被看作另一方消极意图的证据。留在已知的地方更为安全。虽然将对方的动机(重新)认知为他/她反应的典型方式,而不是与缺乏理解或对我们缺乏兴趣联系起来,但是我们依然无法迈出新的一步:例如,当我们意识到已经冒犯了对方时却不道歉,尽管我们知道微笑能够解决争吵但我们不微笑,总之,我们仍然留在旧的行为模式里,尽管事实上我们对另一方的看法已经改变,而这仅仅是因为害怕改变。

这可能是在长期夫妻生活里的典型体验,在他们身上,觉得未被理解的习惯被"包裹着",尽管他们在一起生活时已经发展出了良好的习惯，但依然保留着没有回家的悲伤，以及不能在共同的背景下分享他们的赤身裸体而带来的悲伤，在这种背景下一个人可以看和被看，而不用害怕被嘲笑或被阻止。

在这个体验维度上，扮演的能力是一个重要的组成部分。在这对夫妻戏剧性的体验中，无情地坚持期待对方实现情感上的梦想，这并不能让他们感觉更好。只有游戏中不合逻辑的飞跃，把问题暂时搁置一边去做别的事情，就像它不存在一样地生活，才是与他者相处的深刻的人类智慧，就像戏剧不存在一样，欢笑是因为我们用这种方式展望从现在就可以开始的未来。

卡洛可以带着一捧玫瑰花回家，欣赏地看见朱利亚娜眼睛里的感情，而不用期待更多。在遇见卡洛的珍贵时刻，朱利亚娜可以告诉他，她知道他为他们的关系所做的一切，例如，他工作是为了创建他们的未来，他是想念她的，愿意为她做任何事，但他害怕她的控制，这就是他不向她敞开心扉的原因。

有时候，争吵是克服关系空虚带来的焦虑的最著名的方法："把在我们之间所有提醒我注意伤口和理想伴侣的东西都扫掉，这个理想是我寻找你的原因，是我希望接触另一个人，就像我从未接触过任何人一样的原因，如果我这样做，我就让你——一个我不认识的人出现在我面前。我要让你幸福，我要把快乐带给你自己，而不是我想象中的你。"

这可能看起来很奇怪，但许多夫妻发现亲密难以忍受，正是因为这种"裸露"的关系而感到痛苦。

3. 夫妻格式塔治疗的一个模型

格式塔治疗师有一种特殊的取向去与夫妻工作：他/她相信治疗的目的不是为了支持家庭中的社会生活规则而牺牲个体的欲望，而是恢复自发的创造力，这是每一种重要关系的特征。格式塔夫妻治疗师的目标不是让夫妻不吵架，而是使他们能够享受自己，感觉有活力，是完整的，在他们关系的接触边界上有创造力。这可能意味着有冲突的时候，因对方的行为而经历受伤的痛苦，这也可能意味着感觉到对方不接受自己所经历的羞辱，但确实是在实现预先假定的与对方建立亲密关系的目的，勇于向对方表达自己，而不是提前平息冲突（Perls，1942）。

所有对夫妻工作过并撰写过夫妻治疗著作的格式塔治疗师[1]，除了他们模型的具体性质之外，都同意一个基本的程序，这使得支持夫妻已经做得很好的事情成为可能。根据已经阐明的认识论原则，心理治疗师对寻找无效的东西不感兴趣，而是支持程序性的资源，这些资源是伴侣们在接触边界上进行创造性调整的方式中自发地显现出来的。有一部分当前的格式塔文献（例如 Lee，2008）试图通过提供具体的语言来帮助夫妻以积极的、具有创造性的方式理解他们之间正在发生的事情。

---

[1] 主要是克利夫兰学院的重要倡导者们，在那里索尼娅·尼维斯和约瑟夫·辛克创建了亲密系统学系，参见 Lee (2008); Lynch and Zinker (1982); Lynch and Lynch (2000; 2003); Melnick and March Nevis (1987a; 1987b; 2003); Wheeler and Backman (1994); Zinker (1994); Zinker and Nevis (1987); Zinker and Cardoso Zinker (2001)。

在这个理论和方法论的背景基础上,我自己开发了一个模型,与注释中所提到的这些人一样,都支持伴侣们已经在做的彼此接触,而在解读这对夫妻的体验上与他们有所不同,那是基于上面所阐述的三个体验维度。在认识论的取向上,我在这里简要介绍的这个模型(我打算在未来出版的著作中更全面地加以阐述),将格式塔治疗师的兴趣重点置于支持伴侣之间自发的接触意向性,它在两个构成直角的程序维度上诊断阅读和治疗计划相互搭配:共时性维度,包括夫妻治疗中确定朝向未来的此时的指导时刻;历时性维度,它构成了夫妻在治疗中所抵达的体验背景。

3.1 模型的设置

在介绍模型时,我必须详细说明,我总是让一对夫妻坐在两把完全相同的旋转椅子上,可以360度旋转,而我坐在一把非旋转椅子上。这样的设置使得互动的夫妻与带着关注和兴趣进行观察的治疗师之间有了明显的区别。在没有转椅的情况下,夫妻俩的座位可以面对面,这样这对伴侣就能看着对方,而不是看着治疗师。在整个治疗过程中,这对伴侣被邀请彼此互动,只有在寻求帮助时才对治疗师讲话。正如索尼娅·尼维斯曾教过我的,治疗师看着互动中的夫妻,就如同看一场乒乓球比赛或电影院屏幕(向后斜靠在椅子上),只有当他/她觉得有必要支持接触过程或这对夫妻自己要求这么做时才会干预。

3.2 模型的指导时刻:共时性维度

每一个与夫妻工作的格式塔模型都专注于此时此地夫妻和治疗师之间的会面,并且必须开发一张地图,这样治疗师才能从他们的要求和他们丰富的互动所代表的领域中寻找到方向。根据以上所阐述的三个体验维度，我们可以确定治疗师与夫妻一起采取的步骤，通过认识到彼此的接触意向性，帮助伴侣在他们"在一起"的自发性中重新发现自己。

我已经确定了四个步骤，作为一张地图的治疗途径，其范围从这对夫妻的决策过程，到对他们保持夫妻关系的"聪明才智"，以及他们能在一起和睦相处的认可，再到要求对方做出具体的行为以让他/她感觉更好一点的风险，最后到对对方的爱显露出来，这份爱通常被羞耻感和害怕再次受伤所掩盖。

以下是这个模型的步骤。

3.2.1 第一步："我们为什么在这里"

初次见面彼此介绍之后，当这对夫妻在椅子上坐下时，治疗师问："你们决定今天想和我谈什么了吗？"一般来说，夫妻双方都已经准备好提出自己对这个问题的看法，他们会看着对方，发现自己并没有准备好，然后回答："没有。"治疗师说："那么你们能在我面前，就你们想和我谈的话题达成一个协议吗？在你们自己之间去谈论，而不是对我说。"

这对夫妻这样做了。重要的是，治疗师不能被伴侣一方或双方试图避免看对方或避免与对方互动的任何尝试所引诱：这个第一步向治疗师传达的信息，以及这种情境所成功创建的气氛，是应用这个模型的基础。治疗师观察夫妻用来回应治疗师要求的决策过程。有的夫妻一方提出建议，而另一方毫不犹豫地接受；有的夫妻无法达成一致；有的夫妻经过协商后达成了一致；等等。

治疗师把他/她所观察到的传达给这对夫妻。例如："这样的方式总是会在你们之间发生吗？一个提出提议，另一个表示同意。"治疗师的程序性观察对伴侣的影响是，让他们觉得自己的内心深处被看见了：这个治疗师能看到真实的事情。他/她是如何做到的呢？因此，这对夫妻对这个治疗师更有好感了，这个治疗师似乎是一个能看到本质的人，他/她不允许自己被夫妻的指责或混乱的沟通所欺骗或迷惑。

可能会发生夫妻俩都"已准备好"的情况。对这个问题："你们决定想和我谈什么了吗？"他们回答："决定好了。"治疗师："好，我看到你们在我们将要做的工作中已经有很好的定位。你们能在这里当着我的面告诉对方你们想谈什么吗？"

这一步，除了"设置"气氛和聚焦于治疗工作外，还为治疗师提供了关于夫妻俩自身功能运作方式及夫妻俩在寻求帮助的外人面前功能运作方式的基本信息。这对夫妻立即显示亲密的程度，或与此相反，捍卫隐私直到他们确信他们可以信任治疗师的那一刻，这一方面在一定程度上取决于他们所属的文化，另一方面在一定程度上取决于这对夫妻的风格，还在一定程度上取决于他们与这个特定治疗师共同创造的接触边界。例如，谁决定吃什么的主题就是内容，与过程相同但更亲密的内容（如由谁决定何时发生性关系）相比，这可能更容易被透露。

治疗师观察伴侣在互动时是否以放松的方式呼吸，他们是毫无困难地互相对看还是避免看对方，等等。这些信息有助于他/她在考虑夫妻双方的"程序性语言"和他们的资源的情况下设置干预。

3.2.2 第二步："作为夫妻我们有一个背景"

治疗师抓住前面一步，要求夫妻俩找出两到三件他们可以一起做得很好的事情。例如："所以，当你们必须做出某个决定时，就会发生与这里类似的情况：夫人你提出建议，你（对着丈夫说）通常接受。"（或者："在家里，你们通常会达成一个协议，而在这里，在这种情境下，你们不会以同样的确定性与和谐行事。"）"好吧，现在能找到两到三件作为夫妻你们可以一起做得很好的事情吗？"

当这对夫妻被邀请去找到这些事情时，他们互相看了看对方。一般来说，与人们可能认为的夫妻俩是在呈现一场危机相反，伴侣们确实最起码能成功地找到一件他们可以一起做得很好的事情。例如，"我们可以很好地在一起购物"，或者"我们能很好地照顾我们的孩子"，又或者"我们可以一起在剧院玩得很开心"。这一步对治疗师来说是一个重要的诊断和预后输出，这对夫妻越是能成功地识别功能运作良好的群岛，他们就有越多的资源来克服导致他们寻求帮助的问题。有时，伴侣们在他们的功能运作中找不到任何资源，似乎变得麻木，对令人满意的功能的可能性不感兴趣。这使这个任务变得困难，并且隐藏着这对伴侣非常痛苦的体验。在这种情况下，治疗师可能会让他们找到作为夫妻在过去能够一起做得很好的几件事情。这使得所有夫妻都有可能完成这项任务，并赋予他们作为夫妻的意义，即使这是指在过去的时刻。

恰恰在他们寻求帮助的沮丧时刻，夫妻俩体验到自发地做了一些事情来更好地发挥功能，这是一种很大的支持。对他们来说，这构成了一起调频到被视为理所当然的夫妻接触的背景，依靠着这样的体验背景的确定性，即使只是在过去，也能使亲密关系成为可能。

因此，这一步会使伴侣倾向于倾听对方的积极意向性，超越认为他/她缺乏接纳而感知到的恐惧。如此一来，他们已经为下一步做好了准备。

3.2.3 第三步："我想让你……"

一旦氛围和观点发生重要的改变（"我来这里不是为了指责你或证明自己是对的，而是为了更好地了解你"），达到第二步就有了可能，第三阶段包括带出一种特殊的——不同于往常的——伴侣双方都希望对方做出的行为。这一时刻对于夫妻的治疗干预来说是非常关键的，因为双方都得到帮助，在对方的行为中分化出决定该行为的意向性，将其与在他/她身上造成的伤口区分开来。

假设一方在治疗中说：

>妻子：当我听到他提高嗓门和儿子说话的时候，我的胃就疼了，我记得以前我爸经常骂我，他好像也是这样说话的。
>
>治疗师：看着他，去重新创建那一刻。试着聚焦于你的胃痛，但看着他。你注意到了什么？
>
>妻子（看着她的丈夫）：好有趣，过了一会儿，我的胃痛降到了最低点，我看到他绝望地看着我，因为他在让我们的儿子明白一些重要的事情时感到了孤独。我感觉他在拼命地向我求助。
>
>治疗师：你能告诉他吗？
>
>妻子（对着丈夫）：当我看着你的时候，你让我感到绝望，我再也不会胃痛了。我知道你不是在施加暴力，而是想要作为母亲的我的帮助。
>
>丈夫（对着妻子）：你终于明白了！我当然想要你的帮助，我相信你，让我绝望的是你看都不看我，你说你胃痛，好像要离开我似的。我需要你。

第7章 夫妻心理治疗中朝向未来的此时

有时，在对方的意向性与自己的恐惧之间做出这样的区分意味着训练伴侣使用一种双方提议的语言，来代替指责。例如："我本来希望你问我在你离开时我的感觉如何"，或者"事实上我并不讨厌你在工作中得到满足，尽管这意味着我们在一起的时间可能比我希望的要少。我为你感到骄傲，为你所做的工作感到骄傲。我希望你能不时地问我过得怎么样，因为那样会让我觉得你对我感兴趣"。

在有些个案中，夫妻双方以一种指责的风格展现自己，通过聚集于对方的错误而不是他们想要什么来进行沟通，此时有必要抓住失望的期待并支持它，使之转化为愿望的体现，而不是指责的沟通（Satir，1999）。

下面是一个例子：

伴侣1：你从来没有在家里做过一件事。

（伴侣2坐在椅子上变得僵硬。）

治疗师（对着伴侣1）：你能告诉你的伴侣当你这样说话时的感受吗？

伴侣1：生气，非常生气，因为他看到我像个黑影一样在房间里干活儿，一件事情也不做。

伴侣2（对着治疗师）：你一开口，我就说。

治疗师（对着伴侣1）：你希望他做什么呢？你能说出三件具体的事吗？

例如，铺好桌子，晚上给孩子们洗澡，在你打扫厨房的时候哄他们到床上去。看着他，直接告诉他。

伴侣1（困难地看着他，保持僵硬，然后对着治疗师）：那有什么用，他永远不会做的。

治疗师（对着伴侣1）：请你做个深呼吸，感受一下你身体的感觉，好吗？现在看着他，继续保持呼吸，感受来自你身体的力量，感觉你是一个与众不同的人，感觉你不再依赖他了……现在告诉他你想要什么。

伴侣1（深呼吸，看起来更安全，更分化）：我想要你在我晚饭后收拾的时候给孩子们洗澡，哄他们上床睡觉。

在这一点上，他可以根据自己的观点自由地回应伴侣，因为他没有被她的指责逼得走投无路。这种沟通策略是很重要的，因为它允许每个伴侣调频到对方的接触意向性上：对方的"抱怨"，一开始觉得是一种指控，现在理解为一个接触愿望，是为了被接纳，为了被认为是能够接纳对方的。

3.2.4 第四步："我想让你知道我……"

伴侣们学习第三步的沟通策略并选择它，觉察到它在他们（重新）认识对方的能力中所产生的积极影响，超越他们的恐惧，此时，第四步是关注自己和对方的接触意向性，从而在互惠的背景上去建立关系，而不是在个体封闭的背景下去建立。他者不是在我们身边来治愈我们的旧创伤，而是创造一种新的关系。

这种接受新奇的视角使得人们有可能放弃治愈自己的旧创伤，矛盾的是，这让我们看待它们所有不同。首先，我们必须接纳对方并不是我们为自己构建的理想人物，不是我们的旧创伤硬币的另一面。这样，伴侣们就能彼此感知到事实上另一半为这段关系、为对方做了什么，从根本上改变觉得对方不欢迎、不感兴趣的先前感知，还有对自己的感知，即觉得他/她自己变得无关紧要，无法体验渴望已久的归属感。这是一种革命性的感知改变。

在这个步骤中，治疗师支持伴侣彼此接触的自发性，进行在黑暗中的一次飞跃。他们双方都有可能将自己困在自己的痛苦中，或者将自己托付给与对方接触的新奇。这是一个保持自我中心态度的问题，知道关于对方的一切，顺从于不可能的改变，或者……笑着，把自己投入对方的创伤中，而不再担心他/她自己的伤口。

3.3 运用指导时刻

这里所描述的所有步骤在每一次单独的治疗中都应该遵循，在第一次治疗和随后的所有治疗中皆如此。它们聚焦于夫妻的三个体验方面，治疗师可以诊断出对某一对夫妻来说，这三个方面中哪一个方面最需要支持。除了对治疗工作的指导时刻外，这三个步骤也是夫妻诊断和治疗的参考点。

3.4 考虑这对夫妇在治疗干预中的发展：历时性维度

对一对夫妻的任何治疗干预都要置于他们正在经历的生命周期的那一刻去进行。在许多确定一对夫妻生命周期阶段的方法中（参见图3），如果我们考虑到主要接触方式的标准（参见Spagnuolo Lobb，1987），我们就可以确定：融合的时间，即坠入爱河的时间，在这段时间里缺乏对边界的感知（坠入爱河的失明），以保证夫妻关系的"稳固"；内摄的时间，在这段时间里，接触根本上由内隐和外显规则来调节，这些规则以某种方式设置着夫妻关系，并给予个体在他们的个性里得到成长的可能性；投射的时间，在这段时间里，两人攻击彼此的确定性，以便在他们的多样性中认出他们自己/彼此；内转的时间，在这段时间里——每个人都感到他/她的独立的可靠性——他们成功地生活在不需要对方之中；完全接触的时间，在这段时间里，他们意识到自己既可以独自生活，也可以与对方一起生活，他们可以重新决定与这个"外人"相处。

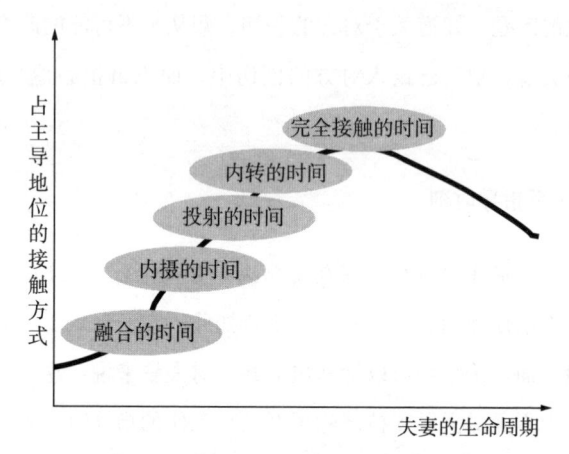

图 3　接触模式和夫妻的历时性维度

4. 寻求帮助和社会价值

来接受治疗的夫妻在某种程度上体验着接触意向性的失败，这是一个特定阶段的特征。

随着社会趋势的发展，有趣的假设是，夫妻俩接受治疗的时间会有所改变。在这个自恋的社会里，过分自信是占主导地位的价值观，夫妻在经过了令人满意的 10 年共同生活后开始接受治疗，目的是为了更好地体验单个夫妻成员的独立。在这个边缘型社会里，寻找自己稳定身份的需求占据了主导地位，夫妻在 10 年共同生活之前就开始接受治疗，带着与伴侣分享的意图，不想感觉到被对方欺骗或威胁。在这个液态社会里，人们寻求自己身体的自体感，夫妻很早以前就接受了治疗，在同居几年或几个月之后，为了在接触中去感受对他者的情感和自体的完全存在，为了在与伴侣的接触中去感受他/她自己的边界。

夫妻在生命周期阶段中发现自己，根据不同阶段，治疗师能够以适当的形式给予适当的支持。他/她将分别专注于建立被认为是理所当然的确定性（第二步），将两个人各自的伤口与对方的接触意向性区分开来（第三步），或者以他/她自己"裸露"的存在去接近对方（第四步）。

5. 临床案例："自恋者的舞蹈"

以下只是众多可能的例子中的一个，描述了一对夫妻在内转时段里的治疗支持。

这对成问题的夫妻很有钱，他们是离婚后的重组家庭，现在的核心家庭成员是5个人，2个女儿是妻子上一次婚姻带来的，1个儿子是丈夫上一次婚姻带来的。这对夫妻正在考虑是否再要一个孩子，来接受心理治疗是想了解他们是否幸福。他们知道他们所经历的许多体验在某种程度上加强了他们的结合，但在他们的共同感知中，有些东西仍然没有被揭露出来，这使他们感到不安。

从最初的第一次治疗开始，很明显，对于这对夫妻中的两个人来说，要区分与对方接触的意向性和自己的恐惧是非常困难的。

他：我希望你能在工作上取得成功，因为如果你快乐，我就快乐。

她：你似乎对我不够诚实，你得告诉我，我能为你做什么。

很明显，如果一方发送给对方的明确信息是"如果你快乐，我就快乐"，那么隐含的信息是："但我怀疑我能否让你快乐。"他们俩说的是同一件事，因此他们交织在这个自恋的游戏中，在其中双方都不去冒险把自己托付给对方，在自己的限度内裸露地展示自己。就好像他们每个人都在说："我缺少一些东西，但我不能要求你去填补这部分空虚，因为我害怕当你看到我不是你所希望的那样时，你就会离开。"自恋的恐惧是，失去对方被证明是脆弱的，是一种"虚张声势"。因此，每个人都发展出总是帮助对方的能力，否认他/她自己得到帮助的可能性。理想的自体是巨大的，真实的自体是未知的。

治疗师（对着他）：你能问你的伴侣一些具体的事情吗？
他：我希望你做爱时更有想象力。

这是相当一般的，但她能理解，然后她的脸变暗了，她说："我在想，在什么方面我没有想象力。"

她认为他的欲望是一种"责备"，她没有把他的需要与之联系起来，而是抓住机会把它与她自己的行为联系起来，认为这是她的一种不合格。理想的自体感受到了压力，在这种要求面前不可能展现真实的自体（"我很高兴你想让我更自由"）。

看到她的脸色变暗，他后悔为他自己向她要什么东西，他认为他不能让自己跟着她走，否则他将会失去她。

我让她回答他，打破那种必须从他的需要来拥有某种特定方式的感觉，把他的欲望看作对她的评价，但只是作为他的一种欲望。她成功地这样做了，对他说："我真的不喜欢你所说的，我喜欢你想和我一起玩的事实，我觉得更轻松。"

这是一种音乐，能让两个人以内转的、自恋的方式走到一起。只要他们都能感受到来自对方需求的评价（既然你想要的东西我不给你，那就意味着我没能理解你），他们又回到了把他们分开的游戏中。如果他们能够轻松地照顾彼此，将自己从必须神奇地凭直觉去感知对方的感觉中解放出来，并因此像正常人那样接受自己和对方的脆弱，那么，他们就有可能走到一起。

他说：我通常把你的需要放在第一位，我自己的放在第二位。（他是在敞开心扉的时候说这番话的。）

她说：我很难相信你（因为她感觉不到"被触及"，她认为他是一个只看到他自己的孩子）。但如果我决定相信你，我感到很幸运和你在一起，你会为我做任何事。

我解释说，只要两个人中的一个认为对方较弱，需要帮助（"如果你快乐，我就快乐……"），这对夫妻就会陷入僵局，既无法触及对方，也无法被对方触及，演奏着同样的熟悉的老音乐。如果他们彼此信任，创造一个想要的姿态，但没有明显的逻辑证据，一切就都改变了：生活变成了一场他们一直想去体验的冒险，从过去的经验中获得的力量采取着正确的形式，为的是去触及对方和被对方所触及。

6. 结论

对我来说，夫妻设置是有趣的，比心理治疗中的其他研究更吸引人，或许是因为夫妻的动力学让我想起两人之间的关系，既有相同，也有不同，与他者在一起，这是人类体验中最令人不安的现实。

夫妻的戏剧再现了被重要的另一半认可的戏剧，这种体验是每一种身份认同感的基础，也是生活快乐的基础。

我着迷于创造性调整，每对夫妻都能成功地找到它，以面对由作为新奇的对方所带来的不确定性。不顾恐惧去继续冒险的盲目热情并不只存在于坠入爱河的阶段，这不仅关系到这段婚姻能持续多久，而且关系到夫妻所面对的整个生活的精神。度过危机，看着魔鬼的脸——这个隐喻的魔鬼就在对方身上——夫妻体验的磨难是必要的，对于双方来说，那是他们具有深远意义的成长的路径，是对个人的痛苦的关系故事的感知和对伴侣体验感知的改变。

以下文字摘自安托万·德·圣埃克苏佩里2003年出版的《小王子》：

> 小王子对玫瑰花说："你们很美，但你们是空虚的。没有人能为你们去死。当然啰，我的那朵玫瑰花，一个普通的过路人以为她和你们一样。可是，她单独一朵就比你们全体更重要，因为她是我浇灌的。因为她是放在花罩中的。因为

第7章　夫妻心理治疗中朝向未来的此时

她是我用屏风保护起来的。因为她身上的毛毛虫（除了为了变成蝴蝶而留下两三只以外）是我除灭的。因为我倾听过她的怨艾和自诩，甚至有时我聆听着她的沉默。因为她是我的玫瑰。"（p. 82）

实质性东西，用眼睛是看不见的［……］正因为你为你的玫瑰花费了时间，你的玫瑰才变得如此重要［……］你要对你驯服过的一切负责到底。你要对你的玫瑰负责……（p. 84）

第8章
家庭心理治疗中朝向未来的此时

1. 作为环境和作为有机体的家庭，或者作为创造性行为的求助

从出生开始，实际上从受孕开始，在原生家庭（或亲密环境）中，我们就一直在发展着我们治疗能力的基础，即共情（Righetti and Mione，2000）。正如神经科学（Gallese，2007）和婴儿研究（Stern，2010；Stern *et al.*，2000）已经广泛证明的，我们凭直觉就能知道他者有意的移动，并以这样一种方式行动，以便它们能与我们自己的移动一起进行。我们调整的创造性恰恰在于就这样不断地看到新的、可能的形式，以使我们向着重要他人移动，并可以被他/她"抓住"，就像排球比赛中的球一样。

丹尼尔·斯特恩（Stern，1985）解释了孩子的**主体间能力**[①]是

[①] 这是一种内在地代表他者的能力，甚至在他/她对我们的了解中——在实践中和关系中的人说："我知道你知道"，"我知道你知道我知道"，等等。这样说的能力在格式塔认识论中，变成了："我觉得你感觉到了"，"我觉得你感觉到了我所感觉到的"，等等。

如何一出生就发展的：主体间岛屿在母亲与孩子之间（或在孩子与父亲之间，又或在孩子与一般的人类环境之间），构成了自体形成的主要场所——这是我们每个人存在于这个世界的方式。主体间能力为儿童提供了亲密体验的背景。"我知道你知道我知道"不仅仅是一种认知了解，也是一种总体体验，是健康的融合和分离的总体体验，是难以用言语形容的，在此基础上建立个人的安全感、接受新奇的灵活性和接触的自发性，总之，是建立亲密的能力和对环境的创造性调整。

所以我们的大脑通过直觉感知他人的意图来工作。因此，孩子的关系是智能而结构化的，是对照顾者的"治疗性"依恋：孩子知道重要成年人的愿望并结构化他/她自己的"在一起"的方式以"解决"成年人的愿望，成年人的需求越多，孩子就越是必须把他/她自己的需求和愿望放进"括弧里"。孩子行为的这种"治疗性"倾向是正常的，它是与照顾者相互调整的一部分（Tronick，1989），孩子总是倾向于解决环境（人类的和非人类的）问题，这是他/她的生存本能的一部分。正如埃德·林奇和芭芭拉·林奇（Ed and Barbara Lynch，2003）所写的，这就是为什么孩子是家庭中最有创造力、最有融合性的成员。

因此，家庭是我们天然的心理治疗学校，是我们学习理解他人的场所，是我们培养或多或少地关心他人态度的地方[①]。很明显，儿童（或家庭其他成员）创造性地适应家庭环境变化的尝试越少被认识到，在他/她的关系中产生的痛苦就会越多。对格式

[①] 一些研究儿童的学者已经开发出诊断工具来追踪成年人依恋的动力学：Dazzi（2006），Steele（2008）；也特别提到了怀孕期（Ammaniti，1992；Ammaniti *et al.*，1995）。

塔治疗来说，家庭关系的痛苦往往取决于家庭成员接触意向性的克制[1]。在家庭成员中，特别是在孩子们中，接触紧张的不被承认会导致自体感的丧失（对格式塔治疗而言，自体是创建接触，自体是在接触被创建的，参见第2章）：一个人在他存在的定向性中不承认自己。一个人对他者生命活力的缺乏承认，会导致接触边界的去敏化。如果一个人不与整个自体接触，就不可能在他者中去觉察（和同化）差异。

这是家庭关系格式塔观点的基础。

家庭，尤其是孩子们所体验的痛苦（Andolfi，1977）可能是毁灭性的。家庭可能显示出它自己是一个拯救和创造性的岛屿，或者是一个地狱般的地带。参考大量关于家庭关系的文献（在许多手册中，我想举几个例子：Andolfi，2003；Gurman and Kniskern，1995；Piercy，Sprenkle，1986），在这里，我想强调的是，两个家庭子系统（父母的和子女的）通过不同的角色交织在一起，发展出了照顾/被照顾的主题，这是家庭的目的。在家庭的整体格式塔中，父母并不总是父母，孩子也不总是孩子，然而，最终还是如鲍恩（Bowen，1980）所主张的那样，维持健康的是家庭成员赋予自己个性（成为个体）的可能性，在格式塔语言中可以翻译为实现接触的意向性，即允许自体个性化的关系过程。

这是作为环境的家庭，是作为人类有机体的家庭成员生活的

---

[1] 意向性不应与意图混淆。意向性是激发和激励行为的因素，对于格式塔治疗来说，在接触的动机中下降了。接触意向性有点像一个超协同的动机系统：我们总是倾向于去接触，这构成了理解任何行为的超协同框架。因此，我们不能说家庭中有一个成员可能有接近或后撤的意向性，有被人看见或不被人看见的意向性。这些情绪问题是建立接触的意图。例如，"我想让你看不见我"，这是一个孩子为了避免给过度焦虑的母亲增添麻烦的意图，而可能会形成的接触意向性。

一个场所，在这里学习"在一起"的模式，在这里接近他者的意向性可能会被看到、被欣赏，也可能会被抑制，直到造成无法忍受的痛苦，在某些情境下，这种痛苦带着家庭进入治疗。

在这一点上，家庭也是一个单一的有机体，它通过接受治疗来寻求来自环境的帮助[1]，它在它的整体格式塔里向治疗师展示自己，就像一段跑调的旋律在寻求它的和谐，这样所有的成员都可以演奏他们自己的音乐，创造一个和谐的家庭格式塔。

家庭失调通常会从家庭生命周期的角度进行解读（参见 Malagoli Togliatti and Lubrano Lavadera，2002），即从一个成长阶段过渡到另一个成长阶段，求助于治疗意味着家庭无法自动重组新的角色和关系安排。但是，从一种条件过渡到另一种条件，可能不仅是因为家庭成员的自然成长（这决定了发展阶段），而且是因为创伤事实（丧亲之痛、意外事故、分居、经济不景气等）或重要的变化（搬家、新婴儿的出生、父/母新伴侣的到来等）。在造成痛苦的变化的背景下去解读家庭不安是非常重要的。

然而，我认为，为了准确地回应对治疗的要求，并保持忠于此时此地的现象学认识论，有必要考虑过程和情境的一个重要变量[2]，也就是决定接受治疗的结构。超越家庭在特定发展阶段（例如，第一个孩子的青春前期、子女开始上小学或上大学）或创伤性或解构性情境下（例如，父母一方的死亡或父母之间的严重夫妻危机）所感知到的不安，也可以把家庭决定接受治疗的方

---

[1] 显然这并不是唯一的案例，在该案例中家庭成为关于环境的独特的有机体：当这个团体参加社会活动时也是如此，但接受治疗要求家庭作为一个整体集中精力，因此是一种享有特权的条件，在这里团体出现在其"格式塔性"（Gestalticity）之中。
[2] 也参见在第3章格式塔发展概念中所谈到的内容。

式看作其自身的一种创造性行为,这意味着扩大了对改变的开放。如果在生命周期或创伤情境中的搭配告诉我们作为环境的家庭的痛苦(例如,父亲以什么方式对他青春前期孩子的成长没有自发的感觉),那么请求帮助的体验则告诉我们家庭作为一个有机体向前发展所必需的支持(为了放松接触边界,那个父亲需要什么?那个孩子需要什么才能让他/她想做什么就做什么?)。换句话说,一个人接受治疗的时间有:(1)他/她发现他/她自己处于一个困难的情境中;(2)当他/她决定寻求帮助时。第二种条件与第一种条件(通常不会得到应有的关注)一样是不可或缺的,它指导着格式塔干预。在这个选择中隐含着向治疗师打开自己,这是必须考虑的一个重要因素。

使家庭接受治疗的困难情境具体表现在某些特定的事实中:一个成员在家庭中得不到安慰而遭受的痛苦(例如,他/她患有抑郁症),或一个成员的行为不能得到家庭的承认(例如,他/她酗酒),或高度紧张地面对一项家庭无法控制其社会责任的任务(例如在后面一节治疗中所描述的,当子女必须去上学的时候,或者在爸爸妈妈应该去上班的时候,这个家庭无法成功地遵守时间)。总之,接受治疗是由整个家庭在面对特定事实时的相关痛苦的背景所决定的,我们可以把它放在从一个阶段过渡到另一个阶段的发展脉络中,或者放在创伤性事件引起的破坏中。在整个家庭遭受苦难的背景下,浮现出得到家庭以外的某个人所承认的信任,这个人能允许每个成员在其他人面前做自己。正是对一个局外人开放的信任决定了他们去接受治疗,这是因为复杂的因素而做出的决定,我们可以把它定义为现象学意义上的"给予"。所改变的是对关系不安的看法,以及对可能得到局外人帮助的信任。家庭有困难的时候就是到了去接受治疗的时候,因为它感知到了能够走出僵局的"机会"。这个家庭与治疗师的接触方式本身就包含了对特定支持的要求。格式塔治疗师必须看到这一点，好像这是个"美学"因素，是家庭体验本身的结构所固有的，而不是在对成熟过程的评估上。

格式塔家庭治疗既不以症状为中心，也不以家庭正在经历的发展阶段为中心，而是以寻求环境帮助的创造性行动为中心。

在介绍格式塔家庭工作的认识论原则之前，我将展示我所定义的在我们的社会中家庭关系痛苦的新范式，同时也会提供一个临床例子。然后我将描述设置选择、诊断和家庭干预的格式塔标准。在结论部分，以一次家庭治疗为例，我将提出一个四阶段干预模式。

2. 家庭关系治疗的新范式

在定义什么是格式塔治疗与家庭工作的具体特性之前，重要的是去确定我们今天治疗的是什么。也就是说，家庭关系中的不安是什么，与50年前家庭心理疗法和格式塔治疗兴起时的情况已迥然不同了。

家庭运动诞生于心理治疗师对个体观点的不满。格雷戈里·贝特森（Gregory Bateson，1973）关于精神障碍从一个家庭成员"迁移"到另一个家庭成员的观察，在20世纪40年代标志着一种新的心理学视角：生态的、整体论的、格式塔的、关系的、场的、系统的。每一种认识论的参考框架在事实上什么是文化发展这方面都用自己的语言来加以阐明：需要把个体的观点放在一边，去关注关系。

人们对关系的广泛兴趣——从物理学到哲学和艺术的所有文化场都很明显——这是从 20 世纪 50 年代典型的主体体验的文化稳定心态背景中产生的。临床干预的价值始终围绕着对与他者分离或与参考系统分离的支持。例如，在家庭治疗中，他们谈到了以脱离系统的必要性——首先是青少年，但也包括"还没有长大多少"的成年人——作为治疗目标，将解决家庭带到治疗里来的压力。简而言之，家庭问题的解决之道，基本上是在个体从参考系统的分离中被发现的，是在他/她自由的、具有创造性的个性化中，而不是在控制和/或混乱的大众化中被发现的。这一观点被所有的心理治疗取向所共享，包括格式塔治疗（参见下一节）。

今天我们必须认识到——尽管具有创造性的个性化对个体和关系的健康发展仍然具有普遍认可的价值——当代社会的治疗目标不再是断奶或个体化，而是归属，是扎根，是"在一起"的深刻感觉。

在今天的家庭关系中，所缺失的是为家庭成员建立安全网的感觉的可能性，即感知到的在场，知道对方"就是家"，即使只是以一种操纵的、咄咄逼人的方式存在，无论如何也都是在场的。换句话说，如果多年前，家庭心理治疗必须以支持脱离阻碍关系为中心，那么今天，它必须以建立迄今为止不存在的关系为中心。

今天的家庭面临着另一种不同的困境：子女成为毒品和其他制造依赖的物质的受害者，饮食失调的临床表现在身体失去与自然接触的各种症状中越来越多地被发现，焦虑障碍和自我疏离感（或抑郁症），这是由于缺乏关系而产生的极度孤独的戏剧性表现，而不是源自将自己从关系中分化出来的需要。

这是家庭关系的新现实，每一种取向都必须考虑到在临床实践中所涉及的变化的需要。对待有严重依赖性疾病的家庭就像对待一个不允许后代断奶的家庭一样,这是我们不能允许我们自己犯的临床错误。

在20世纪70年代和80年代年轻人的萎靡不振中,情况有所不同:毒品是年轻人的人造天堂,在那里他们躲避着与父母的冲突体验,相比之下,他们获得了社交上的满足,实现了以自体为中心。这些父母有着精神上的自恋文化,他们假装自己的子女达到了上帝后裔所应达到的完美境界,并避免了通过必要的人类接受去经历他们的脆弱。在这样的社会背景下,支持年轻人从严重的束缚中独立出来是正确的。但是今天的年轻毒瘾者,甚至在无法摆脱家庭之前,就遭受着身体去敏化的痛苦,这保护他们免受因缺乏关系约束而产生的焦虑(参见导论)。使用有毒物质不会让他们觉得自己有能力独立,而是为了寻找对自己身体的感觉,去感觉自己是活生生的人(尽管使用毒品的悲剧结局是麻醉或死亡)。针对成瘾问题的家庭临床治疗——或针对年轻人不适的其他流行病学问题——应该从身体感受和其他家庭成员在场时所激发的情绪着手,重新发现家庭成员接触中的自体。

身体的敏感化、情绪的克制和在与他者的接触边界上的完全在场——适当修改以应用于单一的临床案例——这些可以构成家庭治疗的新范式,与独立和断奶范式相反,那是家庭运动诞生的特征,也是人本主义运动的共同特点。

3. 家庭格式塔治疗

格式塔治疗是如何对家庭不适工作的?它把什么治疗目的置于家庭临床工作的中心?是什么条件使得格式塔治疗师选择家庭

设置，而不是个体或夫妻甚至团体的设置？

正如我们所知，家庭治疗诞生于反对精神分析中对潜意识的重视（参见 Bertrando and Arcelloni, 2009）。这一运动的先驱们指出，推动人们行为的不是潜意识，而是嵌入关系系统中的相关方面，其中最重要的便是家庭关系系统。作为一个系统被组成它的元素和它们之间的关系所定义（Bertalanffy, 1956），由此可见，对系统的控制是人类关系中的决定性方面之一。因此，系统运动给予心理治疗界在关系层面上扩大分析的可能性（早些时候局限于内心领域），并探讨交际循环的原因（事件先后顺序的标点符号远不能代表真理，只能在互动中向伴侣"证明"自己是对的），而非经典心理动力主题的原因（性欲的发展、俄狄浦斯、异性父/母情感上的主导地位等）。系系统理论从未充分考虑的是情绪及其在治疗干预中的应用（参见 Bertrando and Arcelloni, 2009）。

格式塔治疗也是为了克服精神分析的某些局限性而诞生的，它从各种文化驱动力出发：有一种去克服评价、解释、二分心态的需要，提出了现象学的首要地位，是体验的观点，是以感官为中心的，因此是审美的。在格式塔治疗中，我们观察家庭成员的功能运作方式，我们支持他们的接触意向性。体验的首要性进一步使格式塔家庭干预在一个倾向于与他者接触的体验统一中，能够考虑情绪、价值观、身体的感觉。因此，格式塔治疗拥有从这次治疗中所呈现的当前体验角度来看待家庭的工具，来处理在接触边界上缺乏自发性的家庭关系障碍，并支持已经存在的东西，即成员之间接触的意向性——这在个体身上减少了——或多或少实现了向彼此展示自己的方式。在这个意义上，家庭干预给格式塔治疗师提供了就地处理基本关系的可能性，并支持朝向未来的此时，这意味着家庭来接受治疗的动机。

从历史上看，与家庭工作并不是格式塔治疗的主要方式，是否选择使用家庭设置仍然取决于治疗师的判断力。然而，这种取向的认识论原则是完全符合家庭干预的。

格式塔家庭模型聚焦于对成员之间接触体验的诊断，对他们完全存在（或在接触边界上的觉察）的诊断，以及对他们彼此接触时的自发性或缺乏自发性的诊断。临床干预支持家庭成员朝向未来的此时、没有进行下去的接触意向性（与意图不同）、每个成员未完成的姿态，以及自体调节的作用所带来的家庭关系的和谐和自发性。

系统的家庭模型共同拥有格式塔认识论特征的某些方面，这使得这两种流派的融合特别容易，正如在辛克和内维斯（Zinker and Nevis，1987）及林奇和林奇（Lynch and Lynch，2000，2003）的工作中一样。事实上，这两种方法：

1. 对成员之间建立关系的过程感兴趣，而不是对内容感兴趣。症状本身隐喻地表达了一种试图化解难以忍受的紧张的关系过程。专注于过程意味着把注意力放在身体体验、非语言沟通和人际关系的语用学上。例如，在一个家庭中，7岁大的第一个孩子继发性尿床，父亲自豪地声称，在他的家庭中，民主和言论自由占主导地位，而与此同时，他不允许其他人说话。看着家庭互动的过程，我们被引导着去思考在这个家庭里有明显的事情不能说，这不可能是自发的，小男孩的尿床也许是一种隐喻，代表着整个家庭都需要让自己离开，父亲也包括在内。甚至连家庭成员坐下来的舞蹈作品也是一种非语言的沟通，体现了家庭成员之间的轻松/不安——和谁在一起感觉最轻松，和谁在一起感觉最疏远——以及一些成员对其他成员的控制。

2. 他们的注意力集中在当下。他们在既定治疗情境下工作，而不是对过去工作。正是家庭团体与治疗师（们）的在场，提供了临床证据，使其发挥作用。

3. 他们把家庭看作一个单一的"有机体"，一个格式塔，在其中所有人都在积极地合作去解决问题，这可能表现为一个图形（症状）或者可以在背景中感知到（家庭感知到一种不适，但没有具体的症状）。

4. 症状被定义为应对家庭不适的努力失败，也被定义为获得期望改变的信息。

尽管有这些类似之处，格式塔治疗依然有一些具体的认识论方面需要考虑，如现象学场的概念——这是与系统不同的概念（参见 Spagnuolo Lobb，2007d）——以及接触意向性，这是我们解读每个家庭事件的诠释学密码，是格式塔治疗师所支持和承认的，和家庭治疗师如何与婚姻工作有所不同。现象学场是通过"给予"每个成员感知，由家庭成员共同创造的接触边界的集合。接触意向性是指导格式塔治疗师诊断和干预的地图，是基于成员之间内在关系的美学标准（Francesetti and Gecele，2011）。

4. 后现代日常生活的一个例子

4.1 一位母亲的问题

这个例子与一位母亲要求向我咨询有关。我之所以选择它，是因为在我看来，它可以是一个有效的例子，在早期家庭关系中

第8章　家庭心理治疗中朝向未来的此时

建立起来的接触边界是令人不安的，是无声的去敏化，根据发展和环境条件，在或长或短的一段时间后宏观地浮现了。

在这个案例中，干预的两个层面是显而易见的：母亲与女儿关系的治疗性支持，以及对母亲与我的接触给予的支持。我在这里不考虑把家庭成员之间的接触理解为一个完整的现象学场（这些接触将成为下一个临床案例的支点），正是为了专注于二元治疗干预如何在家庭作为一个有机体上起作用，从一个既定现实（一位母亲的问题）出发，从此时此地可以改变的接触开始。

一位母亲来跟我说，对她的第二个孩子即 11 岁女儿的行为感到担忧。这个女人没有工作，孩子父亲开了一家管道公司，大部分时间都花在工作上，因为他是这家人唯一的收入来源。他在家里选择了一个边缘角色，把抚养孩子的任务都托付给了他的妻子，在我们的整个访谈中妻子没有抱怨过这一点。他们的第一个孩子是个 15 岁的男孩，他是一个沉稳的年轻人，对计算机充满热情。这个小女孩一向很不安分，她常常以各种方式发泄自己的不满，是一个无法忍受限制的棘手角色。她妈妈一直宠着她，从来不生气，凡事都心平气和地跟她解释。母亲对女儿的困难有一种波莉安娜情结[1]：无论如何，她都支持并欣赏女儿的聪明才智。碰巧这个女孩经常头痛。医学检查没有发现任何器官问题。这促使母亲去咨询心理治疗师。她说，这个女孩经常情绪紧张，对她的父母做出各种指责，其中有些很奇怪，比如不想让全家人

---

[1] 波莉安娜（Pollyanna）是埃莉诺·霍奇曼·波特（Eleanor Hodgman Porter）故事里的主角，她是一个非常乐观的孩子，总是能看到一切事物好的一面。谢弗（Schafer）用"波莉安娜否认"（Pollyannic denial）在心理学中引入这些故事中包含的隐喻，即倾向于只看到现实的积极方面，以消除消极方面。

一起旅行。简而言之，根据这位母亲的说法，似乎任何事情都可以成为批评的借口。头痛出现在有要求的时刻（做课后作业）。女孩说她不想学习，但从她说话的方式来看，她似乎想向她的母亲暗示一个问题："你想让我在学习上成功/认为我能在学习上成功吗？"

是这位母亲自己把这种感觉告诉了我，但她不知道如何向女儿说"是的"。对方的这种难以捉摸，女儿和母亲都感知到了，这是建立在关系基础上的，显然是非常积极的，是当今家庭关系的一种典型情境：不可避免地缺少对方。我问这位母亲："在接受你女儿在课后作业上可能会不及格时，你有什么困难？"她马上回答："没有。反正我女儿什么都不缺。"我说："在你回答之前，我要你把注意力放在你身体的感受上。当你看到你的女儿不能做课后作业的时候，你内心深处是什么感觉？让答案从你身体的感觉中浮现出来。"母亲反思着，呼吸着，然后回答说："我感到深深的痛苦。我想知道我没能给她的是什么。为什么她会失败？如果她失败了，我该怎么办？于是我变得很痛苦。现在我明白了，在我和她的关系中，我否认了我的这种痛苦，并且'盲目地'只看到她的聪明才智，那不是她现在需要的。我这样做只是为了不去感觉到她的不适，我不知道该如何处理。"我利用这一刻母亲给予我的启示，继续说："当你否认她的痛苦，告诉她她很聪明，她一定会成功时，你觉得你女儿会有什么感觉？"母亲："我的女儿感到她的不适不被接受，她知道我的痛苦使我盲目，所以她保护我，她什么也不说，就在我面前关闭了。我想在这一点上，她觉得自己在她的痛苦和不可能把这件事告诉任何人之间爆发了，所以她就会头痛。"

4.2 作为家庭干预伦理价值观的值得信赖的差异性

当一个父亲或母亲意识到他/她被孩子爱着甚至超过了他/她爱着那个孩子时,我总是会很感动。我相信这是宇宙在向这个人揭开谜底的时刻:尽管我们每个人对"在一起"所做出的真诚、有创造性的承诺是建立一个积极、负责任的社会的基础,但意识到这不是全部,对方比我们想象的更爱我们,这使我们的自我帖服于更加美好的东西。

在我看来,重新发现这种值得信赖的差异性的感觉,以及把我们不能做的事情托付给别人的可能性,是每一次家庭治疗干预(而且不仅仅是家庭)的基本伦理价值。

回到母亲的问题,我告诉她:"对你女儿来说,这是一个艰难的时刻,在 11 岁的时候,她有很多新的感觉,有很多事情要做。被溺爱的习惯导致她在发现课后作业的困难时拒绝做作业,也就是说,不用冒着没有成功做好作业而感到羞辱的危险。你自己说过,你的女儿有时会对你说:'我不能在全班同学面前丢脸。'"除了没有成功做好作业的痛苦,你的女儿有一个愿望,这对她的成长来说是正常的:她的头痛不会阻碍她,她可以致力于她的作业,尽管受到头痛的限制,她觉得她有能力克服她以前认为她不能克服的东西,她甚至可以把自己定义为一个对社会而言很聪明的女孩。只有当你的女儿可以向某人倾诉她对无法成功做好作业的恐惧,而不感到内疚或被评判时,这才有可能实现。你担心的感觉对你女儿来说是一种不允许她成长的束缚。如果你的女儿因为自己的努力而得到认可,那会让她觉得非常神奇,那将是令人放松地听到有人说:"我看到你真的下定决心不放弃,控制住自己,当你害怕无法完成某事时,你的头痛不会让你失败。"

这番话语使母亲相信，她找到了一个很好的解决办法，以便不从表面上去忽略女儿的不安，同时以一种理解的态度不使她陷入困境。女孩的意向性是去成长，而"成长"的意思是她尽管恐惧但依然去做，尽管她确实感到头痛，但她体验到的恐惧可能比实际情况更严重。在这种情况下，母亲能给予她的帮助包括平衡积极的态度，积极态度本身会滋养自恋的风格（对理想自体的呼吁："你做得很好，你会成功的。"），这是危险的，因为通过对社会自体调节过程的具体认识和对社会价值的意向性，它只是维持了女孩的脆弱感和真实自体的不可能揭示，其他什么也没做。

但是，今天母女之间在接触边界上的这种"启示"，必然来自身体的敏感，来自母亲在自己的身体里感觉不是一个好母亲的痛苦的追溯能力，当她看到她的女儿灰心丧气时，她就会在女儿的身体里（在她的呼吸里，在她的姿势里，在妈妈看着她时她的呼吸方式里，等等）感知到她想要成功并希望得到母亲认可的欲望。在身体去敏化的背景里，当今主要的亲密关系得以发展（参见导论），这是在父母与子女之间的关系中必须达成的"真相"：这种共同存在首先是感官的，梅洛-庞蒂（Merleau-Ponty, 1979）已经恰当地称之身体间性（intercorporeality）。

4.3 当今家庭关系日常生活中的风险

也许，在上面的例子中，母亲与女儿之间的缺乏理解也得到了对父母内部某种冲突的否认的支持或伴随，或者得到在我所给出的描述里没有明显表现的家庭动力的支持或伴随，当然，应该考虑母女接触得以出现的更广泛的关系背景。除了这一点，这个例子清楚地表达了当今家庭关系日常生活深刻的一个方面。在他们身上,危险暗示着一种令人痛苦的孤独,这是年轻人体验的特点,随后导致如上所述的临床表现。今天,在这个充满不确定性的液态社会里,作为自恋社会果实的成年人,习惯了独处,这让他们从受阻的关系中作为个体而浮现,受到挑战而冒着自我失败感的风险,重新沉浸在与子女的关系中("我是一个无能的家长")。只有这种具体的存在才能给他们一个真正接触的空间,一种"家"的感觉,这与理想自体的严格要求有很大的不同,理想自体的严格要求只是把它们从感觉的具体性中移开。

5. 对家庭诊断和干预的格式塔标准

5.1 设置的选择

有必要花几句话谈谈治疗师对设置的选择。根据格式塔治疗,什么时候见家庭是可取的?什么时候选择个体设置或夫妻设置更好?

第一个重要的有利信号是一个要求中包含着未成年人的不安。当父母因为子女的问题(真实的或假想的)而请求帮助时,家庭设置是必要的,因为很显然存在着代际关系上的痛苦,所以家庭中的两代人都必须得到帮助。根据治疗师的具体风格,家庭设置可能与孩子设置相关联。有治疗师发展出一种儿童干预模式(Oaklander, 1978;Mortola, 2006),然而,这与家庭设置的贡献有关,通常由其他治疗师来实施。选择家庭设置意味着对家庭作为现象学单元的信任,如果这种不安在家庭中被感知到,那么这个现象学场——不安在这个场中得到揭示——本身就有能力去应对它：那里有内转的能量，有造成不安的没有表达的接触意向性。就在此时此地，治疗师帮助家庭成员允许这些接触的能量朝着他们的目的去发展。

采用家庭设置的另一个重要原因可能是要求成年个体去澄清并促使其与原生家庭或当前家庭成员发展出某些沟通。例如，这种情况发生在个体心理治疗过程中，或者在生命的特定时期，此时感觉到需要解开某些家庭动力，这些家庭动力被视为个体成长的障碍。

最难评估的情况是青少年请求父母的帮助，或请求青少年自己的帮助。青春期是一个从普遍的亲密关系模式（对在家［Oikos①］里体验到亲密的需要）向更多的社会关系模式（能够在城邦［Polis］中操纵的感觉）过渡的阶段，对青少年的家庭心理治疗必须总是支持家庭成员中接触意向性这个特定目的，告诉彼此什么是必要的，以使青少年感到被家庭认可，从而能够以对他/她自己的积极的定义进入这个世界。青少年必须感到"成年人能看见我是谁"（人格功能）②，必须感到他/她自己行走在坚实的土地上。这种理所当然的接触所产生的背景必须在面对新奇时容忍他/她："如果我不自在，我的身体会包容我，就像我的家和家人包容我一样。"（本我功能）家庭设置是向青少年提供这种支持的最佳场所，他们必须得到帮助才能"起飞"。一旦达到这个目的，治疗师就会看到是结束治疗还是在不同的设置下继续治疗干预，例如，根据最初是谁提出请求的，或者谁仍然觉得需

---

① 在希腊语中，这个词的意思是"家"。
② 关于人格功能和本我功能的定义，参见第 2 章。

要在改变中得到支持，以此来设置单独与青少年继续治疗干预，或是与父母做夫妻治疗。

5.2 对家庭设置的格式塔治疗诊断和临床注视

格式塔家庭心理治疗师在诊断和治疗中的定位标准是什么？

关于家庭作为一个有机体，有两个关键的概念：一是共时概念，即共同创造接触边界，实现（或多或少自发地）个体之间和与治疗师之间的接触意向性，二是历时概念，即体验的关系背景，这种背景由发展脉络所代表，亦由与家庭历史相联系的家庭体验（包括家庭生命周期和可能的创伤事实）所代表。这两个概念都在此时此地家庭与治疗师的接触中得到把握，治疗师会将对行为和个体体验的观察追溯到作为一个单一有机体的家庭的这两个方面。考虑到作为一个情境场的家庭设置，从现象学意义来说，我们观察到的一切都是"给予自己"关系，此外，我们还考虑家庭成员在接触边界上的体验，在短暂的瞬间，将他们的个性分开，与此同时又会将之联结起来。

以下是诊断和治疗干预中指导格式塔家庭心理治疗师的6个基本方面。

1. 每个成员在接触边界上的在场（与去敏化相对），作为自体功能的和谐综合（参见第2章）。这个方面告诉治疗师这样的感知，即成员们有身体的关系过程（通过自体的本我功能进行接触）和与角色相关的关系过程（以每个人给他/她自己的定义进行接触，也就是说人格功能）。这些感知越清晰，自体就会越好地朝向创造性选择，在边界处考虑到他者。在接触边界处的感知清晰度越低，自体就越不能自由地专注于情境，因为它在别处（去敏化）。例如，当父/母谈论这个问题时，他/她对其他人的感受有多少感知？当子/女回答父母时，他/她呼吸有多自由？他/她坐在椅子上有多舒服？他/她看别人有多平静？通过观察家庭成员的敏感程度，或者相反地，观察他们在接触时的不敏感程度，他们就在进行接触中告知治疗师他们的觉察程度。

2. 单个成员的接触模式相互交织的地图（参见 Spagnuolo Lobb, 1987；另参见第 4 章）。例如，父亲可以使用一个内转模式（"在这个家里我一个人做了所有的事，但我不抱怨，对我来说困难的是不被欣赏"），而母亲可能会使用一个内摄模式（"我的意识很清楚，因为我做饭，我打扫房间，总之我承担作为一个母亲的责任"）。然后，根据这对父母给定的"A"，子女创造性地调整他们的接触模式。举个简单的例子，我们可以想象一下：小儿子的一种投射模式是指责所有人，并后撤到一个角落里；或者最大的"笨拙青少年"女儿（可能是"被指定的病人"）的一种融合模式是活在梦想世界里；或者中间的男孩有一种内转模式，他感觉到在一个特定的角色里不被认可，把自己封闭在征服世界的宏伟幻想之中。这意味着，家庭的每个成员都有不同的模式来推进与其他组成部分的接触能量，以及特定的"脆弱性"。一个人会被引向内摄，因为他在引导他的能量时感觉到不被支持，另一个人会被引向内转，其结果是其他人确信他/她能照顾好所有人，等等（参见第 4 章格式塔诊断相关内容）。这个维度向治疗师提供了关于家庭以其自身存在方式所带来的"音乐"的信息，并提供了关于可能的痛苦和不被理解的信息，这些是由成员发展接触意向性的各种模式所产生的。理解不同成员接触模式相互交织的地图对治疗师来说是一个有趣的发现，他/她可以欣赏美，欣赏爱的意向性，借助着爱的意向性构建起这些创造性调整。

3. 接受新奇事物的灵活性/僵化。治疗师观察家庭中不同成员之间有何差异，以及在一般情况下接受新奇事物的可能性有多大。家庭接受新奇事物的灵活性/僵化影响了鲍恩（Bowen, 1980）所描述的个性化/大众化过程。家庭对新奇事物的灵活性越强，就越能成功地将其成员的变化和成长所代表的新颖性整合到其过程之中，并允许他们成为独特的个体，也就越会健康。但如果对新奇事物的接受是僵化的，个体化的过程就会受到阻碍，与之相反会出现大众化（人人都是一样的，任何分歧都被严格地带入"正常"），在这种情况下，家庭是关系不安的载体。有些家庭情境下一般的气氛能使表达自己成为可能，与此相反，有些情境下的互动所创造的氛围不允许自由表达：他们担忧新奇事物和差异有可能摧毁一个家庭辛辛苦苦建立起来的确定性轮廓。这个维度告诉治疗师家庭作为一个有机体的脆弱与否，并提醒他/她产生严重疾病的可能性。

4. 成员们照顾自己/将自己托付给他人照顾的能力。治疗师所观察的各个家庭成员在多大程度上能够照顾自己或将自己托付给其他人照顾，这既与承担的角色有关——处于照顾情况下的父母和处于将自己托付给他人照顾的子女——又与这种能力的灵活性超出了角色范围有关。事实上，父母真正的照顾能力会带给子女同样的能力；这种互换性的缺乏，在那些明确定义了代际角色假设的家庭中，我们想到的是一种严格的或"装样子的"父母照顾，这实际上让子女感知不到安心。

父母照顾子女的能力是"成为家人"的体验的基础，这既不是指放纵或说服子女的能力，也不是指能使情绪明确的能力，这是指从子女的身体而非他们朝向未来的此时的话语中凭直觉知道的能力，凭直觉知道他们的接触意向性，这可能会引发一些与放纵截然不同的事情。例如，一个3岁的小女孩在坐在饭桌旁吃饭前不愿意洗手。她说"不，我不洗手"，然后抓起一片面包吃了起来。她的妈妈和爸爸真的下定决心要让她去洗手，但是他们并没有使用他们的身体力量去达到这个目的，而是解释说，她必须洗手，因为如果她不洗手的话，她手上的脏东西就会进入她的嘴，然后进入她的肚子。他们确信她能明白这一点，所以他们不会让她不洗手就吃东西。孩子甚至会开始哭，但他们仍然不动摇，尽管他们从不动用暴力。最后小女孩出去洗了她的手，回来后很满意，她设法做了正确的事，感觉与她的父母"亲密"了，知道因为她所做的事他们尊重她，他们不向她脆弱的企图让步。这个孩子觉得她可以深入地将自己托付给曾给予她强有力信任的父母[1]。父母照顾子女关系发展的能力在于支持他们富有创造性的个性化过程，实现他们的接触意向性，为这一基本家庭能力提供这个"A"：如果父母知道如何以清晰的角色和善解人意的深度去照顾子女，孩子们也会相应地发展出照顾的能力，并有能力将自己托付给他们照顾。这种能力的积极发展明显表现在家庭成员之间的相互支持上。从格式塔视角来看，这个能力主要不是扮演角色的问题，而是接触过程的流动性，它可以沿着这个维度的两极被调节。我要提请大家注意格式塔特殊性的两个结果。首先，一个孩子照顾他/她的父母这一事实不一定是病理学的标志：

---

[1] 这个例子指的是一个3岁的小女孩。父母的"值得信任"行为必须随着孩子的需求发展而调整；每个年龄段都需要来自父母的不同的照顾。在这个案例中，小女孩的需要没有在她的"自恋"卖弄中得到确认，而是感知到她的自体的限制，并感谢她父母的"不"。

如果在这个家庭中，我们发现他/她的父母也有能力照顾孩子们，这便是相互支持的标志。其次，孩子所承担的照顾角色，通常与成年人在"照顾"时所体验的鞭策联系在一起，例如，对年轻的子女，在这里更是与一种自发的照顾联系在一起，产生于接收到的照顾，而不是角色的习惯。

5. 代表治疗中家庭一般氛围的嬉戏或抑郁程度。接受治疗的家庭在他们的关系中正体验着痛苦，这使得嬉戏氛围很难达到，只有在成员之间的接触边界上感觉不到焦虑时，嬉戏才有可能。从这个观点来看，如果在治疗中一些家庭成员表现出早熟的嬉戏，那么事实可能就显得不合调了，如同逃避对困难的感知。但是在这里嬉戏的能力表达了一种关系的灵活性，从预测的角度来看这是很重要的：家庭作为一个有机体，在多大程度上能够把制造焦虑的体验托付给背景，参与到接触之中，从而体验到从感知的清晰和希望中获得的轻盈？嬉戏的氛围既意味着成员之间相互接触的勇气，超越他们的个人戏剧，也意味着积极重构戏剧的感知的能力。勇气表达的是将与他者接触的能量发扬光大的能力：尽管无法理解，但相信他者是可以被接触到的。一个女儿不断地告诉母亲："我想让你知道，当你整个星期都外出工作不在时，我的感受是什么。"这就是女儿以自己的个性与母亲接触的勇气，尽管她的母亲茫然不觉。但为了创造一种嬉闹的氛围，也有必要看到他者的局限（不仅仅是自己的），并以积极重组来重新构建它这样一种方式去"爱它"（参见 Spagnuolo Lobb, 2011a；另参见第 7 章）。爱他的局限意味着不焦虑地、轻松地去感知它。女孩可以对她的母亲说："我会给你一副特殊的眼镜，让你回到家时看看你的女儿"，或者"我会穿一件亮闪闪的衣服，好让你看见我"。在母亲的回答上，或多或少地和开玩笑的说法一致，这将取决于这个家庭是否有可能带着勇气和希望去经历他们的戏剧。相反，抑郁的氛围表明朝向他者的能量是低沉（Francesetti and Gecele，2011），因此，在从确定性到新奇转变的不确定时刻缺乏"信念"（Spagnuolo Lobb，2011b；Evans，2005）。

6. 家庭各成员与治疗师之间的接触边界。作为寻求帮助的有机体，家庭接触的主要风格是什么？当这个家庭作为有机体寻求帮助时，在说的是什么"语言"？寻求帮助的体验实际上是家庭作为一个有机体的一种创造性行为。在把握这一创造性行为所隐含的意向性中，就存在着治疗的可能性。当团体作为一个整体向一个希望得到帮助的人求助时，就是在表达着痛苦，同时也意识到有哪些方法可以得到帮助。因此，重要的是，治疗师要问问他/她自己，家庭成员之间对被帮助和被理解的可能性的信任程度有多大，是完整无缺的还是"打着石膏绑带的"，对支持的具体要求是隐含在家庭要求帮助的方式之中的。事实上，对家庭以外的人体验信任的方式可能是各种各样的：内摄（"他/她——治疗师——肯定有工具帮助我们"）、投射（"他/她知道事情，他/她不想他对我们说"）、内转（"如果他/她一直明白我们的问题就好了"）、自我中心（"我不相信最后事情会改变很多"）、融合（"情况很混乱"）。因此，在他们寻求帮助的方式中，已经有了该家庭所要求的特定治疗支持的指针（参见 Spagnuolo Lobb，1992）。

简而言之，格式塔家庭治疗工作要求关注家庭成员之间接触的一种"微观分析"，为了支持不同成员所拥有的能量去创造他们想要创造的与他者的关系，去达到他们想要达到接触的他者，这给了他们一种被明确分化的个体的感觉，每个人都有自己独特的存在方式，在各种情境下都有创造性意愿去接触彼此。

6. 格式塔家庭干预的一个模式

与到目前为止所说的一致，我们可以将格式塔家庭治疗师的干预定义为寻找在家庭互动的褶皱中所隐藏的兴趣和活力（Polster，1987），目的是支持家庭成员之间朝向接触的这种活力的自发发展——因为这是家庭团体自体调节的唯一保障——从而使每个成员的自体得以完全实现。格式塔家庭治疗师将这种支持具体化，从处于治疗中的家庭向他/她介绍自己的方式开始，从他们寻求帮助的方式中隐含的意向性开始。

这一目标可以通过许多方式实现。这里提出的格式塔家庭干预模式包括四个步骤，是在每次治疗中都会遵循的地图。以下是这四个步骤。

6.1 第一步：背景是欢迎，图形是借助规则来控制

这是治疗师与家庭成员之间接触边界敏感化的时刻。现象学场被激活并被定义。

治疗师观察单个成员在既定情境下是如何呈现他们的感觉的（他们参与，他们不参与，他们是僵硬的，等等），如上一节第1点所阐述的那样。

与此同时，治疗师观察他们将他/她当作一个单一有机体的接触模式，如上一节第6点所阐述的那样。他/她进一步开始建

立成员之间接触模式相互交织的地图（上一节的第2点）。

这种对既定情境的观察和了解活动是对家庭设置最初体验的背景。

图形包含的治疗师所给定的设置规则或多或少是内隐的（参见Spagnuolo Lobb，2009b）：从他们会面的定义，到他/她坐到座位上并让他/她自己（做好）准备时需要符合治疗规则的态度，再到设置情境的"问题"和他/她倾听回答的方式，接受各位家庭成员的所有活动，并选择支持一些人，而不是其他人。此外，关于每次治疗的时间、费用、不来面询的处罚、在设置之外给治疗师打电话的可能性的规则等等，构成治疗师与家庭建立包含关系的完全个人化的方式。

6.2 第二步：背景是去习得家庭语言，图形是家庭成员被打断的接触意向性的发展

背景是说着相同的语言，图形是接触意向性中不安的转换。治疗师设置的语言与家庭呈现自身的接触风格一致，从而提供一个共享的基础，使家庭能够在此基础上"感觉像在家里"，并从那里以更大的确定性走向改变。例如，一个家庭这样介绍自己："你当然有帮助我们的工具。"对此，治疗师可能会回答说："让我们一起看看你已经能做好什么，什么你可以做得更好。"这个家庭的语言是建立在内摄的基础上的：治疗师被视为"真理"的持有者，而这个家庭则以等待内摄的姿态出现。治疗师的回应与内摄语言一致，决定要做什么（让我们一起看看……），以这样一种方式，家庭会"感觉像在家里"，但想当然地认为家庭已经知道如何去做一些事情，同时也要学习别人，从而为家庭提供支持。一个家庭用像这样的词语介绍自己："你看到我们看不到的

东西。"对此，治疗师可能会回答说："我确信你们看到的东西远远比我看到的更多，我很高兴认识你们。"① 这种语言是基于投射的，专注于环境/治疗师的存在。治疗师用同样的投射语言回应（我确信你们看到的东西比我看到的更多），用同样的语言支持家庭的"力量"和他们痛苦的尊严（我很高兴认识你们……），给予他们去体验自己力量的可能性。

这是治疗师可以在一个或多个成员身上看到内转或在接触边界上去敏化的背景，这是明智的干预时机（他/她知道，这种克制显露出焦虑，以及由此而来的关系痛苦）。治疗师去寻找成员们在这些时刻隐藏着的魅力："未完成的姿态"（Polster，1987）。家庭中每一个成员（甚至是一个成员）所阻止的活动可能是什么？如果给予发展自由，将会与家庭其他成员产生更积极的接触吗？这一步的图形在于寻找家庭中未被承认的形式，即家庭成员可能采取的接触意向性，它在寻找什么造成了症状、焦虑和紧张，以及什么可能使它在接触中得到发展。

6.3 第三步：接触意向性的发展是背景，实验是图形

在这个阶段，家庭被邀请去体验一种新奇的事物，这符合中断的意向性。治疗师为他们创建了一个实验，考虑到指定病人（或那些更容易向敏感性开放的成员）对接触的渴望，其中包含了对家庭的治疗信息。治疗师在支持成员相互接触的能力之后到达这一点。例如，当大儿子用笨拙的、不确定的手势表达自己时，父亲对他变得吹毛求疵和僵硬，治疗师对父亲说："你不能容忍你的儿子犯错误，这让你很生气，你希望他得到最好的。"

---

① 关于诊断和治疗中接触风格的取向，参见第 4 章。

父亲："是的，我紧张是因为我不想让他犯我犯过的错误。"在这种对家庭成员接触意向性的支持之后，治疗师可以"设置"一个实验。

实验通常是这个家庭的一种姿势改变。治疗师给予作为一个有机体的家庭的支持（使用一种针对他们寻求帮助的接触方式量身定制的治疗语言），使家庭氛围对改变更加开放，且愿意改变，愿意接受由隐藏的接触意向性发展所带来的新奇，接触意向性也可以融入家庭的感知单元。因此，治疗师提出了一个实验，目的是发展不完整的姿势，即每个成员都想被他者看到的接触意向性。就如在接下来的这节治疗中我们将看到的，要求大女儿行使她愤怒的力量表达了这个通路：这种改变使每个人（包括大女儿）放宽控制，并通过跟随前面被打断的接触意向性，重新安置"照顾/把自己托付给他人照顾"的极性体验。正确的实验可以使症状消失，或者至少可以缓和紧张。

6.4 第四步：完整是背景，对未来的信任是图形

在这一阶段，治疗师和家庭感激已经发生的改变，并将其与最初激发来寻求治疗的请求联系起来，或与在治疗开始时浮现的请求联系起来。

某些迹象告诉我们，之前阶段的干预是否支持了家庭的接触意向性：所有成员的呼吸都更好了，更加充分，更加自由了；他们可以看着彼此，触摸彼此，以一种放松的姿态对彼此微笑。总之，他们能够以更大的自发性彼此接触。最后，这种"在一起"的放松也带入了对治疗师的行动之中：他们满载着他们所拥有的，不一定是幸福的，但是是完整的，他们与做得很好的治疗师相处融洽，他们已经准备好出发了，只等待他/她确定下一个

预约。

因此，对作为一个有机体的家庭的服务在这个阶段进入了接触后的"暂停"，把他们所学到的放到背景中去，目的是为了消化它，这有助于治疗师检查治疗是否已达到了一个令人满意的结论，有没有对家庭造成更大的或不同的压力。如果发生了这种情况，治疗师应该诚实地说出来，因为心理治疗中的错误总会让我们从中学习到很多东西（Spagnuolo Lobb, Conte and Mione, 2013）。

7. 行动中的模式：一次家庭治疗

这是一个四口之家，他们是意大利人：父亲（一家医疗保健公司的行政职员）；母亲（邮政服务的一名职员）；14岁的大女儿，我们就叫她埃琳娜（她在一所科学高中读高二）；6岁的小女儿，我们就叫她克劳迪娅（她刚刚上学）。

这个家庭是在一个高度紧张的情境下来寻求帮助的，这种情况是自小女儿上小学一年级以来就一直存在的。早上她不想去上学，她尖叫，哭泣，呕吐。即使她的父母设法送她去了学校，他们也经常不得不去接她，因为她在课堂上的行为也是一样的。

这次治疗在我的办公室进行。在我们做了自我介绍之后，设置是这样的：父母坐在外边，女儿们坐在半圆形的中间，大女孩挨着父亲，小女孩挨着母亲。

7.1 第一步：背景是欢迎，图形是借助规则来控制

治疗师：欢迎！

父亲：谢谢！（双腿交叉。）

母亲：谢谢！（身体前倾，双腿交叉。）

治疗师：是什么把你们带到了这里？

（父亲笑。）

母亲（指着小女儿）：我们担心我们的小女儿……

父亲：是的！比方说……他们建议我们去问……如果你可以帮助我们……因为……没有什么真的严重的问题，只是我妻子和我有点担心……因为……总之我们的……克劳迪娅，我们的小女儿，在家里她……她是个天使，一切都很好……总而言之，她非常棒……（他碰了碰他另一个14岁女儿埃琳娜的腿，补充道）她也很棒……克劳迪娅只是在学校有一些问题……她不能……好吧，开始安静地……当她走了……我们总是很担心，因为他们从学校给我们打电话，告诉我们有问题。她刚刚才开始上学……就在9月，她上一年级，这是她的第一年……简而言之，好吧……有困难是正常的，虽然……

治疗师（在整个描述中一直微笑着）：她不想去上学。

父亲：她不想上学，在学校里的时候她会哭，她会呕吐……她不想……就是这样！我们是有点……我们想知道怎样才能让她更平静地去上学，就是这样！因为……我和她，我和我妻子，我们在尽我们所能，但是，我们不能……到目前为止我们没有……好吧，我们有点担心。

母亲：比方说我们非常担心。我们被建议来这里。我已经……我早就想到了（看着她的丈夫）然后……我得到了确认（她在暗指她的丈夫），我马上告诉他："我们会找到那个人的。"

治疗师：所以你们同意了。

妈妈（自信地点点头）：是的……是的。

父亲：是的……是的……是的。比方说我们已经讨论过了，所以……我们意识到也许我们自己不能做到……和她（指着埃琳娜），我们没有任何问题。

母亲：她是非常好的（克劳迪娅看着她的母亲并微笑着，但她的脸很紧张）。

治疗师：很好。我们会在一起待50分钟，然后我们会更好地了解你们能为克劳迪娅做些什么。

注：家庭对治疗师表现出的接触风格似乎是基于内摄的。父母与埃琳娜的接触似乎比与克劳迪娅的接触更多，他们似乎认为他们的存在是理所当然的。克劳迪娅似乎在场，很警觉。

7.2 第二步：背景是去习得家庭语言，图形是家庭成员被打断的接触意向性的发展

父亲（微笑）：好吧，那就让我们开始吧。她（指着埃琳娜）在学校表现很好。

（埃琳娜微笑着，尴尬地耸了耸肩，她的双手夹在双腿中间。）

克劳迪娅：我在学校很无聊。

（她父亲收起满意的表情，伸开双臂，向后靠在椅子上。）

治疗师（对克劳迪娅）：如果我们生活在童话里，而我是一个仙女，你会向我要什么呢？

克劳迪娅：没有学校。

治疗师（微笑）：啊！（对着他们所有人）我在想，早上一定有一出非常戏剧化的戏。

父亲：的确是！因为我们醒来就有点担心：会怎么样呢……或者今天不去？

妈妈（叹气）：闹钟一响……就是我们的噩梦。

父亲：是的……是的，这变得很困难。（指着埃琳娜）她帮助我们……如果只是因为她上学，就没有任何麻烦。现在……她初中毕业了……她想专攻古典文学。

母亲：她正在学习音乐。

父亲：她在学习音乐……

治疗师：所以当你们早上起床的时候，你们就在想……你们在想什么？

父亲：嗯！我想："让我们希望今天一切都会好起来（微笑）……我们会设法送她去上学……他们不要因为有问题而从学校打电话给我们，这样我们就不必匆匆忙忙地下班了。"有时我们不得不匆匆忙忙去学校，因为她不想……她绝对不想待在学校里。

母亲（暗指克劳迪娅）：她经常在学校里呕吐……她流着泪……她不想待在教室里……老师们不知道该做些什么。

治疗师：最糟糕的时刻是在她上学之前呢，还是在她已经在学校期间？

母亲：之前……和期间。

父亲（微笑）：之前和期间。

治疗师：之前也一样吗？

母亲：是的……因为帮她穿衣服……是一个大场景……她又叫又哭。我向他道歉……他向我道歉……没有人理解。

第8章 家庭心理治疗中朝向未来的此时

父亲：我们会有点激动，因为我们有点……有点累了……由于这种情况……

克劳迪娅：他们太早把我叫醒了（她摇了摇头）。

父亲（讽刺）：我们会请校长让她上午晚些时候到！

治疗师（转向克劳迪娅）：爸爸和妈妈，也许……埃琳娜也一样……（一个接一个地指着他们。）

克劳迪娅：是的……是的，她也会把我叫醒……她会把我从床上拉起来。

治疗师：……她就像一个额外的父/母，她比父/母还糟糕……

克劳迪娅：嗯！是的……她更让我心烦。

治疗师：所以当……当闹钟在早上响起时，你会想再多睡一会儿。

克劳迪娅：是的……是的……是的。

治疗师：然后这三个人就向你施压，就像现在，当他们三个人都在谈论你的时候，你什么都不说。

（克劳迪娅痛苦地点点头。）

治疗师（对克劳迪娅）：你早上在做什么呢？

克劳迪娅：我？没做什么……我把头埋在枕头下面……但他们把我从床上拽起来……直到我起床。我哭着并尖叫，但是没有用……

（她父亲看着治疗师，治疗师点点头。）

治疗师（对克劳迪娅）：就像现在，他们谈论你，你让他们继续。你想要什么呢？

克劳迪娅：早上我想继续睡觉……然后我平静地起床，做我的事情……我想整天待在家里……我想和妈妈在一起，

245

和姐姐在一起。

母亲：在家里，她是个好孩子。

治疗师：你喜欢和睦。但是家里一个人也没有。

克劳迪娅：嗯！但我有我的玩具，我有事情要做。然后看电视……我的意思是……我做很多我喜欢的事情，我不喜欢上学。

治疗师：我对这个很好奇……特定的时刻，当悲剧发生时……当闹钟响起时，克劳迪娅想继续再睡一会儿，而爸爸、妈妈和埃琳娜坚持……

父亲：那是因为我们太宠她了。

治疗师：不，不……我不是问为什么……我对这一刻很好奇。让我印象深刻的是，家庭里的每个人都真的非常关心早上这段时间里出现的这个问题，你们每个人都在尽最大努力控制自己，不要太紧张，要尊重其他人，不要咄咄逼人。我想知道你们是否能……此时此刻就行动起来，这样我们大家就可以一起看到你们如何解决问题了。①

克劳迪娅（更活跃了）：实际上他们都到来了，我不是说他们三个人一起来的，但几乎是。首先妈妈因为担心而到来……她更担心，她来了，然后我姐姐来了，然后我爸爸也来了。闹钟响起……有时他们会把它放在我床底下，这样我就能听到它了。

母亲（对克劳迪娅）：一开始我们很温和……你得承认，伴着亲吻……然后……

---

① 治疗师邀请家庭成员在此时此地体验早晨发生的事情，从这个意义上说，她设置了一个实验，但这不是第三步的目的，在第三步中，治疗师要求他们去体验一种治疗性改变。

第8章 家庭心理治疗中朝向未来的此时

克劳迪娅：不…但我……他们不应该……我的意思是我不喜欢……去上学，所以叫醒我是没有用的。

母亲（对克劳迪娅）：所有的孩子都去上学。

克劳迪娅：但是我……我不喜欢上学……

治疗师（对克劳迪娅）：……如果你必须拍一张早上发生的事情的照片，你会怎么展示它？

克劳迪娅：一场战斗。

治疗师：看，你可以在这里做。让每个人各就各位准备战斗。

克劳迪娅：好，我躺在床上。

治疗师：做……就这样做……继续！

克劳迪娅：我必须躺下吗？

治疗师（微笑）：是的。

克劳迪娅（大笑，站起来捋了捋头发）：好吧！我躺着，我把自己放在最后。然后她来了，妈妈（她把妈妈拉到她的脚边）。妈妈来了，大家都很激动。（摘下围巾，环顾四周）……下一个到来的是……（握住埃琳娜的手，让她站起来）埃琳娜……（克劳迪娅不耐烦地摇着她姐姐的胳膊，展示她是如何叫醒她的）她就是这样做的。妈妈会先亲我一下，但实际上不亲反而更好。然后埃琳娜来了，她摇摇我……大家都很激动（她再次摇了摇姐姐的胳膊），然后爸爸进来了……开头是他的声音："你必须起床了，你必须起床了……起床，已经晚了，你得去上学了……"

治疗师：对……现在…大家照克劳迪娅说的去做。

克劳迪娅（她俯卧着，抚平头发，握紧拳头）：我就像这样……

247

(她把头埋在两臂之间。她妈妈来了，弯下腰，吻了她几次，温柔地叫她，有点紧张。)

母亲：克劳迪娅……（摸摸她），克劳迪娅……亲爱的，你得去上学了……

克劳迪娅：走开！

母亲：克劳迪娅……

克劳迪娅（双手抱头）：走开！

母亲（抚摸她的身体）：克劳迪娅，宝贝……

（克劳迪娅用右脚猛拍"床"。）

治疗师（转向其他人）：你们其他人什么时候会介入？

母亲（抚摸着克劳迪娅）：克劳迪娅，宝贝！

克劳迪娅（用右臂不耐烦地把她推开）：我今天不想去……我明天去，我明天去。

埃琳娜：克劳迪娅……每天都是老一套，拜托！（她的双手紧握放在肚子上，没有表现出什么活力。）

克劳迪娅（抓住她母亲的右手臂）：让她走开……让她走开。

母亲（示意埃琳娜走开）：快点，克劳迪娅！

埃琳娜：快点……你要让我迟到了……

克劳迪娅（变得紧张起来，提高了声音，抓住妈妈的手臂，把她的头朝埃琳娜推过去）：让她走开，妈妈……让她走开……

埃琳娜：我上学总是迟到……

父亲：克劳迪娅行了，快一点！你现在让我生气了。克劳迪娅，现在你就起来，快点！（克劳迪娅推开她父亲的胳膊。）

第 8 章 家庭心理治疗中朝向未来的此时

父亲：每天早上都是同样的故事……

埃琳娜（哀号着，指着钟）：我要迟到了！！

父亲（对埃琳娜）：我知道你要迟到了……如果这个孩子……

埃琳娜：已经八点十分了……

父亲（对克劳迪娅，拉着她的手）：克劳迪娅，现在可以了，克劳迪娅！（同时她的妈妈拍着克劳迪娅的屁股）起来……起来，克劳迪娅！（更加坚定。）

克劳迪娅：我明天去……

父亲：你快起来，克劳迪娅！

（克劳迪娅用拳头捶打着，右脚在地板上。）

埃琳娜：爸爸，我们走吧，快点！让妈妈看着她！

父亲（对母亲，母亲看起来很生气）：我该怎么办？这是因为你总是……（他用拳头在胸前做手势，意思是"你让她老是缠着你的"。）

母亲（摇了摇克劳迪娅）：克劳迪娅，够了，你让我生气了，嗯！

克劳迪娅：嗯！

（她的手在"床"上敲了两下，这次是张开的，没有握紧拳头，然后开始哭起来。）

注：治疗师对这个家庭的内摄关系风格做出回应，支持他们做得很好的事情，支持他们已经为更好地进行功能运作所做的努力。此外，通过戏剧化的手法，她注意到在困境中内转（埃琳娜和克劳迪娅）和不相信自体调节并把压力施加在控制上的人（父母）。

7.3 第三步：接触意向性的发展是背景，实验是图形

治疗师：好……行了。（弯下腰，抚摸着克劳迪娅的右侧，对她说）这是改变的时刻，克劳迪娅，对吗？当你的拳头（用右手模仿拳头向外的动作）……哭起来（对着她自己，模仿着向内的拳头）。

克劳迪娅：嗯！

治疗师：是这样吗？这是一个发生改变的点。

克劳迪娅：因为他们不明白，所以我就哭。

治疗师（把手放在克劳迪娅的一侧，并看着她，尽管对着全家人说话）：我认为当克劳迪娅从踢变成哭的时候……每个人看到改变的这个点是非常重要的……因为当她开始哭的时候，就好像她放弃了她的力量……所以对整个家庭来说，有一个问题（她抚摸着克劳迪娅的一侧，并看着她）。我喜欢你踢的时候……你很强大。

克劳迪娅：嗯！有礼貌的话他们不理解我。

治疗师：在这个家庭里，信任每个人的力量并去支持它，有点困难，只有集体的力量才被接受。我们能换个场景吗？你需要什么才能继续踢而不是哭，克劳迪娅？

注：当整个家庭没有支持一个带来新奇事物的成员的能量时，治疗师介入了，做了个"显微手术"，在那一刻他们体验到一种使家庭稳定陷入困境的需要。

克劳迪娅（坐在地板上）：嗯！他们三个人不能一起来。

治疗师（摸着她的手臂）：事实上，我在想……也许埃

第8章 家庭心理治疗中朝向未来的此时

琳娜可以成为你的盟友。

克劳迪娅：嗯！但她是最让我烦的人。

埃琳娜（看着治疗师）：但是她让我上学迟到了！（然后，从克劳迪娅面前经过）我帮助她做家庭作业。在学校很棒的……我和我的朋友们在一起……还有老师。

（原本坐在克劳迪娅旁边地板上的治疗师站了起来，走过去坐了下来。然后，转向埃琳娜。）

治疗师：你看到从踢到哭的改变了，是不是？

（埃琳娜点点头表示同意。）

治疗师：那一刻你有什么感觉？

埃琳娜（耸耸肩，看起来很顺从）：嗯……她知道她必须在早上醒来……

治疗师：那是你的想法……你的身体有什么感觉？

埃琳娜（抚摸着她的腿）：也许……也许这让我有点困扰……

治疗师（对克劳迪娅）：当你看着她的时候，你有什么感觉？

（克劳迪娅耸耸肩，抚摸着她的右腿，带着一丝微笑看着她的父母，几乎是在蔑视她的感受。）

埃琳娜：嗯！我……我……我爱她，但是……噢！她让我浪费时间。然后爸爸在那儿，妈妈在那儿，而我迟到了！

（母亲握着克劳迪娅的手，抚摸着它。）

治疗师（对埃琳娜，把她的手臂放在椅背上）：你和她吵过架吗？

克劳迪娅：我……我踢她。

埃琳娜：……然后我们投降。

251

克劳迪娅：有时候我们彼此伤害……嗯！

埃琳娜：妈妈来了，打了我们两个。

治疗师（把她的手从椅背上拿开，抚摸着埃琳娜的手臂）：我们可以再来一遍，我希望这一幕只发生在你们之间……没有你们的父母！

埃琳娜：不，但是她伤害了我……

注：治疗师继续说着家庭的内转语言，把重点放在姐妹之间争斗中"缺失的姿态"上。

治疗师：我们可以把场景再演一遍……但这次你，埃琳娜，和克劳迪娅一起……而爸爸和妈妈在另一个房间准备早餐或吃早餐。

（埃琳娜做了一个关门的手势，她很害怕。父亲勉强笑了笑，他有点不安。）

治疗师（对父母）：你们可不可以不干预这一幕？到另一个房间去做准备，去穿衣打扮……去吃你们的早餐……去花你们的时间。

（父亲和母亲对视了一下，母亲对她丈夫做了个赞同的手势。）

父亲（安静地）：好的。

（母亲看着治疗师，点了点头表示同意。）

治疗师（点头）：嗯！好……所以我们重温一遍早晨的情景。

（治疗师亲切地、鼓励地看着坐在地板上的克劳迪娅，让埃琳娜放心，然后对埃琳娜说）：爸爸和妈妈在那里，你可以看到他们，他们很放松。（对克劳迪娅说：）那么，你再躺在地板上……而且你……睡着了。

埃琳娜（对妹妹）：别伤害我……

克劳迪娅：你也别伤害我！

治疗师（对埃琳娜）：对的，嗯？你低估你自己了……你不需要爸爸妈妈的力量来让你自己强大……现在闹钟响了……去叫醒她！

埃琳娜（对克劳迪娅，摸了摸她）：嗨……

克劳迪娅：嗨（咬紧牙关）。

埃琳娜：快点……快点！

克劳迪娅：嗯！

埃琳娜：现在已经七点四十了……醒一醒……

克劳迪娅：别管我。

埃琳娜：嘿！我来帮你穿衣服……但是你得快一点，不然我要迟到了。

克劳迪娅：别管我……

埃琳娜：快点呀，克劳迪娅。

克劳迪娅：别管我！！

埃琳娜：快点！

克劳迪娅：……我得睡觉。

埃琳娜：快点……爸爸妈妈都不在这儿……我来帮你……

克劳迪娅：别管我（用手推开她）。

埃琳娜：快点，克劳迪娅（轻轻地拍她的右边），起来吧……快点……快点……不要，但是……每天早上……哦……嗯！你得醒醒……你知道我们每天早上都得去。

253

克劳迪娅：你能走开吗？

埃琳娜：不……我不会走……你得起床。

克劳迪娅：走开……

治疗师（对着泄气的埃琳娜）：啊哈！继续……继续……坚持下去……坚持下去……坚持下去！（她身体前倾以激发埃琳娜的能量）运用你的力量！

埃琳娜（抓住克劳迪娅的胳膊）：我是老大……你必须按我说的去做！

治疗师：好女孩……好女孩。

（克劳迪娅扇了姐姐一巴掌。）

埃琳娜（笑）：时间不早了。

治疗师：……好女孩……打她，克劳迪娅……继续！

埃琳娜（设法把她从床上拖起来）：时间不早了……跟我进浴室……去洗漱……

克劳迪娅（拍打她）：我不去……我不去……别管我！

埃琳娜：我和你一起去，快走！

克劳迪娅：我不去。

埃琳娜：不，就现在，我们一起去！

克劳迪娅：你以为你是谁？走开！

埃琳娜：我……我是老大！快走！

克劳迪娅：我不在乎……走开……

埃琳娜：爸爸……（沮丧地）哦……她就是不明白……

治疗师（对着埃琳娜，鼓励地说）：她起来了……你比爸爸妈妈做得好……她起来了！

埃琳娜（对克劳迪娅）：我们走……我们走！

（埃琳娜和克劳迪娅继续争吵。）

克劳迪娅：我不去上学……

埃琳娜：你要和我一起去学校……走吧……

克劳迪娅：嗯！

埃琳娜：快点……快点……噢！……走吧……走吧……那你就不要洗漱了！（笑着，她看着治疗师，然后转向克劳迪娅）我们走吧！

克劳迪娅：不。

埃琳娜：是的……克劳迪娅……（看钟）看，已经八点了……

克劳迪娅：你去吧……去吧，你去吧（她跟着她走进了浴室）。

治疗师：你们俩能到这儿来一会儿吗？干得非常好，确实很棒！你们有什么感觉？

埃琳娜（点了点头，温柔地说）：这……很难！

治疗师（对克劳迪娅）：你能告诉埃琳娜她很强大吗？

克劳迪娅（对埃琳娜）：你很强大……你很有力量。

治疗师（对埃琳娜）：她（克劳迪娅）怎么样？

埃琳娜：嗯！她很淘气……但是……她来了……

治疗师：啊！是的……我猜当你说服她的时候，你会觉得自己更强大……（埃琳娜点点头）也就是说，如果你（像她一样）也使用自己的力量，你会觉得自己更强大……去说服她……

埃琳娜：是的。

治疗师（对埃琳娜）：你意识到你已经把她带进浴室了吗？……意识到你比你父母做得更好？

埃琳娜：啊！这是真的！

治疗师（点点头，然后对克劳迪娅）：你现在感觉怎么样？比踢和哭的时候更好还是更糟？

克劳迪娅（对埃琳娜）：……和你在一起我感到……喜欢抱怨，但是……就好像在玩。

治疗师：所以在你的身体里，你会感到更强大……更少……更少……

克劳迪娅：是啊，我不得不更少抱怨。

治疗师：现在我们可以叫爸爸妈妈了吗？

（父母回到圈子里并坐下。）

父亲（争辩着）：现在我们要让她去做……如果她真的那么棒！（指的是埃琳娜。）

母亲（对丈夫）：把你刚才对我说的话再说一遍。

父亲：嗯！我说什么来着？我说你宠坏了克劳迪娅，你不想送她去幼儿园，而埃琳娜去了，她和其他孩子混在一起。（对治疗师）她那时没有工作，所以她说"我要和我女儿待在一起"……这些就是结果……

新奇的事情已经发生了，现在这个家庭必须整合这种变化。家庭成员的力量，通常被认为是家庭所习惯的规范平衡的一种具有威胁的新奇事物，可以被信任地接受，照顾/让自己去照顾的能力可以被自发地体验到。任何强大的人都可以为家庭的利益使用这种力量，即使这种力量不属于成员的结构性角色。

7.4　第四步：完整是背景，对未来的信任是图形

治疗师：我认为你们是非常好的父母，因为你让埃琳娜成为……成长得如此强大。

第8章 家庭心理治疗中朝向未来的此时

父亲：克劳迪娅并不是不想学习……问题是她无论如何必须去上学，否则就会荒废掉。

母亲：我们同意这一点，但克劳迪娅和埃琳娜是不一样的……

治疗师（若有所思又强烈地）：我认为你给了你的女儿们一些做她们自己的力量，去管理她们自己……你可以把一些问题交给她们两个……她们会搞定的。

父亲：为什么埃琳娜要去叫醒克劳迪娅？

治疗师：为什么不呢？

父亲：她还有别的事情要考虑……每天早上都要想着去叫醒克劳迪娅吗？

治疗师：你是长子吗？

父亲：不是。

治疗师：那你怎么能如此了解长子的问题呢？

母亲：因为他更喜欢的是埃琳娜，所以……

治疗师（点头）：啊！好吧……

父亲：我更喜欢的是她……

治疗师：而且我认为埃琳娜可以承担长女的任务，她甚至很乐意去做，否则她会被你束缚住，我的意思是说她仍然是你的小女孩。

父亲：我认为这对她来说责任太大了……她已经……她自己已经有很多事情了……这又给她添了一个担忧……

治疗师（对母亲）：夫人，你觉得呢？

母亲：我想……这是可以做到的……我有一个妹妹，我知道……这是可以的……打架，彼此喊叫……这不会吓到我。

治疗师（点头）：嗯！

257

父亲：我是家里最小的，我的哥哥和姐姐肯定没来叫醒我！……总是由我父亲来叫醒我，一点也不温柔。

（他们都笑了。）

父亲：那不是……我……（他自己中断了）……好吧！……就这样吧！

治疗师（对所有人）：你们现在感觉怎么样？……试着深呼吸一会儿。你们感觉怎么样？

克劳迪娅：在拖延……我们还必须在这儿待很长时间吗？

治疗师（微笑）：我想知道你喜欢到这里来吗？

克劳迪娅：是的……比上学好。

埃琳娜（大笑）：是的……

治疗师：好……也许我们以后会再见面的……我们还有很多其他的事情可以讨论……但也许明天早上……对克劳迪娅来说，去上学会少些伤害……对埃琳娜来说，展示她的力量是一件很愉快的事情，而对你们父母来说，当你们在平静地吃早餐并对彼此说所有夫妻想在早上说的话时，让姐妹们自我管理是一件很美妙的事情。

治疗师向这个家里的每个成员握手说再见，从父亲开始，按位置依次进行。

注：这个家庭成功地信任治疗师，多亏了埃琳娜缺失的姿态的发展，重新发现了一种更为放松的积极进取的信念维度，这种感受在他们童年时就为原生家庭的动力所"吞噬"了。现象学场已被重新设置，使自体调节与和谐的信念得以实现。所有这些都是通过支持自发接触的过程而发生的，不是通过分析性理解。

第8章 家庭心理治疗中朝向未来的此时

8. 结论

格式塔家庭治疗的具体方法主要在于对家庭成员之间的接触进行一种"显微手术"。治疗性凝视指向接触的兴奋所带来的痛苦（与他者"在一起"的欲望变成焦虑、内转，或付诸行动），在那里接触边界被去敏化了。在这一点上，从空间和时间的意义上，治疗师给了予支持，使接触意向性可以自发地发展，从而使焦虑重新变成被包容并允许向他者发展的兴奋。这种接触的支持对我们来说是必要的，以便能够建立家庭作为一个整体的自体调节过程。

在结束关于家庭的这一章论述时，我要强调这里所述的在重建家庭体验的情况下，成员之间的"显微手术式"支持的重要性。体验有时是痛苦的，对父母和子女都是如此。为了保护没有安全感的伴侣的嫉妒，父母不得不限制对孩子的爱的自由表达，子女必须痛苦地放弃他们的情感中心，为父母的婚姻情感需求让路，他们经常扮演治疗师（发展自恋焦虑）或牺牲的羔羊（发展症状）的角色，或两者兼有。

显然，我们必须对许多因素提出疑问，包括历时性的和共时性的，以便诊断和干预这种特殊的不安情绪，在这些案例中，孩子和他们的父母及后来的伴侣都受到这种不安情绪的困扰。我们知道，对于一个经历过最初情感分离创伤的年幼孩子来说，在发现他/她自己的新家庭里，以及在分离的父亲与母亲之间的关系里，重建信任感、安全感和亲密感是多么重要。从临床和实践的角度来看，确定具体的工具，以使父母和亲近的成年人可以帮助孩子恢复和/或重建不可或缺的家庭亲密感，这是很重要的。在对儿童病症的干预上，关键在于重要的成年人，除了给予在治疗中所创建的基本支持外，还可以通过阅读键（reading keys）和具体工具去支持未成年人在家庭关系中的接触意向性，给背景以力量，依此建立家庭安全感。

第9章
团体心理治疗中朝向未来的此时：
在一起的魔力

> 能与这么多志趣相投的人
> 连接在一起的人是幸运的，
> 只需要几百个人
> 就能让他相信自己是理智的，
> 即使其他800万人都很疯狂。
>
> （《帝国之城》①，1942年，第一卷，第19页）

> 如果一个人顺从我们的社会，
> 他就会在某些方面得病。
> （我承认这一点，谁又能否认呢？）
> 但如果他不循规蹈矩，
> 他就会精神错乱，

---

① 《帝国之城》（The Empire City），保罗·古德曼所著史诗小说，共四卷，分别为：第一卷《伟大的钢琴或疏离年鉴》（The Grand Piano or, The Almanac of Alienation）、第二卷《自然的状态》（The State of Nature）、第三卷《春之死》（The Dead of Spring）和第四卷《神圣的恐怖》（The Holy Terror）。——译注

> 因为我们的社会是唯一存在的社会。
>
> 这就是进退两难。
>
> (《帝国之城》第三卷,《春之死》,第387页)

1. 格式塔团体干预

格式塔治疗是作为团体中的一种个体干预而出现的,只是在过去的20年里,通过对该领域的理论和接触边界的深入研究,才发展出了一种真正的团体疗法(Robine,1977;Hodges,2003)。

现代格式塔视角是以通过现象学体验的术语来考虑团体过程为特征的,它与从移情或符号的角度来考虑这些过程的取向明显不同。我们一般指的是训练团体或治疗团体,其特点是有固定数量的人共享一个时间、一个空间和一个目标。然而,一些作者(特别是Polster,1987;2006)已经将研究扩展到了自发的团体,他们围绕着共同感兴趣的主题聚集在一起。在所有情况下,我们都认为团体是一个现象学的场(这是一个不同于系统视角和分析视角的概念),在其中朝向分化的刺激浮现。这些刺激朝着接触边界的划分发展,允许在团体里的成员个性化(Philippson,2001)。

说到一个团体,指的是一个复杂的单位,即团体成员在他们相处的共同创造的行为中、在一个自体调节的过程中的所有体验的格式塔。其结果是,领导者不能强加一个特定的进程,而必须简单地支持过程的自发性。超我的逻辑被一个从关系中产生的伦

第9章 团体心理治疗中朝向未来的此时：在一起的魔力

理概念所克服（Lee，2004）。团体成员中接触的自体调节的诠释学使格式塔治疗师到达一个极简主义的真理：接触边界的共同创造（Spagnuolo Lobb，2003b）。这发生在治疗师与病人之间的个体设置中，也可能发生在一个团体的成员之中，只要领导者成功地促进了成员之间接触的自体调节过程。

此外，团体过程是由成员们的接触意向性所引导的，他们围绕着团体的发展逻辑而聚集在一起，所以，每一种体验都由领导者置于其所属的情境脉络之中。因此，团体某个成员所表达的同一短语（或任何其他图形）的意义，可能会根据它是在团体过程的开始、中途还是结束时说的而有所不同（Spagnuolo Lobb，1991）。

例如，在一个双年培训项目的最后一次研讨会上，一位女学生说："我觉得我必须说的话对团体而言是无趣的。"这位领导者指出，这是多么有趣的一件事，在一个每个人都经历了深刻的人类亲密时刻的培训课程结束时，她觉得她对同伴们而言是无趣的。"事实上，"她说，"我知道他们对我很感兴趣，只是我想听他们这么对我说。"这一说明阐明了那句话的发展意义，并将其置于结束的意向性的脉络之中："我想在离开时听你们说我对你们来说是多么有趣。"如果这句话是在第一年说的，它的意思是："我害怕不被接受，害怕不被这个团体认为是有趣的。"

简而言之，当代格式塔团体视角具有以下特征：（1）接触边界的概念、接触过程中的特定意向性和场中个体的个人风格；（2）场/情境的理论透镜（不同于系统视角）；（3）接触体验的理论（包括远离对移情关系的分析）；（4）接触的自体调节，以及由此产生的关系伦理，这重新定义了超我的角色和外部社会规则的作用。

我们将在这一章中看到,如何从两个维度来看待每一个团体事件:浮现的审美特质(共时性)和发展/意图特质(历时性)。

我将从弗雷德里克·皮尔斯的贡献开始发展我的论点,并继续讨论格式塔工作在团体中的后续发展。然后,我将提出一个我自己的模型,并在结束时提到在团体中应用格式塔模型的各种可能性。

2. 皮尔斯在团体中的工作

弗里茨·皮尔斯带入治疗实践的创新之一是在团体中与个体工作,他公开地批评个体治疗。在1969年版《自我、饥饿与攻击》的序言中,他写道:

> ……绝大多数治疗师和病人还没有认识到,个体治疗和远程治疗也许都已过时了。确实,团体和工作坊发现越来越多的接纳[……]个体治疗应该是例外而不是规则。(p. XV)

在1969年出版的《格式塔治疗实录》(*Gestalt Therapy Verbatim*)中,他也再次写道:

> 我相信在工作坊中,你可以通过了解在这个其他人身上发生了什么而学到很多,并意识到他的很多冲突也是你自己的,而且通过识别你可以学习。(p. 772)

在皮尔斯的话里,我们可以读到他对临床创新实验的热情,

第9章 团体心理治疗中朝向未来的此时：在一起的魔力

但还没有相应的理论定义。在他的临床热情背后有一个理论背景，与当时在临床心理学世界流行的理论相比，这是丰富的，也是崭新的。如果说他的精神分析训练使他能够与个体深入地工作，那么，他对格式塔理论的熟知使他能够更多地关注过程而不是内容，相信有机体天生倾向于创造统一、和谐的图形（而不是以分析神经质体验为中心），并参考科勒（Köhler，1975）和勒温（Lewin，1951）公式中的场理论来考虑团体情况。

创新之处在于使用了团体设置而不是个体设置，以及对个体在团体中存在的自体调节的内隐式信任。这是一种"社会化"的心理治疗。这一发现解决了与二元分析模型意见相左的分析师的倦怠问题（Spagnuolo Lobb and Zerbetto，2007）。根据皮尔斯的分析，与其恢复个人自发的幸福，不如冻结她/他的活力（Perls, Hefferline and Goodman, 1994, p.236）[①]。然而，格式塔治疗的创始人从来不认为团体过程是"地下的"体验潮流——根据当代的一个理论——赋予团体里的事件意义，成为它们产生的背景。他对接触的自体调节的信念意味着一条最重要的通道，即从超我二分逻辑——因此也从个体需求与社会需求之间的假定的不可调和性（Spagnuolo Lobb, Salonia and Sichera, 1996）——到有机体/环境统一本质的逻辑，以及个体与社会调节之间连续性的逻辑。热衷于由莫雷诺（Moreno，1985）的理论所带来的创新，他知道，团体成员能够把自己和所负责的病人的故事联系起来，这种能力在整个团体中产生了一种同心波的治疗效果，仿佛对单独个人的心理治疗影响可能会增加至整个团体，

[①] 参见本书第2章，对精神分析的批评这一批评促成了自我中心概念的兴起。

凭借着创造性调整的过程，团体的每个成员都是有能力的。正如波尔特斯所指出的（Polster，1973，p. 310）："一个永恒的网络形成了个体需求与团体需求之间的相互关系，以及同一个人的两种不和谐行为之间的相互关系。"

在皮尔斯与团队工作中的另一个基本创新是考虑体验而不是分析。在他的教学中，他说重要的不是为什么，而是怎么样，因此以现象学的、程序的取向为中心，取代分析方法。怎么样所描述的是体验的过程，皮尔斯知道它就在那里，而不是为什么在那里，或者换句话说，对原因的认识，治愈的能量就在那里。因此，支持怎么样是成功的治疗干预的关键。对接触体验的关注是与对移情关系的分析相对的。在此时此地（支持朝向未来的此时）的体验中发展任何自发的东西显然比分析对领导者和其他成员的投射更有治疗效果。

此外，皮尔斯的团体工作蕴含着有机体/环境场概念的新颖性，这一基本思想见于最初的经典专著《格式塔治疗：人格中的兴奋与成长》（Perls，Hefferline and Goodman，1951），在团体中发现了更广泛、更多样化的应用。事实上，接触的概念和"有机体/环境场内接触边界"的概念可以成功地在团体中付诸实践。个体在任何时候都不可避免地成为一个场的一部分，包括他和他的环境。他与他的环境之间的这种关系的性质决定着他的行为（Perls，Hefferline and Goodman，1994，p. 7 ff.）。作为场的团体视角与系统视角是不同的，一个系统被视为一个独立的、"另外的"现实，而场意味着现象学视角，它回答这样一个问题："在这个既定情境里，我的体验是什么？"从场的角度来看，让我们感兴趣的是当前的体验，而这只会发生在成员与团体之间的接触边界上。

第9章 团体心理治疗中朝向未来的此时：在一起的魔力

虽然皮尔斯——在加利福尼亚，在他的取向传播最广泛的时期——从未费尽心思从理论上去定义他所做的事情（Rosenfeld, 1978b），并且在任何情况下，在这些术语中都不涉及在团体里的工作，但是我们注意到在他的著作中（现在很容易在互联网上找到），他把病人的每一个重要的内转带回到接触上来。他经常会要求和他一起工作的病人使用团体的其他成员（或者他自己，治疗师本人），以便将内转的解除付诸实施，并将这个人的能量带回接触中来（例如，抓住另一个参与者的——或皮尔斯的——手臂，而不是握紧他/她自己的拳头）。皮尔斯使用团体成员之间及团体成员与他自己之间的接触边界，以确保他们与感觉的具体性保持联系。

对于皮尔斯来说，团体是展示和传播他的方法的场所，而不是一个系统的研究。在团体中他能够发展他的临床天才，其特点是在柏林学派的格式塔原理的参考框架中考虑深刻的个体动力学：他从图形和背景的角度来看在团体中所发生的一切，更多地关注（个体）过程而不是内容，把这些过程看作由力量决定，另一方面，把它们看作由对这些力量起作用的约束所决定。对皮尔斯来说，在一个团体中的工作是格式塔的形成与破坏的一个连续过程（Hodges, 2003）。

因此，皮尔斯标志着团体心理治疗的原创贡献的诞生。然而，正是保罗·古德曼将自己的观点指向了作为现象学和政治现实的团体。从他的无政府主义论文开始，他试图建立一个真正的病人社区，并以他的创造力、技巧和博学，为社会学、文化和教育的进步做出了一份格式塔式贡献（Goodman, 1942; 1956; 1962; 1966; 1972; 1994）。

3. 存在于团体中的文化演变和格式塔文献

皮尔斯和古德曼两个人关于团体心理治疗的直觉是由该取向的不同倡导者在过去几十年里发展起来的，而随着文化潮流的发展又为他们所不断拒绝。事实上，在不同的文化情境下，在一个团体里和在团体心理治疗中的体验是不同的。如果一开始（在20世纪50年代）这个团体是一个"容器"和推动单个成员独立的动力，他们在其中发现允许自体实现的体验被社会规范所阻碍，这损害了情感纽带和角色责任，那么今天，团体是一个人可以发现归属感而不是独立性的地方，是通过与他者接触而获得的自体感，是一个被注重效率的后现代社会所遗忘的价值。

团体干预有很多种，它们并不局限于严格的临床（治疗团体）或形式（培训团体），而是与教育学、社会政治，或者甚至与自助干预交织在一起。很明显，在团体干预的背后，总有一种对社区的思考和热情，以及一种对社会自体调节的人类学信念。与团体工作对于一个心理治疗师来说是对社会复杂性的一份投入，总是打开广阔的人类和社会视野。

在过去的几年里，与团体工作的格式塔模式已经沿着上面阐述的路线在发展着。在这里，我无法假装做到面面俱到，只能列举一些最著名的潮流。

直到20世纪80年代，克利夫兰学院做出了最重要的贡献。

伊莱恩·凯普纳（Feder and Ronall，1980）在团体工作中区分了依赖、反依赖和独立的阶段。伊莱恩是克利夫兰大学圈里人本主义观点的先驱，她强调了攻击性在人类互动中的作用。

第9章 团体心理治疗中朝向未来的此时：在一起的魔力

约瑟夫·辛克（Feder and Ronall，1980）聚焦于格式塔治疗的美学视角，区分了他称之为"团体循环"（今天我们更喜欢称之为"团体接触序列"）的四个阶段：探索、身份认同、隔离、高凝聚力。

埃尔温·波尔斯特和米丽娅姆·波尔斯特（Erving and Miriam Polster，1973）发展了团体的创造性与和谐性方面，把团体想象成一个希腊合唱团，在这个合唱团中，个体的声音正是由于内容和能量的多样性而给整个团体的活动带来和谐。团体是每个人都有空间的地方，是有可能做出自己的贡献并得到赞赏的地方。最近，埃尔温·波尔斯（Erving Polster，2006）在他的《不寻常的背景：创建一个终身指导系统》（*Uncommon Ground. Creating a System of Lifetime*）一书中，再次提出了团体作为形成社会基础的微观世界的观点，作者在书中有力地指出，心理治疗太好了，不能只局限于病人：这是在心理治疗原则的自发团体中的一种社会化。埃尔温·波尔斯特思想的这一"启蒙"发展让人想起了皮尔斯关于与个体治疗相比团体治疗的重要性的警告。

埃德·内维斯（Ed Nevis，1987；2003）为在公司和组织中的顾问咨询开发了格式塔模式。他的学校也支持团体中跨文化方面的发展（Levine Bar-Yoseph，2008；Gaffney，2006）。埃德·尼维斯的模式认为，一个组织团体良好运作的关键在于参与其中的个体所提供的反对意见。因此，他从组织情境中插入的单个个体——或多或少觉察到——的反对意见开始，发展出阅读键，以及一种处理生产和组织过程中的障碍的方法论，这是帮助组织去释放能量和想象力以使其具有创造性的一种方法。这项工作需要对"坚持"反对意见和承受压力的信任——典型的商业情境——要求即时的解决方案和结果。

从20世纪90年代起,在罗拉·皮尔斯去世以后,纽约格式塔治疗学院,即格式塔治疗的创立地,有意将其科学兴趣指向团体,作为对二元动力学兴趣的一种有效的替代性选择(Lay and Kitzler,1999)。场的选择是基于有机体/环境统一性的格式塔概念,它强调个体/社会、亲密的/社交的、私人的/政治的二分法是多么的不现实(Perls,Hefferline and Goodman,1994,p. 23 ff),以及心理治疗如何同时具有私人和政治的任务,从这个意义上说,两个维度不能被分开(Lichtenberg,2009)。纽约格式塔治疗学院致力于发展团体工作的理论和实践,这一方面是基于诠释学尝试去更深入地研究格式塔治疗诞生的美国来源(在詹姆士[James,1980]的美国实用主义和G. H. 米德的象征主义中,参见Joas,1985),另一方面是对认识论一致性的需要,保罗·古德曼已经充分证明了这一点,他以对二分法思维的超越对我们施加影响。这个工作团体(我也是其中一员)的元老是理查德·基茨勒(Kitzler,1999a;2003;2007;2008),他从纽约格式塔治疗学院自己的团体体验出发,对理论基础进行了重新审视,因为该学院是一个学习/教学社区。事实上,与理论原则的一致性必须首先在我们体验我们所属的团体的方式上去保持。众所周知,成为纽约格式塔治疗研究所的一分子意味着在接触边界上的完全在场,相信建设性的批评会产生良好的形式和在团队中自由波动的领导。

这个团体有很多关于这个主题的见证。我提一下其中的卡尔·霍奇斯和巴德·费德(Bud Feder)。

卡尔·霍奇斯(Hodges,2003)将格式塔心理学场理论的概念——格式塔的图形/背景、整体/部分、过程/事件、优势/限制和形成/破坏——应用于团体。在场中优势发展得越自由,团

第9章 团体心理治疗中朝向未来的此时：在一起的魔力

体就越能处于动态平衡，这是一种幸福的状态，允许形成清晰的图形，并赋予其形式、结构和组织。这些格式塔可能只有在场的条件允许的程度上才会强大。霍奇斯随后回到伊冯娜·阿贾扎里安（Yvonne Agazarian，1997）的团体模式，将其作为一个实验，认为它们是整个团体过程中浮现的图形，是小团体，然后在整个过程中解散，而他们的工作成为后续图形的背景。这些亚团体使得探索冲突的部分和分离成为可能，从而同时考虑几个方面。霍奇斯认为团体过程有五种格式塔（Gestalten）或构型：（1）定位；（2）权力和控制；（3）亲密；（4）分化；（5）结束。(Hodges, 2003, p. 256 f)

费德（Feder, 2006）在他的《格式塔团体治疗：一个实用指南》（Gestalt Group Therapy: A Pratical Guide）一书中，总结了格式塔团体取向的基本原则，并对政治组织（如亚伯拉罕·林肯的）在团体过程和领导方面进行了有趣的解读。

如果我们看一下欧洲的研究，那么我们在这里也可以看到人们对朋辈格式塔团体模式越来越感兴趣，一方面因为我们的形成从根本上发生在团体里（不排除个体治疗的重要性），另一方面因为文化趋势的演变，从个人主义的角度来看，自上而下，越来越聚焦于水平面，即社会的团体维度。

罗比纳（Robine, 1977）批评了一些同事将人类-动物-有机体概念转换为团体-动物-有机体概念的倾向。他强调有机体/环境场的概念，这是《格式塔治疗：人格中的兴奋与成长》(Perls, Hefferline and Goodman, 1951) 的基础，这已经是团体的一个定义，而团体正是一个时空，接触得以发生于其中。

我将在应用的一节中提到欧洲的其他贡献，因为这与格式塔认识论向社会生活的扩展有关，而不是试图在理论上安排与团体的临床干预。

虽然有许多对团体治疗工作的理论组织的重要贡献，但是一个共享的模型尚未出现①。说到团体，就意味着很多事情。因此，我们必须在给格式塔团体工作的认识论原则下定义这一工作（将是下一节的主题）和这些原则在各种设置与情境的特定模式中的应用（再下一节）之间做出区分，治疗只是其中之一。

4. 格式塔团体干预的一个模式

4.1 前提

正如霍奇斯（Hodges, 2003, p. 253）所写：

> 原型不是家庭，有父母和孩子（或者老师/学生、医生/病人）、领导者/追随者）。对格式塔团体而言原型是**城邦**，成员们开启了他们的"公民身份"（de Mare, Piper and Thomson, 1991, pp. 1-74），他们在一个平等的共同体中扮演着灵活、短暂的角色，并发挥他们的创造力："[自体]是生命的艺术家。"（Perls, Hefferline and Goodman, 1994, p. 11）

团体是一个"既定情境"，从格式塔的观点来看，我们可以

---

① 参见《格式塔治疗研究：对话的桥梁》（*Studies in Gestalt Therapy. Dialogical Bridges*）杂志 2009 年第 1 期，本期致力于"团体过程和现象场"这一主题，从中我们可以看到，我们还没有一个关于团体工作的意义明确的理论，在这方面进行更广泛的科学交流将是有益的。

第9章 团体心理治疗中朝向未来的此时：在一起的魔力

将其定义为从背景中分化出来的接触边界的连续不断的创造。因此，我们可以肯定地说，团体的生命是在背景中发生、流动的，而浮现的图形总是与背景的发展有关。团体的背景赋予事件/图形意义，与此同时，在团体中成员的存在方式创造着活力，即他们存在的质量，因此，团体的生命因有无自发性而经历其不同的阶段。团体过程就像赋予事件意义的一股地下电流，这代表着图形，是成员们以一种特殊的方式来描述他们对支持背景的意向性的认同。

这是一种接触的现象学凝视，带着这种凝视的格式塔治疗拒绝团体的现实。在格式塔治疗诞生的同一时期，拜昂（Bion, 1952）认为维持团体的目标几乎是人们的一种高级动机，甚至把冲突看作其成员用来维持团体的一种技术（Bion, 1952, p. 63）。她认为团体本身就是一种精神器官，有自己的心理和文化。格式塔治疗在某些方面是相似的，它肯定了团体过程相对于个体而言的独特性和独立性。此外，借助现象学和接触的视角，它将团体图形的出现视为创造团体"音乐"的个体贡献。个体和团体并不是两个截然不同的现实。

根据格式塔心理学家的说法（Lewin, 1951），团体是由它的目的（为什么我们在一起）、结构（例如，层级的存在或不存在，领导在场或自我管理）和边界（角色有多么清晰，比如：谁付钱，谁不付钱；谁在旁观，谁在参与；谁在协调，谁在参与；等等）来定义的。

团队的领导者必须能够同时在背景的移动和个体图形的在场中找到他/她的方向。事实上，存在"团体接触"的特质，引导他/她面对个体的存在；也存在团体的能量在其发展过程中所采取的方向（接触的意向性），这构成了图形从中出现的背景。

4.2 领导的格式塔概念

当然,格式塔团体方法的新颖性与作为团体自然功能的领导(leadership)概念有关。众所周知,这群创始人——尤其是保罗·古德曼(Goodman, 1960)——反对20世纪50年代西方文化模式的权威预设,这种预设是基于权威/依赖人格的一种模式,促使人们寻找一种超越家庭的恋母情结构建的治疗模式(参见第6章)。领导不是与领导者的制度角色联系在一起,而是表达了一个团体中所有个体的一种天生的能力,这种观点是具有创新性的。领导必须在团体成员中间自由波动,而不能局限于领导者。事实上,领导者的角色恰恰在于支持团体成员自发地获得领导地位的能力。

对于格式塔治疗来说,一个有效的团体不是一个遵守"社会"规则的团体,而是一个能成功地让领导在成员之中流动的团体。然而什么是格式塔治疗的领导呢？它被认为是为了团体的治疗和联合而有的能力,它是一种聚集力量的假定,它是对被团体感知到的某个主题发出声音,从而支持成员之间关系的发展或可能克服他们之间的障碍。一个有效的团体通过相互镜映、分享需求和愿望、尊重他者的多样性的过程,引领其成员的个性化。

这种"反恋母情结"的领导概念对于想要以"格式塔"的名字命名的团体干预模式的发展是至关重要的。

4.3 诊断与格式塔团体心理治疗

对于格式塔治疗师来说,诊断过程与治疗过程是一致的。事实上,在现象学和程序参考框架中,诊断就是治疗,治疗就是诊断(Kitzler, 2003; 2007)。

第9章 团体心理治疗中朝向未来的此时：在一起的魔力

那么，格式塔团体心理治疗师考虑什么？他/她支持什么？他/她使用的标准是审美的（与感官的具体性有关）和程序式的（与接触体验的发展有关）。这两个方面，一个是共时性的，另一个是历时性的，都是格式塔团体工作的指南，我们将在下面详细讨论。

4.4 接触的品质：团体的美学共时性诊断

团体接触的品质构成了格式塔领导者观察团体的共时性标准。这是一种健康的信号，与团体而非单个成员有关。即使团体氛围在个体性方面有所减弱，这些标准也应该作为一个统一的现实而关涉团体。

格式塔带领者根据三个标准观察小组：
- 团体成员的活力和在场；
- 领导的灵活性；
- 能够接受团体成员的新颖性和多样性。

4.4.1 团体成员的活力和在场

图形/背景形成的过程是一个动态的过程，在这个过程中，场的紧迫性和资源逐渐将其权力提供给占主导地位的图形的兴趣、亮度和力量［……］尤其是心理上的：它具有特定的、可观察的性质，如明亮、清晰、统一、着迷、优雅、活力、释放等。(Perls, Hefferline and Goodman, 1994, pp. 7-8)

团体的活力是可观察到的现象，即作为生态位（[eco-niche] Goodman, 1972, pp. 5, 7, 9) 的团体允许其成员自发地、流畅地去完成接触的意向性。这种允许的证据是团体中每个成员感觉中的在场（他们相互倾听，对事件迅速做出反应，注意力集中），以及随之而来每个成员在团体中的自发性（放松的呼吸、基本的安全等等）。虽然活力在不同的成员中是以不同的方式表现出来的（在场也是个人风格的问题，或多或少的攻击，或多或少的尴尬，或多或少的和解，等等），但它也表达了团体的一种品质，这是对团体过程逻辑的回应。例如，成员们一个一个僵硬地坐在团体中，整个气氛似乎让人难以呼吸。在这种情境中，放松地坐在那里的参与者要么不敏感，要么在挑衅。

值得注意的是，团体成员充满活力的在场是如何在不同的发展阶段表现出来的，它又是如何在接触过程中与这些阶段的意向性交织在一起的（例如，一个立即形成亲密关系的团体在面对前接触阶段时表现出焦虑）。

成员充满活力的在场是我们的独立标准，它给出了有关体验的"深度和真实性"，以及关于"有机体的需要和能量及环境的可能性在多大程度上被纳入并统一在图形中"的一个指标。(Perls, Hefferline and Goodman, 1994, p. 7)

4.4.2 领导者的灵活性

在格式塔治疗中，团体不同成员所扮演角色的灵活性是团体"健康"的基本标准。如前所述，没有绝对的领导者。在这一点上，必须在制度性领导（主持会议的人的领导）和由团体不同成员自发承担的领导之间做出区分。一个有效的团队就有可能让不同的成员采取行动来团结这个团队，并加深这个团队的关系，等等。领导被视为团体中存在的一种自发的、积极的功能（Feder and Frew, 2008）。领导所表达的自发性特征被完全呈现在接触边界上，作为对团体情境的一种创造性调整，承担这个角色的灵活性构成了一个健康的标准,这个事实是该方法的一个重要的人类学和政治社会原则。

领导不能被看作一个角色,而应视为一个任何人都可以进入的过程。例如,团体的一名成员说:"我感到很脆弱。"整个团体带着一种安慰的感觉把注意力集中在他身上:每个人的呼吸都更加放松,氛围也变得更为轻松。这种表达的脆弱性是领导的一个例子:肯定个体表达现象学场的一个有意义的主题,因为它在那里引起共鸣,所以得以修改。背景的很大一部分变成了图形,团体的其他成员也认同它。因此,团体过程,即图形/背景动态,得到了发展。

4.4.3 接受团体成员新奇和多样性的能力

接受新奇和多样性的能力,是另一个重要的诊断要素。接受多样性是成长的必要条件。这种对未知的开放姿态意味着在被认为是理所当然的确定性背景里的扎根体验。

在一个团体中,新奇可能以不同的方式再现出来:领导的改变,某个团体成员发表声明暴露一些重要的事情(例如同性恋身份或婚外情关系等),团体中的一员有精神病危机,团体的结束越来越近,经历着攻击性的情绪,等等。团体对新奇的容忍是一种统一的现象,无论反应是一致的(例如,团体所有成员都支持那个暴露了他/她感到羞耻的方面的人),还是平衡的(一部分人表达了不宽容,但是团体的其他人则站出来捍卫那个暴露真相的人的尊严)。团体表达这种容忍新奇的能力的最微妙的时刻是解构阶段(参见下一节),但无论如何,它总是以不同的方式在团体发展的所有阶段表达出来。

成员们从背景中创造新事物的勇气与背景的安全有关:背景

给予的安全程度越高，个体就越愿意冒险将自己暴露在未知之中。因此，除了关注团队如何接受新奇之外，领导者还必须关注在没有新奇出现的情况下的这个方面：团队成员没有显露出自己的"秘密"方面。这也是难以接受新奇的一个标志。

例如，在治疗团体的第三年，一位女性参与者透露她是个同性恋。把这一点告诉别人一直是个大问题，现在能分享出来她感到很欣慰。这一切都不是偶然的，这是在一次会面之后才发生的，在那次会面中，团体成员有勇气对彼此说一些非常具有攻击性的事情，而这些事情在以前是被内转的。团体接受愤怒的能力给了女孩必要的支持来暴露真相。

目标和方法越清晰，在没有"病"或"坏"的情况下有不同的可能性，就越能平静地体验这些方面，导致团体精神病理学的那种混乱就会越少。

4.5　成员接触意向性的发展：历时性诊断或团体过程[①]

团体的背景是由其过程组成的，是随着时间而发展的关系体验的地下电流，形成了每个阶段典型的接触意向性。在共享的个体体验中"在一起"的动机降低了。时间标志着团体的生命，引导着它的接触能量。

这是描述团体意向性发展的一种方式：从最初渴望被接受开始，团体成员寻求定义他们自己的安全感，作为接触中的人在场的力量。因此，团体的兴趣聚焦在对已获得的确定性解构的批评的风险上，这是真实存在的一个必要条件：基本上，当我们冒险

[①] 对于将团体过程理解为背景，我要感谢意大利HCC格式塔心理治疗学院心理治疗专科学校的学生培训师，作为课程的团体过程的观察者，他们用敏锐的、充满悟性的反思激发了我。

第9章 团体心理治疗中朝向未来的此时：在一起的魔力

对他者说"我不相信你"的时候，我们是希望能够了解他/她，从而能够信任他/她。那么，在下一个阶段，团体就会经历向他者放弃自己的体验，带着亲密的感觉向彼此暴露他们自己。这一刻之后，团体就准备解散了，成员们准备带着他们所学到的东西走向世界。

团体的故事是一个接触意向性的故事，是他们在发展的不同时刻得到支持的故事。

团体过程的背景让领导者去了解浮现的图形，并在接触意向性的连续体中配置它们。例如，一个团体开始时的沉默与最后离别时的沉默有着截然不同的关系价值。最初的沉默是出于被接受的基本愿望，因此可能表达了向团体介绍自己的恐惧，而团体结束时的沉默可能意味着尊重所有人的在场和对彼此相知的亲密体验的敏感，这可能意味着对将在团体结束时实现的自体调节的信心，并希望品尝已经达到的深厚的亲密感。

我将介绍团体过程的各个阶段，对每一个阶段，我将在团体的接触意向性和领导者的任务之间做出区分。这些阶段是根据接触-后撤出接触的顺序和接触体验的理论来确定的（Perls, Hefferline and Goodman, 1951）。

4.5.1 第1阶段：成为一个团体

团体接触的意向性和成员的能量集中在：

- 了解他人，让他们了解自己；
- 被接受，寻找空间，被倾听；
- 了解情境和领导者，以确认在团体中存在的选择。

领导者的任务是去支持这种意向性：

- 作为团体构成运动一部分的情境化个体干预；
- 定义契约、设置和前提的规则，以及任何可能给成为团体带来约束和定向的东西；
- 支持团体互动。

在这个阶段，领导者的目标之一是达成团体的认识和凝聚力。如果领导者有一种敏锐的风格，他/她就会把他/她的力量转移到有利于背景的发展上去，而不是作为图形出现，通过这种方式，参与者可以有其他成员在场的体验，作为一个安全的、熟悉的背景。

另一个目标是"设置"团体的活力。领导者必须支持成员之间充分的感官互动，关注他们如何呼吸，当他们互动时，他们是否看着对方，倾听对方。

领导者的共情必须聚焦于接触边界，而不是每个人的个体体验。他/她不会问自己这样的问题："这个人此刻有什么感觉？"而是会问："这个人此刻对他人的感觉是什么？"格式塔领导者不是从体验分析的角度来思考（例如，提出嫉妒评论的参与者是在重温与她兄弟的竞争），而是依据接触边界上的体验来思考，因此，例如："提出嫉妒评论的这个人是怎么呼吸的？他与场的哪部分有接触？在这个场/团体中感受到什么样的安全感可能会让他呼吸更充分并能更完全地在场？"

此外，在这一阶段与其他所有阶段一样，领导者将单个成员的所有干预带回到对团体的感觉上来：那个成员的嫉妒体验是如何包含着被接受、被倾听的愿望？他想让团体看到他自己的哪些部分？

在这一阶段，注重接受他者和相互了解的练习适合于支持接触意向性。

4.5.2 第2阶段：团体的身份认同

团体的意向性是为了获得在一起的安全感。在这个阶段，团体的能量指向：

- "给他们自己起一个名字"；
- 找到一个共享的身份；
- 巩固他们作为一个团体的存在。

这通常通过共享语言的发展而发生，成为一种团体身份。例如："我们是一个团结的团体"，或者"严肃的"，或者"享乐的"，等等。团体的成员很容易认同在该团体中享有地位的行为或态度（例如：一起去看电影；谈论男人或女人；谈论旅行；分享价值观，如帮助他人；等等）。所有这些——共享的语言、价值观和兴趣——给予团体的能量力量和方向。

这一阶段的领导采取有利于团体身份认同的行动方式。领导者：

——给所发生的事情"命名"；
——以团体术语定义事件。

例如，在助人关系的团体训练的初始阶段，一位女士讲述了她是如何设法倾听因为一个问题而来找她的女朋友，以及她是如何不得不离开女朋友去和正在做课后作业的女儿在一起。在团体中，她问自己，作为一种职业，去帮助别人是多么困难，但又是多么迷人。带领者说："你为自己能倾听朋友说话而感到惊喜，这是对你在这里所做的工作的很好反馈。尽管你在问自己，也在问团体，作为一种职业去倾听别人是否意味着要放弃生活中的许多东西，甚至是你在孩子们身上花费的时间。对此有人想说点什么吗？"这个女人不仅仅是在表达一种个人经历，她首先是在表达一种团体体验："一个照顾别人的人的身份是什么？我想在自己身上改变什么？如果我完全投入这个团体，我会变成什么样儿？"

领导者是由任何帮助将这些问题带回到团体身份认同的成员来担任的：作为开发劳动的成果，团体必须产生一个答案。这就是为什么引用领导者的语言是领导的一个例子：它支持对共享话题做出贡献的团体互动。

团体身份的获得镜映了不同成员个体身份的获得。定义一个人的身份的结果之一是感知自己与他人相比的不同。因此，在这一阶段，我们既要讨论团体认同的话题，也要讨论个体差异的话题。"如果我叫朱塞佩，那么我就不叫卡罗尔。"开始感知差异是强化自己身份的结果。我们越能感觉到自己，我们就越能欣赏他人的不同。

4.5.3 第3阶段：对团体确定性和新奇信念的解构

团体的意向性提出了解构①，对深入了解他者颇感好奇。在前一阶段得到了很好定义的团体能量，在这一阶段获得了足够的力量去攻击环境，去解构之前获得的确定性。在前一个阶段，兴趣是指向加强一个人自己的身份，现在，身份是如此的坚固，以至有可能去批评，去解构他者。攻击性和解构表达着对他者的爱

---

① 我非常感谢锡拉库扎第15期课程的学生们，以及锡拉库扎和巴勒莫（2009—2010学年）心理治疗专科学校的第14期课程的学生们，他们以格式塔认识论为考量，对"破坏"和"解构"这两个术语进行了分析。术语"解构"似乎更合适，因为它与感知过程相一致（就像一个拼图的分解和重组一样）。

第9章 团体心理治疗中朝向未来的此时：在一起的魔力

和对接触的愿望，如同一个孩子为了彻底了解一个玩具，就会把它拆成碎片一样，又像米开朗琪罗愤怒地用他的锤子砸摩西的膝盖，并说道："你为什么不说话？"如果我们不先带着自己解构了的好奇心去接触他者，就不可能爱上他/她（参见第5章）。

领导者赞成并支持成员将自己托付给团体的能量，冒着解构的风险，信任自体调节。

在这个阶段，团体一方面会陷入"集体疯狂"，比如整天在一起寻欢作乐，醉生梦死，冒着体验自己未知部分的风险和接受他者的风险；另一方面，接受成员之间的和针对领导者的批评与猛烈攻击。为了测试自己的潜力而有挑战规则的感觉，最重要的是信念，对于对他们的历史而言很重要的其他团体更具有包容性，在面对被理解为解构力量的"疯狂"时是严格和规范的。

领导者相信成员之间能够彼此达成一致的能力，并且没有将这种攻击性解读为一种破坏性的力量，而是当作一种为了达到对他者之爱所必需的力量。那些深刻的东西通常都是批评（如果我不能接触你我就会生气），或者冒着"超出常规界限"的风险与他者在一起，只有将这些事情告诉彼此，我们才能在那里培养出一种"存在的舒适感"和"在异乡如同在家的感觉"（参见Spagnuolo Lobb，2009e）。领导者应该赞赏成员们充分接触的冒险，并且必须注意团队成员之间的解构性接触是由呼吸和被认为是理所当然的确定性背景所支持的。

举例。在一个培训团体的第三年（倒数第二年），气氛仍然是"凝滞"的，有些成员有开放的时刻，紧接着是沉默和封闭，而不是明确的分享。团体成员认识到他们无法继续信任每个人（有些人被认为是脆弱的，或者不能暴露他们自己），他们说在课间休息的时候比在团体工作的时候更具有自发性。这一宣称表达了一种不安,但最重要的是渴望超越该团体给自己订立的"公约"。领导者知道他/她必须支持这种渴望将会带来的形式。一个女孩要求对她的焦虑感觉进行干预,这是她在做一个涉及身体体验的团体练习时所经历的。工作时,她向我们讲述了几个月前分娩时所遭遇的创伤。这是她第一次允许自己将她在生孩子时所经历的强大的、痛苦的、死亡的体验告诉团体(以及一般的人)。团体中还有一个女孩也快要临产了。领导者感觉到了对团体的风险,但让恐惧、愤怒、欲望、爱、嫉妒之河从故事中流出,流过团体中每一个个体的体验。他们中许多人哭了,整个团体都非常关注这个故事。很明显,团体正在进入一个更加相信有能力倾听他人的最深刻体验的阶段,一些没有暴露自己的成员以前所感受到的僵化可能会成为容忍和克制一切体验的能力的背景,即使是最痛苦的。临产的女孩证明了这一点,她表达了对告诉她故事的女孩的亲近,并向她保证这丝毫不会影响她目前的生育体验,相反可以帮助她选择将来协助她的医疗团队。这一节之后是在团体中的一系列个人体验工作,在其中还没有暴露自己的参与者讲述了他们最亲密的故事,包括疯狂的、虐待的、分离的家庭体验。到这一刻团体拥有了亲密的能力。

4.5.4 第4阶段:团体亲密

团体的意向性倾向于完全接触。在这个阶段,团体的能量是自由和强大的,足以深入他者,冒着被拒绝或批评的挫败风险(以前是害怕的)。

领导者的任务是去支持这个运动,等到从团体成员之间相遇的肥沃虚空中(参见 Frambach,2003),声明自发地从以前从未被揭示的自体各部分和从未被提及的接触感觉中流出。既然这个

第9章 团体心理治疗中朝向未来的此时：在一起的魔力

运动必须自发地在成员中产生，它就不能由领导者来诱导。这是每个个体独特创造的问题。领导者必须耐心地支持每个个体孕育"分娩"的沉默，当它发生时，欢迎每一个成员新的自体的诞生。如果在前一阶段，风险在于向他者暴露侵入性的欲望，克服因前一段关系的创伤而获得的恐惧，那么在这里，风险在于让一个人的温暖到达他者，改变习惯性的内转关系模式。所有温暖、亲近甚至痛苦、创伤的情感表达——所有这些都支持团体的意向性。

4.5.5　第5阶段：分离和团体魔力的辐射

团体的意向性是朝向分离的。尽管个体在接触中获得了幸福，但这个阶段的团体能量倾向于分离，不是为了逃离，而是出于发展的需要。

在一个团体中，"在一起"的魔力总是活跃和在场的，但现在不再需要了。于是出现了一种想法，那就是带着所获得的新奇重返社会：以一种纯粹的方式融入一个团体的能力，仿佛一个人从未受到过伤害。克拉克和利的诗句（参见第7章）"去爱吧，如同你从未受到过伤害"，很好地表达了这种征服。

领导者支持从接触中后撤时这种紧张的发展，作为一种自然的、丰富的分离。它经常采取感谢的形式，这是这一阶段的图形（Borino and Polizzi, 2005）。在说"谢谢"的过程中，参与者既可以表达他们的力量感，也可以表达与他者的分化感知，他们可以通过吸收在团体中学习到的新奇来展示自己：有可能是与他者在一起超越了自己的伤口。在这一点上，退出接触与独立是同时发生的。

5. 格式塔团体模式的应用

这个团体诊断和干预的模式被设计成一幅地图，不仅在培训团体或心理治疗团体中，而且在许多其他团体的场景中都可以用来指导带领者。认识论原则使格式塔模式对团体而言具有丰富的应用潜力。事实上，文献中有很多关于特定场景的例子。我们只需要引用关于商业咨询方面的研究（Nevis，2003；Baalen，2009；Spagnuolo Lobb，2012）、关于学校课堂方面的研究（Cavaleri and Lombardo，2001）、关于青少年方面的研究（Fabbrini and Melucci，2000）、关于受特定病理影响的病人方面的研究（Mirone，2009；Canella，2004；Pintus，2011）、关于宗教团体方面的研究（Salonia，1994）、关于精神病学社区模式方面的研究（Spagnuolo Lobb，2002a；2002b；2003a；Sampognaro，2003），以及关于心理治疗团体训练方面的研究（Spagnuolo Lobb，1991）。

除了这些应用，每一个都包含了一个值得我们注意的具体兴趣，我还想提到一些贡献，这些贡献将格式塔的认识论原则放在城邦的层面上，提出了支持社会生活某些方面的原创建议。

例如，马尔科姆·帕莱特（Parlett，2003）提出了对我们社会中可持续关系资源的一种格式塔解读。他列出了五种"能力"：做出回应、相互关联、自我认识、具体表达、乐于实验。这些表达了人类社会共同生活的特质，从做出回应和相互关联的能力，到认识自己和感觉体现的能力，再到引导我们尝试新的可能性的好奇心（参见 Spagnuolo Lobb，2006c）。

舒尔特斯和安格尔（Schulthess and Anger，2009）在他们

的新书《格式塔与政治》（*Gestalt und Politik*）中，呈现了对心理治疗、社会、文化和政治之间的联系的各种格式塔解读。

6. 结论

我希望，对格式塔团体工作的各种贡献将被科学界所接受，因为它们具有应有的意义，并能够对我们的社会产生影响。我选择这个主题作为本书的倒数第二章并非偶然。格式塔治疗师永远不能保持私人运作（Lichtenberg，2009）：他/她的工作也是政治性的，他/她对团体的投入是他/她能够给予现实的最深刻的支持，这会改变社会福祉机制。

由于本章仍然是临床的，而不是政治的贡献，我想以团体工作的一个例子作为结束，在那里，社会和政治的喘息效应代表着个体僵局的朝向未来的此时。

在一个由经验丰富的俄罗斯心理治疗师们组成的专业团体中，一名47岁的参与者要求做个人体验。她的母亲死于癌症，问题是没有和她说再见，她很清楚该怎么做。她选择在团体里做一次个人的体验，因为她感到孤独，非常孤独。她是一个独生女，但有一个由丈夫和四个孩子组成的家庭。她有一双温暖、平静的眼睛；她是可爱的老大（也是唯一的孩子）。她告诉我们她住在莫斯科的一栋老房子里，当她谈到她的家时，她的眼睛就亮了起来。她与自己的根有着良好的关系，并保持着所有"背景"的和谐，意识到她在所参与的故事中所扮演的角色。我告诉她，我可以想象住在莫斯科旧建筑里的魅力，在革命期间，贵族们被成群结队的无产者们所驱逐，他们共享这些美妙的房间。她一想到这些画面就兴奋起来，她的脸和她的整个身体都会变得很温暖。我告诉她,她是历史流动的一部分,她坚定地站在那片土地上,同时很好地守护着它。很明显,这个病人正在经历她的人格功能的转变:失去母亲,而不是因分离而产生的空虚,这意味着自身定义的改变。我问她,如果她把自己定义为她的国家历史流动的一部分,她的母亲会怎么说呢?她回答说她母亲什么也不会说。我告诉她,她可以让自己以一种属于历史洪流的功能向世界展示自己。我让她想起了电影《狮子王》里的形象,父亲把他唯一的儿子献给世界,把他高高举起展示给所有人。她说这是一个可悲的场景,然后她马上又说她这么说破坏了一个重要的时刻。我告诉她这是可以修复的,她为可以修复的想法而感动,并说她已经准备好将自己作为俄罗斯历史洪流的一部分呈现给这个团体。她以一种根深蒂固的姿势,去体验向团体展示自己,快乐地向团体和世界开放。

这是一个例子,说明一个私人事实(事先宣布的母亲死亡)实际上如何能够对个人产生社会和政治的共鸣,以及团体如何能够为个体提供在一个微观世界中体验一种生态位的可能性,从而保证社会福祉。

> 我觉得团体就像,
> 当你摇晃它的时候,
> 你会看到一个万花筒,
> 每一次的模式都会根据许多因素而改变,
> (关于这一点我绝对一无所知!)
> 而魔法依然在于接触。
> (玛丽亚·苗内[①])

---

① 心理学家,格式塔心理治疗师和培训师。未发表作品。

第 10 章
格式塔治疗培训：团体中的新奇、兴奋和成长[①]

> 我把本章献给我的学生
> 以及以下所有的人，
> 他们在生命的神奇时刻
> 决定成为灵魂的专业人士……
> 或者在看见……
> 他们的母亲——如磐石般的女人——哭泣之后，
> 或者在无力地目睹亲人的早逝之后，
> 或者在经历了绝望的孤独之后，
> 或者……在拼图中加入你自己那一块！

到目前为止，我们经历了格式塔的临床实践，从不同的角度和可能的情境去观察和把握它。在本书的结尾，我想对格式塔治疗的培训提出反思。

这是一个广泛而复杂的主题，我不打算在这里详尽地讨论。

[①] 我非常感谢玛丽亚·苗内和贾尼·弗朗切塞蒂为本章贡献了她们的思想，这是从我们一起在《格式塔笔记本》（*Ouaderni di Gestalt*，Spagnuolo Lobb, Mione and Francesetti, 2010）上发表文章开始的。

格式塔治疗已经从一种"天真的"形成性实践的方法论转变为定义明确、种类多样的实践，前者考虑的基本上是体验的（在一个团体中的个人体验）和示范的（观察"大师们"临床工作的"现场表演"）方法。在意大利，由于对心理治疗师这一职业的法律承认（根据关于心理学家组织的第56/89号法令），教育部对大学的培训制定了一项正式条例。与此同时，心理治疗师协会的成立使心理治疗的伦理规范制度成为可能。通过与法律定义的比较，心理治疗专科学校提供了高质量标准的培训项目。

今天，我们知道培训意味着：

- 法律方面：对该专业的正式承认；
- 行政和管理方面：学生有权找到一个组织结构，能够使他们的生活在重要的培训承诺中变得轻松——从行政的便利，到追踪教学资料的可能性，再到对其质量观点的思考等；
- 方法论和教学方面。

格式塔治疗培训当然变得更加复杂和结构化，而在关系过程自发性的基础上坚持格式塔认识论的信念，成为一个非常有趣的挑战。团体培训的实践——与该模式的历史开端相比——已经成为一个长期的故事，并因对团体过程的考虑而得到丰富。最初被认为是个体成长基础的东西（特别是新奇、兴奋和成长，正如皮尔斯、赫弗莱恩和古德曼奠基之作的标题所示），今天被认为是团体成长过程的基础。

格式塔培训的方法论-教学方面依次包括三个大类：教学程序设计（必须能够流畅、和谐地传递该模式）、人类教学环境的质量（既关乎培训师的质量，又关乎他们之间的氛围，以及他们在该模式和该学派中的成员资格感）和观察课堂团体过程的地

第 10 章 格式塔治疗培训：团体中的新奇、兴奋和成长

图，作为学生接触意向性的发展。

但是，在所有这些方面之外，必需配备培训行动的伦理，作为一个高一级的定义，所有与培训有关的事情，从浮现在现象学形成场里的关系动力学，到行政和教学实践，都应该参照这个定义。伦理保证双方达成"契约"的目标，也就是说形成目标的实现，既对学生成为心理治疗师的意图"给予形式"，也对培训师的意图"给予形式"，而培训师的意图在于传递一个模型，这个模型有利于其在具体人身上的"体现"。

在这里我不考虑关于教学程序设计的讨论，这是一个值得单独发表的巨大主题。在这一点上，有必要回顾一下欧洲格式塔治疗协会的培训标准（2003 年第 1 版，2005 年修订版）[①] 和乔·梅尔尼克（Melnick，2007）关于国际领域各种培训项目比较的研究。

在介绍完有关格式塔培训的伦理学主题之后，在本章中，我将提供一些对人类教学环境和培训中自体阶段的反思。

1. 格式塔培训的伦理学

1.1 基本的伦理原则

当我们成为学生时，为了能够完成一个职业决定，我们接受进入一个修改环境的风险。这是一种对新奇和职业选择的开放。这是在我们考虑创建一个培训环境时首先必须尊重的，为的是支

[①] 参见网站 www.eagt.org。

持学生朝向未来的此时。

　　心理治疗模式的选择就像选择穿什么衣服一样，这意味着一种用来观察人际关系的心智代码。但这种选择与取向的好坏无关：没有什么取向比其他取向更好，所有的取向都是有效的，只是有些取向比其他取向更受欢迎。

　　但是，为了学习一种一致的语言，一个人必须一头扎进所选择的取向的海洋，进入其深处，完全地认同它。这既像有一张清晰、开放的地图去解读关系，又像能够读着乐谱去演奏一段旋律。只有当一个人自己的语言被同化到能够深入理解其意义时，才有可能与使用其他语言的同事进行对话，以开放的心态聆听和理解不同的旋律，用不同的方式演奏。

　　必须对学生说，这是心理治疗师工作诚实又正确的最初行为。学生们必须学习的不是一种正统理论，而是在限制范围内工作的能力，包括他们自己的限制和模式的限制，以及情境的限制。因此，培训师有责任让学生们了解这种方法的根源和背景，因为这将防止他们"浮夸"地转向他们的临床承诺。

　　一个三年级的女生很好地描述了服装的隐喻：

　　　　我（客我，学生）喜欢这件衣服，因为看到它/触摸它/穿上它（一句话，有一种对它的感知到的、非凡的体验）就是在回应我的想法和愿望，我认为自己是好的（我是做决定的那个人，是我在选择）。随后，这件衣服在能工巧匠（培训师）的指导下，合着我的身体进行调整，能工巧匠对我既知（理论）又行（即转化为一件作品），并和我一起（仍然是"积极"主题和共同创建的想法，这跟我的培训很像：是

第10章　格式塔治疗培训：团体中的新奇、兴奋和成长

一个对话的过程，有点像叙事，它需要双方去创建），共同尝试着去评估优势，并对弱点和缺陷进行"干预"。最终的结果是一件我如此自信地穿上（将要穿上！）的衣服，正是因为它的尺寸适合我，因为我甚至不把它看作一个外在的物体，好像它已经成为我存在方式的一部分。（安娜·米里奥[Anna Milio]，第14期课程，巴勒莫）

这一原则一经提出，就成了所有学校的伦理特征。但在格式塔治疗中，我们有一个特定的伦理，即美学。

1.2　作为伦理的美学

有时，观看格式塔治疗"工作"，一个人可能会爱上它，就像我们可能会爱上波提切利（Botticelli）的《春》（*Allegory of Spring*）：一个人可以花几个小时只是盯着它，完全被它唤起的整体感和完整感所吸引，同时想知道它是什么，具体地说，它激发了这些迷人的感觉。也许是她的微笑，也许是她皮肤的特殊颜色，也许是这个人物在背景衬托下显得特别突出的方式……到最后，我们必须屈服于把只有在有机整体中才有存在意义的东西分解成部分的不可能。

参加一次"好的"格式塔治疗通常有类似的体验，对反思有许多刺激，但最重要的是，它充满了那种振动和那种特有的魅力，就像箭一样，笔直地飞向一个人的整体性这个靶心（Spagnuolo Lobb. 1991, p. 7）。

正是这种魅力，这种令人回味的吸引力，唤醒了一个观看格式塔工作的人的感觉，这立刻表明格式塔治疗关注的是在接触中自体的整合，是有机体与环境之间的任何接触中，以及现象学场

293

每一个动作中的和谐的整合,还有在其中蕴含的治愈潜能的整合。

正如兰克(Rank,1932)所认识到的那样,教授心理治疗意味着给予学生成为艺术家的可能性,就是说,运用他/她的个人品质——甚至,或最重要的是,那些他/她认为是消极的东西,并在他/她的神经症的基础上——以作为觉察和治疗性接触的基本资源(Spagnuolo Lobb,1991,p. 7)。实现这种可能性的基本资源便是觉察,换句话说,是不断呈现在感官上的能力,以及在自体和他者的感知上更新的能力(参见 Spagnuolo Lobb,2004a),去接受感知图形/背景动态的流动,而没有阻碍当前与环境接触的过程(参见 Polster and Polster,1973)。治疗艺术意味着治疗师与病人之间相遇的每一个时刻都能持续地保持在接触边界上,并把它带回到病人与世界接触的情境之中。

格式塔工作的这种品质必须在培训中得以传递,直到今天,它仍然包含着个体与社会之间关系的一种革命性观点。

美学伦理解决了弗洛伊德所提出的个体需要与社会需要之间的两难困境(Spagnuolo Lobb,Salonia and Sichera,1996)。弗洛伊德结构理论中发现的超我伦理学(参见 Migone,2005)意味着什么应该做和什么不应该做的一种内在再现,这是社会的一部分,必须被"吞下去",成为个体自己的一部分,当行为与内化了的价值观相抵触时,就会带来一种愧疚感。因此,传统的伦理是社会价值观的内在规范。皮尔斯对此的批评是明确的:"继承下来的文化会成为一种沉重的负担,让一个人痛苦地去学习,被尽职顺从的长辈强迫着去学习,但可能永远不会个别地使用。"(Perls,Hefferline and Goodman,1994,p. 93)

与此形成鲜明对比的是,美学伦理以引起价值观浮现的关系

第10章 格式塔治疗培训：团体中的新奇、兴奋和成长

的自体调节为前提。男孩意识到，他对他的母亲没有欲望并不是对罪恶感的反应，因此通过一种否定的方式——不过是当感官完全在场时——他看到他的母亲渴望父亲（或者另一个人），而不是他。他看到他的母亲对他感觉到温柔和骄傲，但不是性欲。美学伦理保证了与他者一起在场的完全性：没有什么要去避免的。事实上，正是在接触边界上对清晰感知的回避，导致了伦理的缺失。正如我的一位英国同事所说，如果你直视你的敌人的眼睛，你就无法杀死他。共情带来了接触的自体调节，没有留下憎恨的空间，因为它支持着接触意向性，即使是最具攻击性的人类行为也会受到影响。

因此，美学伦理解决了弗洛伊德理论在个体需要与社会需要之间留下的裂缝，并将人类关系的调节赋予了具体化的共情，赋予了感官，这是与弗洛伊德理论相反的观点。如果我们看到了分裂，我们就需要一个超我。如果我们考虑到在万事万物中的和谐，我们就需要更多地与感官接触。

回到培训过程上来，价值观是在关系中"被发现"的，不是预先给定的。培训者的注意力将被引导到学生们愿意去感知新的事物，并让他们自己被由此产生的兴奋所引导，去创造更符合团体当前条件的存在方式。他们对培训过程的评估标准不会是学生习得理论和方法论模式（总是一个必要的步骤，但这本身是不够的），而是学生在团体中经历（理论的和体验的）形成时刻或多或少有觉察的在场。将治疗关系的伦理委托给感官，其所固有的风险显然是任何内在调节的典型冒险，例如，从治疗师的角度来说，如何避免诱惑或操纵的风险？保证着关系的伦理性的是关系的定义：每一种情绪——尽管有尊严地被对待——都必须回归到驱使病人去接受治疗（或学生接受培训）的意向性，保持治疗师

（或培训师）这个角色（提供帮助的专业人士）是照顾的责任。这是一种"伦理契约"，治疗师和病人双方、学生和培训师双方的狂喜都是通过它找到治疗意义的（参见第 6 章）。

1.3 牙齿攻击的观点如何修改传统的培训概念[①]

格式塔治疗理论（Perls, Hefferline and Goodman, 1951）是基于皮尔斯夫妇的一种直觉的，所关注的是在人类学和关系术语中与孩子牙齿发展相伴随的攻击性能力的重要性（Perls, 1969, pp. 117－121, 1995 年意大利语翻译版；参见第 5 章），这个事实以一种既不内摄也不批判的方式，为我们提供了传递专业模式的——原始的、极富成效的——可能性。皮尔斯（Perls, 1969）强调，在内摄阶段，牙齿攻击预示着儿童心理的攻击成分（Abraham, 1985）。与弗洛伊德发展理论的这一根本区别给格式塔治疗的创始人提供了足够的材料，要求创建一个新的心理治疗模式。"[……] 根据格式塔治疗模式，培训过程特有的品质在于它们被配置成一条不会在内摄上停止的路径，而是接纳并要求一个攻击的阶段，一个解构内摄的阶段，因此是一个与提供培训的人（领导者）相分化（叛逆、批评等等）的阶段。"（Spagnuolo Lobb, 1991, p. 6）

正如皮尔斯所很好描述的那样："一个场里的每一个有机体都是通过合并、消化和同化新事物而成长的，这就需要破坏现有的形式，使其具有可同化的元素，无论是食物、一场演讲、父亲的影响，还是伴侣的家庭习惯与自己的家庭习惯之间的差异。[……] 如果先前的形式没有完全被破坏并被消化，就会产生要

[①] 以下是对斯帕尼奥洛·洛布文章（Spagnuolo Lobb, 1991）的展开论述。

第10章 格式塔治疗培训：团体中的新奇、兴奋和成长

么是内摄要么是完全不接触的区域，而不是同化。"（Perls, Hefferline and Goodman, 1994, p. 121）

个人成长必须经历一个解构阶段，在这个阶段，新奇会受到攻击，已经确定的东西会受到挑战。没有这个积极的、攻击的过程，就不会有对形成内容的吸收。所教的东西将仍然是一个陌生的身体，会被内摄，但不会被同化。

格式塔治疗批评社会对关系冲突中所隐含的创新和自体调节力量缺乏信念。牙齿攻击的概念是——正如我们在第5章中看到的——与信任在经历冲突中所固有的新奇和成长联系在一起的。"通过绝望、对失去的恐惧或对痛苦的逃避，冲突的过早中断抑制了自体的创造力，抑制了自体同化冲突并形成一个新整体的能力。"（Perls, Hefferline and Goodman, 1994, p. 146）攻击的力量[1]和冲突是推动变革的动力，这绝不只是个体的：它们代表了社会群体中自体实现的可能性，同时也代表了社会更新的可能性。如果冲突被避免了，一个人既不能成长/学习，也不能使社会成长。

攻击性（或兴奋）、新奇、同化、成长是格式塔培训过程中的关键概念。

我们可以把皮尔斯所说的治疗师对病人的态度和病人对治疗的态度转移到培训过程中去："但是相反，如果自体觉察是一种整合的力量，那么从一开始病人就是工作中一个积极的伙伴，是心理治疗中的一个受训者。而且重点从他生病这一颇为舒服的感觉被转移到他正在学习的感觉，因为很明显心理治疗是一门人类学科，是苏格拉底辩证法的发展。"（Perls, Hefferline and Good-

---

[1] 有关皮尔斯攻击性概念的后现代定义的必要性，参见第5章。

man，1994，p. 25）因此，正如病人在治疗过程中是一个积极的伙伴，学生在培训过程中也是一个积极的伙伴。

这种积极的、创造性成长观的一个结果，就是证明培训过程是学生/团体与培训师/教学人员之间的接触过程。在格式塔治疗中，培训过程完全从内心考虑出发，进入在接触边界上一个共同创造过程的视角，这发生在一个现象学场里。为了使这个模式被同化，在学习过程中必须具有"鲜明特征"：这是学生的特征，不仅具有适应能量，而且具有解构能量，这是培训师的特征和团体的特征，这是学习发生的人类环境的特征。

正如弗朗切塞蒂（Francesetti, 2006）所写，学习过心理治疗模式的学生与同化过心理治疗模式的学生之间存在实质性区别。"第一种人可以使用这种模式，拥有它，可以应用它，但不一定是创造性地去做；第二种人创造了像他/她自己一样的模式，被它滋养着，把它转化成一个有生命的东西，因此将会创造性地应用它。"（p. 156）学习这个模式本身并不意味着它的同化，只有当它包含了对所学内容的解构和与提出这些内容的培训师相分化的过程时，这种同化才会发生。

同化意味着学生将自己投入测试，但同时也意味着形成性环境的意愿，即当学生将自己投入测试时，去欢迎学生所面临的风险。为了这些确定性，内摄的东西要被解构，学生必须相信环境。这并不是一种盲目的信念，而是近距离的感知：学生感知到讨论中的培训师接受他/她的批评思想，将之作为以一种新观点定义他/她自己的尝试，仿佛是正在学习画一个新形状的人所画的轻轻一笔，由于一种真正的运动的新鲜感而值得关注和支持。很有可能，当培训师面对学生笨拙的分歧时会变得僵硬，或者不认为这是将他/她所学的东西整合起来的尝试。在这两种情况下，

第 10 章 格式塔治疗培训：团体中的新奇、兴奋和成长

学生不会成长：他/她冻结了以批评（用他/她自己的东西）去接近培训师的愿望，回到与内摄有关的基础上；或者将批评推迟到接触之后，以一种隐藏的方式发展它，也许让它浮现在一个更不恰当的时机里，在与培训师的接触之外。

因此，当培训师询问学生意见的时候，在一个团体中可能会出现沉默不语的情况，而在休息的时候，每个人都很想说话，不管是在咖啡吧里，还是在门外。这种情况必定会让我们反思这种能量，它不相信自己在团体中会公开，而是在没有"成年人"在场的时候才会公开。在这些情况下很容易发生对一些事情的一种未公开的批评，与学校或特定的培训师或团体的某个元素有关。培训中的团体与形成的环境之间存在着一道裂缝。因此，必须提出这样一个问题：培训师/教学人员在哪一方面未能提供必要的支持，以使团队的解构能量公开化？对分化的驱动表明了成长的一种愿望，培训师的任务是接纳，并促进这种差异所固有的创造能力的发展。

牙齿攻击的概念将我们置于一个场视角中（攻击[①]总是专注于某个人，可能或多或少在所创造的现象学场中得到支持），并邀请我们去评估学生们的行为，不是根据他们是否遵守规则，而是根据行为所显示的质量：行为是否被阻碍（他们会内转重要的有分歧的情绪），或是否是自发的（他们会流畅地互动，相信环境有能力去接受他们的异端或愚蠢）。

在任何情况下，团体的每一种行为都必须置于发展框架之中，正如第 9 章所解释的那样，这为贯穿于培训中团体生命周期各个阶段的接触意向性赋予了关系意义。因此，每个批评都必须

[①] 原文为拉丁语 *adgredere*。——译注

首先被配置到在团体中发生的时间里：如果学生开始批评是在开学的第一天，也许他/她对留在一个团体里有一份担忧，待在一个他/她可能害怕的环境里将是一个阻碍。如果学生在课程结束时批评，那么他/她可能没能在适当的时候说得足够多，或者不想和其他人分离。

1.4　培训伦理与社会

培训心理治疗师是给予社会的一份礼物：这就是为什么培训必须考虑到社会情境，不仅是为了培养"适合"治疗当代精神疾病的心理治疗师，而且还要使用适合年轻而有抱负的治疗师的形成性语言。

培训必须能够得到更新：为此目的，培训必须以一种定义明确但又能够适应时代的模式为基础。

例如，格式塔模式的核心是对"在一起"的自发性的支持。如果说在20世纪70年代，这一原则因支持独立而被摒弃，那么今天，它又在对关系式在场的包容中遭到了拒绝（参见导论）。为了得到发展，学生必须感受到被形成性环境所"包容"，首先是一种归属感，多亏了这一点，他/她才能够面对在我们当前社会中占主导地位的不确定性，去发展一种明确的自体感，并识别他/她可以打开的多样性。

因此，归属伦理是实现一种对"异己"、对"外国人"开放的伦理所必需的。

属于一个团体、一所学校（就像属于一个家庭、一个社会、一个国家）意味着对你自己的定义，来自知道你是谁的确定性，还有接纳你不是什么的局限性。

在后现代社会中，这种简单的价值观具有复杂的内涵。

第10章 格式塔治疗培训：团体中的新奇、兴奋和成长

拒绝归属以避免存在的一种局限性（如果你属于某个东西，你就不属于任何其他东西），这是自恋社会所特有的；拒绝归属以避免危险，这则是20世纪80年代的"边缘"社会（属于家庭或某个人自己的团体意味着被欺骗的可能性，例如，被父母的谎言所欺骗，被导致死亡的人造天堂所欺骗）所特有的。我们已经从前一种拒绝，转移到了后一种拒绝，再到目前的拒绝，而目前的拒绝不是自愿的，而是因为无法感觉到自体和他者的存在，首先是身体的存在。

今天，对如何支持归属伦理的反思，正在成为所有心理治疗学派的基础，尤其是在传统上支持独立伦理的有格式塔倾向的学校。

正如玛丽亚·苗内所肯定的那样（Spagnuolo Lobb, Mione and Francesetti, 2010, pp. 32-33）：

> 对心理治疗模式的同化允许（并涉及）一个真正的"忠诚网络"的发展：朝向理论模式，朝向培训师和学校，朝向一个人自己的历史和存在的选择，朝向一个人的独特性和局限性。使这些不同的忠诚相容并逐渐一致的途径（一种持续发展的途径，一种通过新的生活经验永不停止更新的途径）支持学生的个人和职业身份的定义与成熟。支持模式的同化最终必须将这些忠诚与学生生活中的更广泛的成员身份一起加以考虑：他/她所嵌入的**城邦**的范围更广。事实上，他/她必须能够置身于一种成员身份的"政治"范围中，其中有他/她的学校、心理治疗师的社区、各种专业的可能性和在此背景下的其他工作者，以及他/她所处时代的知识和求真务实的挑战。只有这样，模式才会在他/她的存在中成为一个

"有生命的实体",他/她才不会独自带着他/她所学到的"工具袋"。

1.4.1 社会腐败堕落时代的格式塔治疗培训：教授如何经历冲突

在我们这样一个社会腐败堕落的时代，要传递伦理价值观并不容易。这不是要传递什么信息的问题，而是要支持学生的什么勇气，支持什么样的朝向未来的此时，以使有抱负的心理治疗师成为一个可靠的公民，成为那些他/她所治疗的人的个人诚信的支持者。

我的观点是，所有需要关心他人的那些人，从家庭到教师和心理治疗师，都可以通过对子女（或学生或病人）自体调节能力的支持，尤其是在冲突中，为抗击价值观的腐败堕落做出根本的贡献。心理治疗的培训，如果参照一个体验模式，也有这种"力量"来生成个人诚信。这种照顾者必须给予的亲密支持，不是关注一种不批评的信任，而是对被照顾者独立的、自发的能力的支持，这种能力能够充分推进与他者的接触，即使存在冲突，也要有勇气去经受差异。相反的态度是，照顾者提供解决冲突的规范，要么安抚冲突，要么否认他者的需要。

在我的研究所里所进行的研究是利用对家庭情境的观察，要求父母处理子女之间的冲突，或一个孩子与他/她的同伴之间的冲突。当父母将冲突留给孩子处理，面对冲突保持微笑，并且不放弃这个场的时候，子女会更加合作，对外人有信心，容忍压力情境，更有把握地陈述自己的想法，并证明自己是无私的。在与身体存在相关联的父母的非规范性和孩子们面对压力的忍耐力之间，有着一种正相关。此外，我们还发现，父母只有在接触到他们自己的身体感觉，而且把冲突当成一种接触的可能性，而不是人际关系中的负面数据时，才能传播这种积极的价值。

公民的尊重及个人和社会的参与是在第一段童年关系中学到的，自体在世界上的意义是在其中构建的。例如。当一个孩子和另一个孩子为了得到一个玩具而争吵时，大人会面临一个戏剧性的问题：我应该帮助他得到他所争取的东西呢，还是应该教他尊重他者，或者说服他放弃这个玩具？你不觉得问题已经存在于一个还没有找到答案的成年人身上了吗？事实上，格式塔治疗指出，正确的答案将是两个觉察彼此处于接触中的孩子共同创造的，他们感觉开放着，能够"舞出"他们的答案，保持与他者接触中的自体的一种充分在场。

格式塔治疗对社会的具体贡献中有关腐败堕落的问题，恰恰在于它强调了在冲突中构建信任的重要性，因为与不同的人接触的体验本身就有自体调节的潜力。

因此，格式塔治疗教给学生的是在没有预定放弃的情况下保持接触的逻辑，而不是在冲突中可能放弃自体各部分的逻辑，但允许一个新的解决方案从这种情境中浮现。这显然是一种困难的处境——这意味着努力成为自己（参见 Ehrenberg，1998）——但也是在一个没有神的社会中拥有完好无损的自体感的唯一保证。

1.4.2 去敏化和情感空虚时代的格式塔治疗培训：教授与他者在一起的勇气

今天的格式塔培训师必须考虑与 20 世纪 50 年代相反的目标：学生的需要与其说是自由地表达他/她自己，不如说是在一段重要的关系中重新发现他/她自己。培训师必须有勇气把他/她自己置于学生的"房间"，并带着感情和信任去观看，而且还要带着知道如何看到事物的美学的人所体验到的诧异和好奇，看到那些努力为他者着想的人的美好。

学生们把对身体的漠不关心和我们社会典型的情感无知带到教室里。培训的任务是创造一段包容的关系体验，不是假定这是一种已经具备的能力，而是必须理解对独立的尊重，在接触中构建它，支持学生可以发展的模式，在团体中展示他/她自己的个性。有时候年轻学生的反应是拒绝，或者他们以冷漠（我不需要感觉到情绪）或浮夸（如果我无法控制，就会出现普遍的疯狂）来躲避。所有这些表达都隐藏了一种无法处理情绪和拥抱的尴尬，当然，还有独立的渴望，有时甚至会有一种痛苦和空虚的感觉。

在后现代时代，格式塔培训师的任务更加困难，更加微妙，因为学生可能不知道如何独立地找到自己想要的方向。举个例子，一个二年级的女生没有决定在团体里敞开心扉。她总是缠着一位组员不放，就像莱纳斯（Linus）[①] 抓住他的毛毯并躲在它后面一样。她不大说话，当别人问她的时候，她从来不会说出自己的想法（她会说一切都很好，她不想说话），当有人跟她说话时，她微笑着，有点尴尬。团体宽容她，对她没有攻击性。这是给培训师的一个积极信号，在一次研讨会上，培训师决定"勇敢地直面困难"，邀请这个女孩加入一个大团体（一个鱼缸）里的小团体中，以便让她参与进来。然后，在内部团体进行练习的讨论过程中，培训师走近女孩（当然，她在小团体中从来没有说过一句话），随便地，几乎是显而易见地，开始抚摸她，同时继续和大家说话。女孩摆出一副不安的表情，仍然微笑着，大家都笑

[①] 美国连环漫画《花生》中的一个角色，走到哪里都拖着一条毛毯，这样他才感到安心。——译注

了起来，很高兴终于有人在不尊重她的矜持的情况下帮助她。带领者问她："感觉怎么样？"女孩说"很好"，没有再多说什么，显然很僵硬，但也很好奇。培训师什么也没说。在这个小插曲之后，女孩解开了"莱纳斯的毛毯"（同时她很高兴能更自由地呼吸），开始更多地与其他伙伴互动，直到她投入团体和角色扮演的个人工作中去，最后开始进行个人心理治疗。这一发展与整个团体的开放是一致的，他们不是沉默寡言，而是敞开心扉，畅所欲言，在团体工作中暴露着他们最"羞耻的"痛苦，创造一种接纳和温暖的气氛，取代了最初的冰冷。

为了给今天的培训带来这场革命，培训者们必须让自己做好准备，转向自己身体的感觉。只有在感受自己的身体时，才有可能去感受他者的身体，去感知向他者开放的潜力。这是社会在不久的将来所能做的最好的投资。

2. 教/学共同体：使形式具有流动性的教授

> 自体事先并不知道它将发明什么，
> 因为知识是已经发生的事物的形式。
> (Perls, Hefferline and Goodman, 1994, p. 147)

在格式塔治疗中，我们以形成性接触的过程来谈论培训。因此，这是一个由学生和培训师在学习/教授治疗性艺术时感到有效、满足并充满创造性的需求所引导的"处于形成中"的关系过程（Spagnuolo Lobb, Mione and Francesetti, 2010）。学习/教授的困难和资源是这个关系场的一种功能。

为了保证教学模式与构成它的认识论原则相一致，教职工和学校作为一个整体传播的氛围是基本的。这是学校的灵魂。建立一所学校既不在于单一的培训师，也不在于主管，这是一个培训师们的社区，必须创建使学生可以学习的确定性的背景，让学生被这个理论滋养，把自己托付到一个他/她将深刻地质疑其"在一起"的点上。培训师之间的氛围决定着这样一个事实：学生可以体验到教学的一致性，也可以自由地与众不同，被认同，有创造力。通过这种方式，学生将该模式作为包括各种不同观察风格的一个整体来学习，与此相反的是对该模式的一种刻板看法的创建。在培训师之间呼吸的"空气"以一种共同的诠释学传递着相互承认，从这一点出发，培训师和学生都有可能发展他们的个人风格。

在培训师社区内的相遇成为背景发展中的基本工具，从中浮现出他们的教学图形。培训师团体的体验背景是由他们的个人风格和价值观组成的，是由他们与吸收格式塔模式、与教职员工之间的关系如何相互交织组成的，是由他们成长为专业人士并为格式塔社区和一般心理治疗社区做出重大贡献的愿望组成的。这让他们觉得他们属于学校，并在相互支持中得到滋养，以便能够将这种方式传递给年轻的未来心理治疗师。每位培训师都将自己的独特性和特殊能力带进团体，在技术和个人层面上，穿过比较的火焰，可以与其他独一无二的人和谐相处，创造一种产生归属感和创造力的团体力量。

教职员工与学生团体之间的相遇总是一场伟大的冒险。没有一个团体与其他任何团体完全相同，每一年新的团体都会带来社会的一种发展，每个团体都会看到更广泛领域和文化的新的临床和社会事实。例如，在几年的时间里，这些团体已经从在餐馆里

第10章 格式塔治疗培训：团体中的新奇、兴奋和成长

相聚变成了在脸书上相聚，这样的形式一方面更加亲密了，另一方面在身体层面上的互动却更少了。如果培训师对这一发展没有给予他/她自己的一种格式塔"回应"（例如，在脸书上找到他/她自己的格式塔方法），那么，他/她如何才能完全又深刻地传播该模式呢？

因此，培训对培训师来说也是一个持续发展的过程，他们被要求定期对模式的发展、社会的发展及对临床问题可能的"回应"进行比较性关注。当然，在所有这些过程中，培训师个人的成长及其与同事团体和学校的关系都是至关重要的。即使是对培训师团体来说，培训也是朝向未来的此时，这始终是一个教/学的社区。

确切地说，形成性接触的过程是城邦（pòlis）更广泛的社会背景中不可分割的一部分，它必须对社会的关系困难做出回应和重演（re-act），并能够聚集其资源。正如我在前一节所说的，腐败堕落和身体/情感的去敏化是后现代关系困扰的两个特征。对于那些必须接受培训和学习一份工作的人来说，结果是一种不稳定和不确定的感觉。找工作没有把握，留在一段关系里没有把握，就连仍然活着也没有把握！

在社会生活的所有方面都弥漫着由后现代社会生成的这种价值观，从而冲走了安全的价值观（这是前几代人已经习惯了的），也弥漫着文化的全球化，从而剥夺了有边界的世界，使它成为每个人都可以穿过的容器，在其中没有人是安全的。生活在不确定性中是一种挑战，这间接地影响着每一个人，影响着社会中的所有角色，而不仅仅是培训机构。

因此，在当今，特别重要的是要有一种理论、一种心理治疗方法论和一种培训模式，适合于管理体验的流动性，以便构建一

个可以接触的背景。

　　心理治疗正在研究治疗精神疾病的新方法，这些方法——超出了预先设定的法典——必须适应这个社会的不确定感。治疗对话因此被称为在程序代码而不是口头代码上的旅行，在治疗师和病人创造的旋律上旅行，在他们如何相互调节他们的语言上旅行，而不是在理解无意识上旅行。体验的分析不再是足够的：病人必须在一个真正的关系里"玩"他/她的痛苦，治疗师必须能够把握这个过程，支持包含在那个"移动趋向"中的动态形式。在这一点上，由于他们不再受到中立的屏蔽，在正确的时刻做正确的事情成为心理咨询师的挑战（参见 Stern，2004；Spagnuolo Lobb，2006a）：把握关键时刻，使它有可能将一种健康的关系幼苗移植到病人体验中，与所感受到的现实相一致，这是心理治疗新的"必须"。

　　培训师群体必须经历当代心理治疗的发展。重要的是要传递一种风格、一种模式及一种内容，这样每一堂课都可以被视为结构化的教学构成和共享的体验背景的一部分，同时具有培训师群体和学校形成模式的特点。

　　共享的背景因此成为对液态性的格式塔治疗回应，液态性是我们社会生活的特征，也是有抱负的治疗师的形成性建议。基本上，对我们格式塔治疗师来说，液态性不是问题，因为我们认为自体是一个不断发展的过程，在有机体与环境之间"制造接触"（参见 2 章）。问题在于缺乏体验背景的稳固性，在此背景上这种液态性被感知到，而且接触的体验得以创建。正如已经强调的那样，今天的临床证据所缺失的是在重要关系中所体验到的包容感，以及由此导致的身体感觉（被证明是迟钝的，去敏化的）。因此，那些提供心理治疗培训的人的注意力必须指向有利于学生

第10章 格式塔治疗培训：团体中的新奇、兴奋和成长

的身体感觉和情感体验的识别，但最重要的是提供他们自己的有意识在场，以这样一种方式，保证对学生的关系包容，在任何形式中关系都可以被具体化：从理论内容的传播，到一个研究的规划，到临床工作，再到在团体中的自体披露。

为了让我们的学生在后现代社会中成为有效的心理治疗师，能够在给予我们的不确定的液态性中支持可能的形式，我们必须帮助他们构建坚实的体验坐标，换句话说，一个坚实的、清晰的背景（Spagnuolo Lobb，2009a）。因此，他们学习这种方法的意向性可以转化为治疗支持的艺术（Spagnuolo Lobb，1991）。

综上所述，以下是关于格式塔治疗培训如何能够在液态性中给予学生治疗形式的说明（参见 Spagnuolo Lobb，Mione and Francesetti，2010）：

- 该模式的理论根源的知识，以创造共享的理论语言；
- 关心作为自体支持的身体过程，以及对接触的自体调节的信念；
- 一种根植于躯体性情感语言的知识，能够触及他者并被他者触及；
- 关心对自己培训团体的归属感，允许扎根，喜欢分化；
- 在形成性关系中并且在那段关系时期，对所学知识的吸收及如何学习进行监控；
- 尊重个体风格和每个团体的独创性；
- 关注每一个学习情境（极限、障碍可以转化为一种资源）的下一步；
- 评估每个学生对他/她将成为其中一员的治疗师群体所能做出的有价值的贡献。

3. 形成中自体的发展

格式塔治疗培训的一个特点是它在团体设置中普遍发生的。该模式的学习在一个由特定成员组成的特定团体中遭到拒绝，随着团体的发展阶段的经历而逐渐发生。学生被组成一个团体，去经历一番发展的努力（参见第9章），同时面临着学习任务[①]。

如前一章所述，团体的历史就是接触意向性的历史，也是他们在不同的发展时刻接受支持的历史。从最初的被接纳的愿望开始，团体成员寻求定义他们自己的安全，作为接触中的人"在一起"的力量。因此，该团体的兴趣聚焦于批评的风险，聚焦于对已获得确定性的解构，这是一个保持真实的必要条件：这样团体就可以经历对他者自我抛弃的体验，还可以经历以亲密的感觉彼此披露他们自己的体验。在这一刻之后，这个团体准备解散，把他们所学到的东西带到外面的世界里去。这一过程的背景让培训师去理解所浮现的图形，并将它们配置在接触意向性的连续统一体中。例如，一个团体开始时的沉默与团体说永别的最后时刻的沉默有着非常不同的关系意义。最初的沉默是出于被接纳的基本愿望，因此可能表达了对向团体介绍自己的恐惧，而在课程结束时的沉默可能意味着对每一位在场的人的尊重，以及对彼此了解的亲密体验的敏感，它可能意味着团体结束时会出现的对自体调节的信念，以及对享受已经达到的深厚亲密感的愿望。在培训过

---

① 在这里，我所说的是专科学校的团体班学生的情况，他们每个月有一个周末见面（每年有11个周末），一共4年。

第10章 格式塔治疗培训：团体中的新奇、兴奋和成长

程的同时，对培训师来说，团体在其中发现自己的生命周期时间将是一个图形，这样他/她就能够为该阶段的发展提供具体的支持。

在前一章中（第9章第4.5节[1]），除了这个历时性的诊断层面，我还以格式塔术语讨论了共时性层面的诊断标准：边界上的活力、波动的领导力和社会的容忍度。本章力图在一个关系意义的框架中插入培训团体里所发生的事情，并提供工具来支持团体成员的充分在场，这是转变过程在他们身上得以发生的一个必要条件。

每一个学生团体都有自己的历史，在每一种情况下，都在为每一位成员重新创造完全生活（或重新生活）的可能性，借助这些方式，他们不仅在他们被分析的说教的治疗情况下，而且在一种扩大了的、历时性的视角里使接触的体验得以实现，这个视角包括学生生活的各种范围，并使一种深入的因此更加深刻的体验成为可能。

在格式塔环境中，培训中的自体是如何得到发展的？在这里，我将引用一些学生自己的话，来描述格式塔治疗中的培训对他们来说是什么[2]。我并不希望将这些句子概括为所有学生的象征性体验，我喜欢在这里报告他们的热情，以及他们表达自己时所表现出的信任。

让他们伴着我们的快乐和责任来为自己说话吧！我要结束这本书了。

---

[1] 原文作第4.2.2节，有误。——译注
[2] 这些答案是由该校不同班级的学生在同一天给出的，因此是他们在一个发展关键点上体验的一个横截面。

3.1 第1阶段——成为一个团体

我相信,一个潜在的学生所感受到的格式塔治疗的吸引力已经反映了愿意将助人关系视为对美好的支持,并愿意在自己和他人身上看到和谐。格式塔工作练习的吸引力已经唤起了与感官的一种接触。所以,形成中的自体被修改的第一个方式是感官的觉醒。在这个基础上,他们被构建成为一个团体。以下是一些一年级学生所写的:

> 到目前为止,格式塔培训给了我一种神奇的线球的感觉:除非你开始解开线,否则就没有球。你的手里似乎什么都没有,除了一丁点儿线。你几乎不知道该怎么处理它。但是,当线开始从一只手传到另一只手时,以一种非常自然的方式变得更长,它展开着,散开来:出现了一个五颜六色的线球,就像一道发光的电流,因为它流动的灯光,在改变中交织着,形式是流体的,只有通过此时此地的共同工作,才会有意义。(莱奥诺拉·库帕尼[Leonora Cupane],第16期课程,巴勒莫)

> 格式塔培训对我来说就像乔瓦诺蒂(Jovanotti)[1]歌中世界的肚脐:这是我的巨大成长和革命开始的一个小点。"这是世界的肚脐,这是能量的来源,这是新世界的神经中枢,这是每条新道路的起点":在这门课上,每个学生都学

---

[1] 意大利说唱歌手洛伦佐·切鲁比尼(Lorenzo Cherubini)的艺名,代表作有《世界的肚脐》(*L'ombelico del Mondo*)等。——译注

第 10 章　格式塔治疗培训：团体中的新奇、兴奋和成长

会了倾听自己身体的声音，这是一门非常重要的课，因为正是这种深刻的感受，标志着通往更真实、更轻松的存在的道路。（温琴扎·马卡卢索［Vincenza Macaluso］，第 16 期课程，巴勒莫）

但是新奇还表现为在教职员工中所感知到的支持：

这是理论与实践之间一种不可预测的崭新舞蹈。在黑暗中跳跃的情绪，却发现有许多双臂伸出来支持着我！（弗洛里安娜·罗马诺［Floriana Romano］，第 16 期课程，巴勒莫）

成为一个团体还包括对所要求的承诺的觉察：

要想走好自己的路，你必须首先想要开始走自己的路；必须准备好面对危险和意外；必须具备一英里一英里地跋涉的能力，并意识到只有在到达山顶时才会发现旅途的美丽。（玛丽亚·露西娅·卢策［Maria Lucia Lucà Trombetta］，第 16 期课程，锡拉丘兹）

3.2　第 2 阶段——团体的身份认同

在这一阶段，培训中的自体被导向关系障碍知识，以及返回到当前关系中的痛苦和创伤。这些在团体中体验到的发现，让学生们在一种深刻的人性的水平上互相了解，这构成了培训中的团体的身份认同。学生们获得了一种有时很困难的觉察，这需要团体和培训师的大量支持，以便能够在人类培训环境所提供的被视

为理所当然的确定性背景上,再次体验痛苦的事情。

  我遇到我的团体时,我还对这个取向知之甚少……我相信在我的生活中不会有什么改变。也许我会在床头柜上多放几本书,我会专业化,以责任感和奉献精神面对一切。

  今天我可以说,在这个团体里,我发现自己是女儿、妹妹、孤儿,有时在竞争和亲密关系中得到支持、阅读、倾听,像折纸一样被专家的手闭合和折叠。发现我的女性气质和我完全男性化的一面。再一次赋予生命新的可能性来叙述和重写自己。充满了声音、眼泪、热情和沮丧,呼吸短促,害怕不能做到。寻找新的形式。

  我发现,把我自己矛盾的碎片拼凑在一起,可以给我带来巨大的惊喜。我欢迎这所学校,它努力让我对自己有更多的信心,相信自己是一个人,相信自己的时间,相信自己所做出的选择。

  我觉得自己站在一幅可爱的图画面前,钦佩不已,沉思不已,但我可以肯定,我连一支画笔都拿不起来。

  就好像我还不知道该把这些累积至今的情感放在哪里,我指的是那些被与我的培训师和同伴们相遇所赶走的情感。

  每一种情感都在重新唤醒我的灵魂、沟纹和向世界介绍自己的方式。(玛丽莱娜·塞纳托雷[Marilena Senatore],第15期课程,巴勒莫)

  这是一种参与他人痛苦的可能性,目的是为了感受自己的痛苦,而不是害怕它……在镜映的作用下,情绪被识别和区分,被"看到"也就是想到。这是一个相互表达情感的工作

第 10 章 格式塔治疗培训：团体中的新奇、兴奋和成长

坊，破碎的窗户和五彩缤纷的宝石好像在一个神圣的圈子里一样被扔了下来。（萨尔瓦托雷·格雷科［Salvatore Greco］，第 15 期课程，锡拉丘兹）

最后，一个人对自身痛苦的认识和治疗功能的结合构成了培训中团体的身份认同：

接受格式塔治疗培训意味着一点一点地发现你的身体、头脑和心灵完全在那里。这意味着发现并完全接受你自己的人性，包括优点、缺点、欲望和天性，为了帮助他人摆脱恐惧而更好地理解他人的人性。（罗莎琳达·特拉伊纳［Rosalinda Traina］，第 15 期课程，巴勒莫）

3.3 第 3 阶段——对团体确定性和新奇信念的解构

在这一阶段的学生追溯历史：他/她有这样一种感觉，他/她已经完成了一段重要的、有变化的通往当下的旅程，他/她以各种方式定义着这段旅程。对于环境有一种明确的认知，对于不同的发展阶段也有着认知。

格式塔治疗培训就像把毛毛虫转变成蝴蝶的创造性过程：在织茧时的前接触的困难，在接触的茧里的阻碍和无法移动，在脱去各种各样的皮（完全接触）后接近一种新的生活和思想方式，最后意识到自体的最深刻方面，依靠你的能力协调你的限制，以便带着创造性转变成蝴蝶自由地飞去。（埃马努埃拉·巴雷塔［Emanuela Barretta］，第 14 期课程，巴勒莫）

终于知道一些一直存在的东西的感受，有着显而易见的惊喜。

还有人对生活可能具有的强度感到惊奇：

> 我认为格式塔治疗培训就像一条路径，你会被它吸引，但你不知道它的终点。它的独特之处在于你在其中旅行的强度。（瓦莱里娅·斯帕达 [Valeria Spada]，第 15 期课程，锡拉丘兹）

个性化、在一个人的多样性中认识自己并被团体所接受，这是格式塔培训课程这一阶段的特征。只有当培训师允许解构学生的体验浮现出来，将他们的批评和分歧配置在完全存在于团体中的意向性，并做出个人的贡献时，这种个性化才有可能。这些句子是从接纳学生的发展性攻击的背景下产生的。

3.4 第 4 阶段——团体亲密；第 5 阶段——分离和团体魔力的辐射

最后，在观察一次格式塔工作时显而易见的魔力变成了在团体中、在一个人自己的培训团体的微观世界里体验到的魔力，这个体验团体教我们去经历情绪，把它们与其他人的情绪区分开来，并因此教我们在正确的时间做正确的事。

> 在与他人的接触中发现我是一个身体，允许自己去呼吸，惊讶于我自己拥有一个呼吸的身体所拥有的力量。只是在我们自己之间："就感觉像在家里一样……"（拉法埃拉·贝尼纳蒂 [Raffaella Beninati]，第 13 期课程，巴勒莫）

第 10 章　格式塔治疗培训：团体中的新奇、兴奋和成长

如果我必须用文字来描述这些图像，我想说的是，我的培训体验让我在遇到展示我的治疗需要的人时能做回我自己……在我的团体里我所看见的是，我们每个人都获得成为一个格式塔治疗师的绝对个人的方式，这是一个在我们自己的皮肤上体验的模式，以对关系的信任的名义允许我们团体里的每个人展示我们自己的局限性，现在"奇迹般地"正在转变成资源，转变成甚至存在于我们绝对多样性中的治疗资源，以此识别这个格式塔治疗师。（玛丽亚·保拉·梅达 [Maria Paola Meda]，第 13 期课程，巴勒莫）

这所学校、这个团体、你、培训师和学生给了我很大的生活机会……如果没有这所学校，我就不会知道这种美，这种关系中真正的美（带着它的痛苦和它的欢乐）。你为我打开了一个非常有价值的关系世界。"对于我们目前的情况，无论在生活的哪个领域，都必须被视为一个富有创造性的可能性的场，否则坦率地说它是不可容忍的。"（Perls, Hefferline and Goodman，1994，p. 27）通过成长、感受、生活和体验在我的团体中的"联结的自由"，我发现了专业的和个人可能性的一个巨大的场。（农齐亚·斯加达里 [Nunzia Sgadari]，第 13 期课程，巴勒莫）

格式塔治疗培训向我展示了归属感的秘密、成为自由个体并走向世界的方式。

光明地扩展了我在这个世界上存在的可能性；我呼吸生

命的能力逐渐增长，这种能力无处不在；惊奇地发现人类的脆弱中蕴藏着多少力量，并发现在他/她的力量中又蕴藏着多少脆弱的情感力量。

它一直是一盏灯，是一种洞察力，让我能够真实地向自己和他人介绍我自己。（安娜丽莎·莫尔费塞［Annalisa Molfese］，第13期课程，锡拉丘兹）

4. 归属于独立：在社会中创造幸福的许可

因此，格式塔治疗培训的目的是双重的：支持学生成为治疗灵魂的专业人士的愿望，并将专业人士投入社会，以期能够支持创造力和当前关系痼疾中固有的接触意向性。

我希望在此强调的关键观点是，归属于培训团体和学校，这使人能够感知到自体的稳固和对差异的容忍：心理治疗培训必须保证个性化并创造性地向社会开放。在我看来，有归属感的独立性是最适合描述坚实扎根的感觉，同时也最适合描述允许创造能够解决社会具体问题的新形式。

沐浴在自体解构的海洋中，在那些照顾者（培训师、学生培训师和心理治疗师）的监视下，保证学生从职业承担者向社会福利运营者的转变。正是通过在他/她艰难的、创造性的存在中识别自己，一个人才得以对接触边界重新变得敏感，并向被拒绝的觉察打开。正是对这种感觉的信任——尽管有时是痛苦的——带来了新的、更加开明的感知形式，使学生成为社会福祉的承担者，换句话说成为宽容和敏感性的承担者，有能力将自体与他者区别开来，使自己独立于依赖的期望，以"爱"来看待自己和他人（参见第 5 章）。

在本书结束时，我双手合十，鞠躬行礼，以示我对心理治疗师这一职业的尊重，也表达我对所有决定将一生奉献给灵魂治疗的人的爱。

学习心理治疗意味着学习这样一门艺术：我们能够看到我们爱他者的美的艺术，尽管有被伤害的风险，还能够看到我们自己和被治疗的人存在的深度。

参考文献

Abraham, K. (1975-1985). *Opere, Voll. 1 and 2*. Torino: Bollati Boringhieri.
Ackerman, N.W. (1966). *Treating the Troubled Family*. New York: Basic Books.
Adler, A. (1924). *The Practice and Theory of Individual Psychology*. New York: Harcourt, Brace & Co.
Agazarian, Y. (1997). *Systems-Centered Therapy for Groups*. New York: Guilford Press.
Ammaniti, M. (Ed.) (1992). *La gravidanza tra fantasia e realtà*. Roma: Il Pensiero Scientifico.
Ammaniti, M., Candelori, C., Pola, M. and Tambelli, R. (1995). *Maternità e gravidanza*. Milano: Raffaello Cortina Editore.
Andolfi, M. (1977). *La terapia con la famiglia*. Roma: Astrolabio.
Andolfi, M. (2003). *Manuale di psicologia relazionale*. Roma: Accademia.
Andreoli, V. (2008). *Capire il dolore. Perché la sofferenza lasci spazio alla gioia*. Milano: Rizzoli.
Baalen, van D. (2009). La terapia della Gestalt in Norvegia. *Quaderni di Gestalt 22(1)*, 97-102.
Barker, P. (1987). *L'uso della metafora in psicoterapia*. Roma: Astrolabio.
Bateson, G. (1973). *Steps to An Ecology of Mind*. Boulder, CO: Paladin Books.
Bauman, Z. (2000). *Liquid Modernity*. Cambridge: Polity Press.
Bauman, Z. (2008). *Paura liquida*. Roma-Bari: Laterza.
Beebe, B., Jaffe, J. and Lachmann, F.M. (1992). A Dyadic Systems View of Communication. In: N. Skolnick and S. Warshaw S. (Eds.), *Relational Perspectives in Psychoanalysis*. Hillsdale, NJ: The Analytic Press, 61-81.
Beebe, B. and Lachmann, F.M. (2002). *Infant Research and Adult Treatment: Co-constructing Interactions*. New York: The Analytic Press.
Beisser, A. (1971). The Paradoxical Theory of Change. In: J. Fagan and I. Shepherd (Eds.), *Gestalt Therapy Now*. New York: Harper Colophon Books.
Beisser, A. (1997). Teacher, Collaborator, Friend: Fritz. *Gestalt Review 1(1)*, 9-15.
Bertalanffy, L.V. (1956). General System Theory. *General Systems Yearbook 1*, 1-10.
Bertrando, P. and Arcelloni, T. (2009). Veleni. Rabbia e noia nella terapia sistemica. *Terapia Familiare 89*, 5-28.

Bion, W.R. (1952). *Experiences in Groups*. London: Tavistock.
Blankenburg, W. (1971). *Der Verlust der naturlichen Selbstverstandlichkeit. Ein Beitrag zur Psychopathologie symptomarmer Schizophrenien*. Stuttgart: Enke.
Bloom, D.J. (1997). *Self: Structuring/Functioning*. Unpublished manuscript presented at New York Institute for Gestalt Therapy, 8th January.
Bloom, D.J. (2003). 'Tiger! Tiger! Burning Bright' - Aesthetic Values as Clinical Values in Gestalt Therapy. In: M. Spagnuolo Lobb and N. Amendt-Lyon (Eds.), *Creative License. The Art of Gestalt Therapy*. Wien-New York: Springer, 63-77.
Bloom, D.J. (2005). Celebrating Laura Perls: The Aesthetic of Commitment. *The British Gestalt Journal 14(2)*, 81-90.
Bloom, D.J. (2009). The Phenomenological Method of Gestalt Therapy: Revisiting Husserl to Find the 'Essence' of Gestalt Therapy. *Gestalt Review 3(9)*, 277-295.
Borino, T. and Polizzi, V. (2005). Il sentimento di gratitudine alla fine di un percorso psicoterapico. Tra analisi kleiniana e psicoterapia della Gestalt. *Quaderni di Gestalt 36-41*, 25-37.
Bowen, M. (1980). *Dalla famiglia all'individuo. La differenziazione del sé nel sistema familiare*. Roma: Astrolabio.
Cannella, G. (2004). *Psicoterapie umanistiche, gruppo e Gestalt. L'esperienza anoressica e bulimica in gruppo: dalla bocca alla persona*. Psychotherapy Postgraduate dissertation, Siracusa: Istituto di Gestalt HCC.
Cavaleri, P.A. (2001). Dal campo al confine di contatto. Contributo per una riconsiderazione del confine di contatto in psicoterapia della Gestalt. In: M. Spagnuolo Lobb (Ed.), *Psicoterapia della Gestalt. Ermeneutica e clinica*. Milano: FrancoAngeli, 42-64.
Cavaleri, P.A. (2003). *La profondità della superficie. Percorsi introduttivi alla psicoterapia della Gestalt*. Milano: FrancoAngeli.
Cavaleri, P.A. (2013). *Psicoterapia della Gestalt e Neuroscienze. Dall'isomorfismo alla simulazione incarnata*. Milano: FrancoAngeli.
Cavaleri, P.A. and Lombardo, G. (2001). *La comunicazione come competenza strategica. Manuale introduttivo per insegnanti ed educatori*. Caltanissetta-Roma: Sciascia Editore.
Damasio, A.R. (1994). *Descartes' Error: Emotion, Reason and the Human Brain*. New York: Putnam.
Dazzi, N. (2006). Introduzione. In: M.D.S. Ainsworth, *Modelli di attaccamento e sviluppo della personalità*. Milano: Raffaello Cortina Editore.
De Mare, P., Piper, R. and Thompson, S. (1991). *Koinonia: from Hate, Through Dialogue, to Culture in the Large Group*. London: Karnac Books.
De Saint-Exupéry, A. (2003). *The Little Prince*. Ware, Hertfordshire: Wordsworth Editions.
Dewey, J. (1934). *Art as Experience*. New York: Perigee Books.
Eagle, M.N. (1984). *Recent Developments in Psychoanalysis. A Critical Evaluation*. New York: McGraw-Hill (reprinted by Harvard University Press, Cambridge, MA, 1987).

参考文献

Eagle, M.N. (2011). *From Classical to Contemporary Psychoanalysis. A Critique and Integration.* New York: Routledge.

Eagle, M.N. and Wakefield, J.C. (2007). Gestalt Psychology and the Mirror Neuron Discovery. *Gestalt Theory. An International Multidisciplinary Journal 29(1),* 59-64 (germ. trans: Die Gestalt-Psychologie und die Entdeckung der Spiegelneuronen. *Phänomenal. Zeitschrift für Gestalttheoretische Psychotherapie,* 2010, 2(1), 3-8).

Eagle, M.N., Gallese, V. and Migone, P. (2009). Mirror Neurons and Mind: Commentary on Vivona. *Journal of the American Psychoanalytic Association 57(3),* 559-568.

Ehrenberg A. (1998). *La fatigue d'être soi. Dépression et societé.* Paris: Odile Jacob.

Erickson, M. (1983). *La mia voce ti accompagnerà. I racconti didattici.* Roma: Astrolabio.

Erikson, E.H. (1984). *The Life Cycle Completed, a Review.* New York: Norton.

Evans, K. (2005). Vivere con il morire. *Quaderni di Gestalt XXI (36-41),* 67-79.

Fabbrini, A. and Melucci, A. (2000). *L'età dell'oro. Adolescenti tra sogno ed esperienza.* Milano: Feltrinelli.

Feder, B. (2006). *Gestalt Group Therapy: a Practical Guide.* Metarie, LA: Gestalt Institute Press.

Feder, B. and Ronall, R. (Eds.) (1980). *Beyond the Hot Seat.* Highland, NY: Gestalt Journal Press.

Feder, B. and Frew, J. (Eds.) (2008). *Beyond the Hot Seat Revisited: Gestalt Approaches to Group.* New Orleans, LA: Gestalt Institute Press.

Fivaz-Depeursinge, E. and Corboz-Warnery, A. (1998). *The Primary Triangle.* New York: Basic Books.

Fogel, A. (1992). Co-regulation, Perception and Action. *Human Movement Science 11,* 505-523.

Fogel, A. (1993). *Developing Through Relationships.* Chicago, IL: University of Chicago Press.

Frambach, L. (2003). The Weighty World of Nothingness: Salomo Friedlaender's "Creative Indifference". In: M. Spagnuolo Lobb and N. Amendt-Lyon (Eds.), *Creative License. The Art of Gestalt Therapy.* Wien-New York: Springer.

Francesetti, G. (2006). La formazione in psicoterapia della Gestalt: il ruolo dell'aggressività e la dimensione temporale. In: M. Spagnuolo Lobb (Ed.), *L'implicito e l'esplicito in psicoterapia. Atti del Secondo Congresso della Psicoterapia Italiana.* Milano: FrancoAngeli.

Francesetti, G. (2007). *Panic Attacks and Postmodernity. Gestalt Therapy Between Clinical and Social Perspectives.* Milano: FrancoAngeli (or. ed: *Attacchi di panico e post-modernità. La psicoterapia della Gestalt tra clinica e società.* Milano: FrancoAngeli, 2005).

Francesetti, G. and Gecele, M. (2009). A Gestalt Therapy Perspective on Psychopathology and Diagnosis. *British Gestalt Journal 18(2),* 5-20.

Francesetti, G. and Gecele, M. (Eds.) (2011). *L'altro irraggiungibile. La psicoterapia della Gestalt con le esperienze depressive.* Milano: FrancoAngeli.

Francesetti, G., Gecele, M. and Roubal, J. (Eds.) (2013). *Gestalt Therapy in Clinical Practice. From Psychopathology to the Aesthetics of Contact*. Milano: FrancoAngeli.
Frank, R. (2001). *Body of Awareness: a Somatic and Developmental Approach to Psychotherapy*. Cambridge, MA: Gestalt Press.
Frie, R. and Orange, D. (Eds.) (2009). *Beyond Postmodernism: New Dimensions in Clinical Theory and Practice*. New York: Routledge (Taylor & Francis Group).
Gaffney, S. (2006). Gestalt with Groups. A Cross-Cultural Perspective. *Gestalt Review 10(3)*, 205-219.
Galimberti, U. (1999). *Psiche e techne. L'uomo nell'età della tecnica*. Milano: Feltrinelli.
Galimberti, U. (2006a). L'uso della ragione. *La Repubblica delle D* 499: 274.
Galimberti, U. (2006b). L'uomo, un animale troppo libero e molto precario. *La Repubblica* May 5th: 61.
Gallese, V. (2007). Dai neuroni specchio alla consonanza intenzionale. Meccanismi neurofisiologici dell'intersoggettività. *Rivista di Psicoanalisi, LIII(1)*, 197-208.
Gallese, V., Migone, P. and Eagle, M.N. (2006). La simulazione incarnata: i neuroni specchio, le basi neurofisiologiche dell'intersoggettività e alcune implicazioni per la psicoanalisi. *Psicoterapia e Scienze Umane, XL(3)*, 543-580.
Gallese, V., Eagle, M.N. and Migone, P. (2007). Intentional Attunement: Mirror Neurons and the Neural Underpinnings of Interpersonal Relations. *Journal of the American Psychoanalytic Association 55(1)*, 131-176.
Gecele, M. (2011). Fenomenologia e clinica dell'esperienza maniacale. In: G. Francesetti and M. Gecele (Eds.), *L'altro irraggiungibile. La psicoterapia della Gestalt con le esperienze depressive*. Milano: FrancoAngeli, 179-252.
Goldstein, K. (1939). *The Organism: A Holistic Approach to Biology Derived from Pathological Data in Man*. New York: American Book Company.
Goodman, P. (1942/1959/1977). *The Empire City*. New York: Vintage Books.
Goodman, P. (1956/1960). *Growing Up Absurd*. New York: Vintage Books.
Goodman, P. (1962/1964). *Compulsory Mis-education/The Community of Scholars*. New York: Knop and Random House.
Goodman, P. (1966). *Individuo e comunità*, tr. it. 1995. Milano: Eleuthera.
Goodman, P. (1972). *Little Prayers and Finite Experience*. New York: Harper & Row.
Goodman, P. (1994). *Crazy Hope and Finite Experience: Final Essays of Paul Goodman*. T. Stoeher (Ed.), New York: Free Life Editions.
Gurman, A. and Kniskern, D. (Eds.) (1995). *Manuale di psicoterapia della famiglia*. Torino: Bollati Boringhieri.
Hesse, H. (1993). *Il viandante*. Milano: Oscar Mondadori.
Hillman, J. (1983). *Hearing fiction*. Barrytown, NY: Station Hill Press.
Hodges, C. (1997). *Field Theory*. Unpublished manuscript presented at New York Institute for Gestalt Therapy.
Hodges, C. (2003). Creative Processes in Gestalt Group Therapy. In: M. Spagnuolo Lobb and N. Amendt-Lyon (Eds.), *Creative License: The Art of Gestalt Therapy*. Wien-New York: Springer, 249-260.

Hodges, C. (2006). Commentary V: Gestalt with Groups. *Gestalt Review 10(3)*.
Husserl, E. (1965). *Philosofie als strenge Wissenschaft*. Frankfurt am Main: V. Klostermann.
Iaculo, G. (2002). *Le identità gay. Conversazioni con noti uomini gay ed un saggio introduttivo sul processo di coming out*. Roma: Edizioni Libreria Fabio Croce.
Jacobs, L. (1995). Dialogue in Gestalt Theory and Therapy. In: R. Hycner and L. Jacobs (Eds.), *The Healing Relationship in Gestalt Therapy: A Dialogic/Self Psychology Approach*. Highland, NY: The Gestalt Journal Press, 51-84.
James, W. (1980). *The Principles of Psychology*. Boston, MA: Harvard University Press.
Joas, H. (1985). *G.H. Mead: A Contemporary Re-examination of His Thought*. Cambridge, MA: MIT Press,.
Kepner, J.I. (1993). *Body Process. Working with the Body in Psychotherapy*. San Francisco, CA: Jossey-Bass Inc.
Kitzler, R. (1999a). Developmental Theory in the Light of Pragmatism and Interruptions of Contact: An Integration. *Studies in Gestalt Therapy 8*, 182-197.
Kitzler, R. (1999b). *Theoretical Wondering*. Unpublished e-mail conversation.
Kitzler, R. (2003). Creativity as Gestalt Therapy. In: M. Spagnuolo Lobb and N. Amendt-Lyon (Eds.), *Creative License. The Art of Gestalt Therapy*. Wien-New York: Springer, 101-111.
Kitzler, R. (2007). The Ambiguities of Origins: Pragmatism, the University of Chicago, and Paul Goodman's Self. *Studies in Gestalt Therapy. Dialogical Bridges 1(1)*, 41-63.
Kitzler, R. (2008). *The Eccentric Genius. An Anthology of the Writings of Richard Kitzler, Master Gestalt Therapist*. New Orleans, LA: Gestalt Institute of New Orleans Press.
Koffka, K. (1935). *Principles of Gestalt Psychology*. New York: Harcourt, Brace & Co.
Köhler, W. (1940). *Dynamics in Psychology*. New York: Liveright.
Köhler, W. (1975). *Gestalt Psychology*. New York: New American Library.
Kuhn, T. (1962). *The Structure of Scientific Revolutions*. Chicago, IL: University of Chicago Press.
Lasch, C. (1978). *The Culture of Narcissism: American Life in an Age of Diminishing Expectations*. New York: Norton.
Lay, J. and Kitzler, R. (1999). Working with Group Process. The Model of the New York Institute for Gestalt Therapy. *Studies in Gestalt Therapy 8*, 318-320.
Lee, R.G. (Ed.) (2004). *The Values of Connections. A Relational Approach to Ethics*. Hillsdale, NJ-Cambridge, MA: The Analytic Press for the Gestalt Press.
Lee, R.G. (Ed.) (2008). *The Secret Language of Intimacy: Releasing the Hidden Power in Couple Relationships*. New York: Routledge, Taylor & Francis.
Levine Bar-Yoseph, T. (2008). The Organization as Social-Microcosm: Gestalt Therapy Oriented Organizational Practice. *Studies in Gestalt Therapy. Dialogical Bridges 2(1)*, 69-79.
Lewin, K. (1951). *Field Theory in Social Science*. New York: Harper & Brothers.
Lichtenberg, P. (2009). La psicoterapia della Gestalt come rinnovamento della psi-

coanalisi radicale. *Quaderni di Gestalt XII(2)*, 45-68.
Lichtenberg, J., Lachmann, F. and Fosshage, J. (1996). *The Clinical Exchange: Technique Derived from Self and Motivational Systems*. Hillsdale, NJ: The Analytic Press.
Loewald, H.W. (1960). On the Therapeutic Action of Psycho-Analysis. *International Journal of Psycho-Analysis 41*, 16-33.
Lynch, B. and Lynch, J.E. (2000). *Principles and Practices of Structural Family Therapy*. Highland, NY: The Gestalt Journal Press.
Lynch, B. and Lynch, J.E. (2003). Creativity in Family Therapy. In: M. Spagnuolo Lobb and N. Amendt-Lyon (Eds.), *Creative License: The Art of Gestalt Therapy*. Wien-New York: Springer, 239-247.
Lynch, B. and Zinker, J. (1982). Couples: How They Develop and Change. *Gestalt Newsletter* GIC, 2, 1-4.
Mahler, M. (1968). *Infantile Psychosis*. New York: International Universities Press.
Mahler, M., Pine, F. and Bergman, A. (1975). *The Psychological Birth of the Human Infant. Symbiosis and Individuation*. New York: Basic Books.
Mahoney, M., Spagnuolo Lobb, M., Clemmens, M. and Marquis, A. (2007). Self-Regulation of the Therapeutic Meeting. From Constructivist and Gestalt Therapy Perspectives: A Transcribed Experiment. *Studies in Gestalt Therapy. Dialogical Bridges 1(1)*, 67-90.
Malagoli Togliatti, M. and Lubrano Lavadera, A. (2002). *Dinamiche relazionali e ciclo di vita della famiglia*. Bologna: Il Mulino.
McConville, M. (1995). *Adolescence. Psychotherapy and the Emergent Self*. San Francisco, CA: A Gestalt Institute of Cleveland Publication, Jossey-Bass Publishers.
Mead, G.H. (1934). *Mind, Self and Society*. Charles Morris (Ed.). Chicago, IL: University of Chicago Press.
Melnick, J. (2007). Editorial. *Gestalt Review 11(1)*, 2-5.
Melnick, J. and March Nevis, S. (1987a). Gestalt Family Therapy. *British Gestalt Journal 1*, 47-54.
Melnick, J. and March Nevis, S. (1987b). Power, Choice and Surprise. *Gestalt Journal 9*, 43-51.
Melnick, J. and March Nevis, S. (2003). Creativity in Long-Term Intimate Relationships. In: M. Spagnuolo Lobb and N. Amendt-Lyon (Eds.), *Creative License. The Art of Gestalt Therapy*. Wien-New York: Springer, 227-238.
Merleau-Ponty, M. (1965; 1967). *The Phenomenology of Perception*. London: Routledge and Keegan Paul.
Merleau-Ponty, M. (1979). *Il corpo vissuto*. Milano: Il Saggiatore.
Migone, P. (2005). Amore tra paziente e terapeuta. *Il Ruolo Terapeutico 99*: 55-61.
Mione, M. and Conte, E. (2004). Postmodernità e relazione educativa: l'età della fanciullezza. In: R.G. Romano (Ed.), *Ciclo di vita e dinamiche educative nella società postmoderna*. Milano: FrancoAngeli, 93-125.
Mirone, G. (2009). *La gestione dello stress secondo la psicoterapia della Gestalt: applicazione del modello di preparazione al parto di Margherita Spagnuolo*

Lobb. Psychotherapy Postgraduate Dissertation, Siracusa: Istituto di Gestalt HCC.

Mitchell, S. (2000). *Relationality: From Attachment to Intersubjectivity.* New York: Analytic Press.

Moreno, J. (1985). *Manuale di psicodramma.* Roma: Astrolabio.

Mortola, P. (2006). *Windowframes: Learning the Art of Gestalt Play Therapy the Oaklander Way.* Hillsdale, NJ: Gestalt Press.

Müller, B. (1991). Una fonte dimenticata. Il pensiero di Otto Rank. *Quaderni di Gestalt 7(12),* 41-47.

Müller, B. (1993). Isadore From's Contribution to the Theory and Practice of Gestalt Therapy. *Studies in Gestalt Therapy 2,* 7-21.

Naranjo, C. (1980). *The Techniques of Gestalt Therapy.* Highland, NY: The Gestalt Journal.

Nevis, E.C. (1987). *Organizational Consulting: a Gestalt Approach.* New York-Cambridge: Gestalt Press,.

Nevis, E.C. (2003). Blocks to Creativity in Organizations. In: M. Spagnuolo Lobb and N. Amendt-Lyon (Eds.), *Creative License. The Art of Gestalt Therapy.* Wien-New York: Springer, 291-302.

Oaklander, V. (1978). *Windows to Our Children. A Gestalt Therapy Approach to Children and Adolescents.* Highland, NY: The Gestalt Journal Press.

Ogden, T.H. (1989). *The Primitive Edge of Experience.* Northvale, NJ: Jason Aronson.

Ogden, T.H. (2003). What's True and Whose Idea Was It? *International Journal of Psycho-Analysis 84,* 593-606.

Olds, D.D. (2009). Leap Carefully from Brain to Mind - But It Can be Done: Commentary on Vivona. *Journal of the American Psychoanalytic Association 57(3),* 551-558.

Orange, D. (2011). *The Suffering Stranger: Hermeneutics for Everyday Clinical Practice.* New York, NY and Hove, East Sussex, UK: Routledge-Taylor & Francis Group.

Orange, D., Atwood, G. and Stolorow, R. (1997). *Working Intersubjectively: Contextualism in Psychoanalytic Practice.* Hillsdale, NJ: The Analytic Press.

Parlett, M. (2003). Creative Abilities and the Art of Living Well. In: M. Spagnuolo Lobb and N. Amendt-Lyon (Eds.), *Creative License. The Art of Gestalt Therapy.* Wien-New York: Springer, 51-62.

Parlett, M. (2005). Contemporary Gestalt Therapy: Field Theory. In: A.L. Woldt and S.M. Toman (Eds.), *Gestalt therapy: History, Theory and Practice.* Thousand Oaks, CA: Sage Publications, 41-63.

Perlitz, D. (2014). *Beyond Kohut: From Empathy to Affection.* (in press).

Perls, F. (1942/1947/1969a). *Ego, Hunger and Aggression: a Revision of Freud's Theory and Method.* London: G. Allen & Unwin, 1947; New York: Random House, 1969.

Perls, F. (1969b). *Gestalt Therapy Verbatim.* Moab, UT: Real People Press.

Perls, F., Hefferline, R., Goodman, P. (1951). *Gestalt Therapy: Excitement and Growth in the Human Personality.* Highland, NY: The Gestalt Journal Press,

1994.
Perls, L. (1976). Comments on New Directions. In: E. Smith (Ed.), *The Growing Edge of Gestalt Therpy*. New York: Brunner/Mazel.
Perls, L. (1989). *Leben an der Grenze. Essays und Anmerkungen zur Gestalt-Therapie*. Köln: Edition Humanistische Psychologie.
Peseschkian, N. (1979). *Der Kaufmann und der Papagei orientalischen Geschichten als Medien in der Psychotherapie*. Frankfurt a.M.: Fischer Taschenbuch Verlag.
Philippson, P. (2001). *Self in Relation*. Highland, NY: Gestalt Journal Press.
Piaget, J. (1937). *La construction du réel chez l'enfant*. Geneva: Delachaux et Niestlé.
Piaget, J. (1950). *The Psychology of Intelligence*. New York: Harcourt, Brace & Co.
Piercy, F. and Sprenkle, D. (1986). *Family Therapy Sourcebook*. New York: Guilford Press.
Pintus, G. (2011). Tempo e relazione nel vissuto dipendente. Percorsi ermeneutici e clinici. In: M. Menditto (Ed.), *Psicoterapia della Gestalt contemporanea. Esperienze e strumenti a confronto*. Milano: FrancoAngeli, 203-210.
Polster, E. (1987). *Every Person's Life Is Worth a Novel*. New York: W.W. Norton & Co.
Polster, E. (2006). *Uncommon Ground. Creating a System of Lifetime Guidance*. Phoenix, AZ: Zeig Tucker & Theisen, Inc.
Polster, E. and Polster, M. (1973). *Gestalt Therapy Integrated*. New York: Vintage Books.
Prigogine, I. (1996). *La fin des certitudes*. Paris: Jacob.
Rank, O. (1929). *The Trauma of Birth*. London: Kegan Paul, Trench, Trubner.
Rank, O. (1932). *Art and Artist*. New York: Agathon Press.
Rank, O. (1941). *Beyond Psychology*. Philadelphia, PA: Hauser.
Reich, W. (1945/1972). *The Function of the Orgasm*. New York: Simon & Schuster.
Ricoeur, P. (1985). *Temps et récit III. Le temps raconté*. Paris: Editions du Seuil.
Righetti, P.L. (2005). *Ogni bambino merita un romanzo. Lo sviluppo del sé dall'esperienza prenatale ai primi tre anni di vita*. Roma: Carocci.
Righetti, P.L. and Mione, M. (2000). Per un concetto di sviluppo del sé prenatale in psicoterapia della Gestalt. *Quaderni di Gestalt 30/31*, 120-126.
Robine, J.-M. (1977; 2004). *Plis et deplis du Self*. Bordeaux: Institut Français de Gestalt-thérapie.
Robine, J.-M. (1989). Come *pensare* la psicopatologia in terapia della Gestalt? *Quaderni di Gestalt 8/9*, 65-76.
Robine, J.-M. (Ed.) (2001). *Contact and Relationship in a Field Perspective*. Bordeaux: L'Exprimerie.
Robine, J.-M. (2003). Intentionality in Flesh and Blood: Toward a Psychopathology of Fore-Contacting. *International Gestalt Journal XXVI(2)*, 85-110.
Rosenfeld, E. (1978a). An Oral History of Gestalt Therapy: Part I: A Conversation with Laura Perls. *The Gestalt Journal 1*, 8-31.
Rosenfeld, E. (1978b). An Oral History of Gestalt Therapy: Part II: A Con-

versation with Isadore From. *The Gestalt Journal 1(2)*, 7-27.
Salonia, G. (1987). L'innamoramento come terapia e la terapia come innamoramento. *Quaderni di Gestalt 4*, 74-99.
Salonia, G. (1994). *Kairòs. Direzione spirituale e animazione comunitaria*. Bologna: Edizioni Dehoniane.
Sampognaro, G. (2003). The Psychoportrait: A Technique for Working Creatively in Psychiatric Institutions. In: M. Spagnuolo Lobb and N. Amendt-Lyon (Eds.), *Creative License. The Art of Gestalt Therapy*. Wien-New York: Springer, 279-290.
Sampognaro, G. (2008). *Scrivere l'indicibile. La scrittura creativa in psicoterapia della Gestalt*. Milano: FrancoAngeli.
Sartre, J.-P. (1943). *L'être et le néant*. Gallimard, Paris.
Satir, V. (1999). Il cambiamento nella coppia. In: M. Andolfi (Ed.), *La crisi della coppia: una prospettiva sistemico-relazionale*. Milano: Raffaello Cortina Editore, 13-21.
Scabini, E. and Iafrate, R. (2003). *Psicologia dei legami familiari*. Bologna: Il Mulino.
Schulthess, P. and Anger, H. (Eds.) (2009). *Gestalt und Politik. Gesellschaftspolitische Implikationen der Gestalttherapie*. Berisch Gladbach: EHP (Edition Humanistische Psychologie).
Searles, H.F. (1960). *The Non-Human Environment*. New York: International Universities Press.
Shaw, D. (2014). *Traumatic Narcissism: Relational Systems of Subjugation*. New York, NY: Routledge.
Short, D. and Casula, C.C. (2004). *Speranza e resilienza. Cinque strategie psicoterapeutiche di Milton H. Erickson*. Milano: FrancoAngeli, 2004.
Sichera, A. (2001). A confronto con Gadamer: per una epistemologia ermeneutica della Gestalt. In: M. Spagnuolo Lobb (Ed.), *Psicoterapia della Gestalt. Ermeneutica e clinica*. Milano: FrancoAngeli, 17-41.
Sichera, A. (2003). Therapy as an Aesthetic Issue: Creativity, Dreams, and Art in Gestalt Therapy. In: M. Spagnuolo Lobb and N. Amendt-Lyon (Eds.), *Creative License. The Art of Gestalt Therapy*. Wien-New York: Springer, 93-100.
Siegel, D.J. (1999). *The Developing Mind: How Relationships and the Brain Interact to Shape Who We Are*. New York: Guilford Press.
Smith, E.W.L. (1985). *The Body in Psychotherapy*. North Carolina-London: McFarlan.
Spagnuolo Lobb, M. (1982). *Psicologia della personalità. Genesi delle differenze individuali*. Roma: LAS.
Spagnuolo Lobb, M. (1987). Il lavoro gestaltico con le coppie e le famiglie: il Ciclo Vitale e l'integrazione delle polarità. *Quaderni di Gestalt 4*, 131-143.
Spagnuolo Lobb, M. (1991). La formazione in Gestalt terapia. Come la prospettiva dell'aggressione dentale modifica il concetto tradizionale di formazione. *Quaderni di Gestalt 13*, 5-15.
Spagnuolo Lobb, M. (1992), Specific Support in the Interruptions of Contact. *Studies in Gestalt Therapy 1*, 43-51 (or. ed: Il sostegno specifico nelle interruzioni di contatto. *Quaderni di Gestalt 10/11*, 13-23, 1990; fr. trans: Institute de Ge-

stalt-Thérapie de Bordeaux; sp. trans: *Figura/Fondo 4,1*, 3-16, 2000).
Spagnuolo Lobb, M. (1994). From Daughter to Mother. *Studies in Gestalt Therapy 3*, 39-48.
Spagnuolo Lobb, M. (1996). Le psicoterapie: linee evolutive. *Quaderni di Gestalt 22/23*, 71-88.
Spagnuolo Lobb, M. (1997). Linee programmatiche di un modello gestaltico nelle comunità terapeutiche. *Quaderni di Gestalt 24/25*, 19-37.
Spagnuolo Lobb, M. (1999a). Gestalt Therapy as Narrative: A Commentary on Peter Mortola's Paper 'Narrative Formation and Gestalt Closure'. *Gestalt Review 3(4)*, 325-334.
Spagnuolo Lobb, M. (1999b). Opening Lecture: Gestalt Therapy. Hermeneutics and Clinical. *Studies in Gestalt Therapy 8* (special issue dedicated to the 6th European Congress of Gestalt Therapy) (translated in the swedish magazine *Gestalt*, in the german magazine *Gestalttherapie*, in the swiss magazine *Gestalt 17-20*, 2001, in the english e-magazine *Gestalt! 3-4*, 1999).
Spagnuolo Lobb, M. (2000). "Papà, mi riconosci?". Accogliere la diversità del figlio oggi. *Quaderni di Gestalt XVI (30/31)*, 94-99.
Spagnuolo Lobb, M. (Ed.) (2001a). *Psicoterapia della Gestalt. Ermeneutica e clinica*. Milano: FrancoAngeli (sp. trans: Gedisa, 2002; fr. trans: L'Exprimerie, 2004).
Spagnuolo Lobb, M. (2001b). La teoria del sé in psicoterapia della Gestalt. In: M. Spagnuolo Lobb (Ed.), *Psicoterapia della Gestalt. Ermeneutica e clinica*. Milano: FrancoAngeli, 86-110.
Spagnuolo Lobb, M. (2001c). The Theory of Self in Gestalt Therapy. A Restatement of Some Aspects. *Gestalt Review 4*, 276-288.
Spagnuolo Lobb, M. (2001d). La psicoterapia della Gestalt nelle strutture psichiatriche. *Quaderni di Gestalt XVII, 32/33*, 34-48.
Spagnuolo Lobb, M. (2001e). From the Epistemology of Self to Clinical Specificity of Gestalt Therapy. In: J.-M. Robine (Ed.), *Contact and Relationship in a Field Perspective*. Bordeaux: L'Exprimerie, 49-65.
Spagnuolo Lobb, M. (2002a). A Gestalt Therapy Model for Addressing Psychosis. *British Gestalt Journal 11(1)*, 5-15.
Spagnuolo Lobb, M. (2002b). Psicoterapia Gestalt en Instituciones Psiquiatricas. *Figura/Fondo 11*, 43-66.
Spagnuolo Lobb, M. (2003a). Creative Adjustment in Madness: A Gestalt Therapy Model for Seriously Disturbed Patients. In: M. Spagnuolo Lobb and N. Amendt-Lyon (Eds.), *Creative License. The Art of Gestalt Therapy*. Wien-New York: Springer, 261-277.
Spagnuolo Lobb, M. (2003b). Therapeutic Meeting as Improvisational Co-creation. In: M. Spagnuolo Lobb and N. Amendt-Lyon (Eds.), *Creative License. The Art of Gestalt Therapy*. Wien-New York: Springer, 37-49.
Spagnuolo Lobb, M. (2004a). L'*awareness* dans la pratique post-moderne de la Gestalt-thérapie. *Gestalt* (Societé Française de Gestalt ed.) *XV(27)*, 41-58 (it. trans: La consapevolezza nella pratica post-moderna della Gestalt Therapy. In P.L. Righetti with M. Spagnuolo Lobb (Eds.), *Psicoterapia della Gestalt. Per-*

corsi teorico-clinici. Rassegna di articoli dai "Quaderni di Gestalt". Padova: Upsel Domeneghini Editore).

Spagnuolo Lobb, M. (2004b). Letter from Italy. *International Gestalt Journal 27(1)*, 111-120.

Spagnuolo Lobb, M. (2005a). Dalla psicologia della Gestalt alla psicoterapia della Gestalt. In: P.L. Righetti with M. Spagnuolo Lobb (Eds.), *Psicoterapia della Gestalt. Percorsi teorico-clinici. Rassegna di articoli dai "Quaderni di Gestalt"*. Padova: Upsel Domeneghini Editore, 19-27.

Spagnuolo Lobb, M. (2005b). Classical Gestalt Therapy Theory. In: A.L. Woldt and S.M. Toman (Eds.), *Gestalt Therapy. History, Theory and Practice*. Thousand Oaks, CA: Sage Publications, 21-39.

Spagnuolo Lobb, M. (2005c). Presentazione. In: R. Frank, *Il corpo consapevole. Un approccio somatico ed evolutivo alla psicoterapia*. Milano: FrancoAngeli (or. ed. 2001).

Spagnuolo Lobb, M. (Ed.) (2005d). *Gestalt-thérapie avec des patients sévèrement perturbés*. Bordeaux: L'Exprimerie.

Spagnuolo Lobb, M. (Ed.) (2006a). *L'implicito e l'esplicito in psicoterapia. Atti del Secondo Congresso della Psicoterapia Italiana*. Milano: FrancoAngeli.

Spagnuolo Lobb, M. (2006b). La psicoterapia tra il dicibile e l'indicibile. Il modello della psicoterapia della Gestalt. In: M. Spagnuolo Lobb (Ed.), *L'implicito e l'esplicito in psicoterapia. Atti del Secondo Congresso della Psicoterapia Italiana*. Milano: FrancoAngeli, 19-27.

Spagnuolo Lobb, M. (2006c). Malcolm Parlett's Five Abilities and Their Connection With Contemporary Scientific Theories on Human Interconnectedness. *British Gestalt Journal 15(2)*, 36-45.

Spagnuolo Lobb, M. (2007c). Being at the Contact Boundary with the Other: The Challenge of Every Couple. *British Gestalt Journal 16(1)*, 44-52 (it. trans: Essere al confine di contatto con l'altro: la sfida di ogni coppia. *Terapia Familiare 86*, 55-73, 2008; In: R.G. Lee (Ed.), *Il linguaggio segreto dell'intimità*. Milano: FrancoAngeli, 78-96, 2009).

Spagnuolo Lobb, M. (2007d). La relazione terapeutica in psicoterapia della Gestalt. In: P. Petrini and A. Zucconi (Eds.), *La relazione terapeutica negli approcci psicoterapici*. Roma: Alpes Italia, 527-536.

Spagnuolo Lobb, M. (2007e). Psicoterapia della Gestalt. In: F. Barale, M. Bertani, V. Gallese, S. Mistura and A. Zamperini (Eds.), *Psiche. Dizionario storico di psicologia, psichiatria, psicoanalisi, neuroscienze, vol. 2*. Torino: Einaudi, 900-904.

Spagnuolo Lobb, M. (2008a). Gestalt. In: J.M. Prellezo, G. Malizia and C. Nanni (Eds.), *Dizionario di Scienze dell'Educazione*. Roma: LAS, 511-514.

Spagnuolo Lobb, M. (2008c). Sessualità e amore nel setting gestaltico: dalla morte di Edipo all'emergenza del campo situazionale. *Idee in Psicoterapia 1(1)*, 35-47.

Spagnuolo Lobb, M. (2008d). Il trauma di scoprirsi genitori di assassini. *La Sicilia* July 12th.

Spagnuolo Lobb, M. (2008e). Presentazione. In: G. Sampognaro, *Scrivere l'indicibile. La scrittura creativa in psicoterapia della Gestalt*. Milano: Fran-

coAngeli, 9-11.
Spagnuolo Lobb, M. (2009a). Senza certezze. *La Sicilia* February 5th.
Spagnuolo Lobb, M. (2009b). La co-creazione dell'esperienza terapeutica nel quie-ora. In: C. Loriedo and F. Acri (Eds.), *Il setting in psicoterapia. Lo scenario dell'incontro terapeutico nei differenti modelli clinici di intervento*. Milano: FrancoAngeli, 306-336.
Spagnuolo Lobb, M. (2009c). Adolescenti assassini. *La Sicilia* March 26th.
Spagnuolo Lobb, M. (2009d). Co-creation and the Contact Boundary in the Therapeutic Situation. In: D. Ullman and G. Wheeler (Eds.), *Cocreating the Field: Intention and Practise in the Age of Complexity*. The Evolution of Gestalt Series, vol. 1, New York: Routledge, Taylor and Francis for Gestalt Press, 101-134.
Spagnuolo Lobb, M. (2009e). Sentirsi a casa in terra straniera. *La Sicilia* May 14th.
Spagnuolo Lobb, M. (2009f). Is Oedipus Still Necessary in the Therapeutic Room? Sexuality and Love as Emerging at the Contact Boundary. *Gestalt Review 13(1)*, 47-61.
Spagnuolo Lobb, M. (2009g). Sexuality and Love in a Psychotherapeutic Setting: from the Death of Oedipus to the Emergence of the Situational Field. *International Journal of Psychotherapy 13(1)*, 5-16.
Spagnuolo Lobb, M. (2009h). Dall'*here-and-now* al *now-for-next*. Un esempio clinico. *Quaderni di Gestalt 1*, 75-95.
Spagnuolo Lobb, M. (2010a). La vita e il dolore nell'arte dello psicoterapeuta. Intervista a Umberto Galimberti. *Quaderni di Gestalt XXIII(1)*, 15-34.
Spagnuolo Lobb, M. (2010b). The Therapeutic Relationship in Gestalt Therapy. In: L. Jabobs and R. Hycner (Eds.), *Relational Approaches in Gestalt Therapy*. Santa Cruz, CA: Gestalt Press, published and distributed by Routledge, Taylor and Francis Group, New York, 111-129.
Spagnuolo Lobb, M. (2011a). L'adattamento creativo come compito terapeutico nella società liquida. In: G. Francesetti, M. Gecele, F. Gnudi and M. Pizzimenti (Eds.), *La creatività come identità terapeutica. Atti del II convegno della Società Italiana Psicoterapia Gestalt*. Milano: FrancoAngeli, 23-43.
Spagnuolo Lobb, M. (2011b). La psicoterapia della Gestalt con le esperienze depressive (intervista di Gianni Francesetti). In: G. Francesetti and M. Gecele (Eds.), *L'altro irraggiungibile. La psicoterapia della Gestalt con le esperienze depressive*. Milano: FrancoAngeli, 25-45.
Spagnuolo Lobb, M. (2012). Stress e benessere organizzativo. Un modello gestaltico di consulenza aziendale. *Quaderni di Gestalt XXV(1)*, 87-104.
Spagnuolo Lobb, M. (2013). Isomorfismo: un ponte concettuale tra psicoterapia della Gestalt, psicologia della Gestalt e neuroscienze. In: P.A. Cavaleri (Ed.), *Psicoterapia della Gestalt e Neuroscienze. Dall'isomorfismo alla simulazione incarnata*. Milano: FrancoAngeli, 87-113.
Spagnuolo Lobb, M. (in press). Sfondo. In: G. Nardone and A. Salvini, *Dizionario Internazionale di Psicoterapia*. Milano: Garzanti.
Spagnuolo Lobb, M. and Salonia, G. (1986). Al di là della sedia vuota: un modello di coterapia. *Quaderni di Gestalt 3*, 11-35 (paper presented at the 8th Interna-

tional Gestalt Therapy Conference, Cape Cod, Massachusetts, 1986).
Spagnuolo Lobb, M., Salonia, G. and Sichera, A. (1996). From the 'Discomfort of Civilization' to 'Creative Adjustment': the Relationship Between Individual and Community in Psychotherapy in the Third Millennium. *International Journal of Psychotherapy 1(1)*, 45-53 (it. trans: *Quaderni di Gestalt 24/25*, 95-105, 1997; In: Spagnuolo Lobb M. (Ed.). *Psicoterapia della Gestalt. Ermeneutica e clinica*. Milano: FrancoAngeli, 2001, 180-190; sp. trans: *Psicoterapia della Gestalt. Ermeneutica y clinica*. Barcelona: Gesida, 2002, 209-219).
Spagnuolo Lobb, M. and Amendt-Lyon, N. (Eds.) (2003). *Creative License. The Art of Gestalt Therapy*. Wien-New York: Springer.
Spagnuolo Lobb, M. and Zerbetto, R. (2007). La psicoterapia della Gestalt. In: R. Zerbetto (Ed.), *Fondamenti comuni e diversità di approccio in psicoterapia*. Milano: FrancoAngeli, 171-195.
Spagnuolo Lobb, M., Stern, D.N., Cavaleri, P. and Sichera, A. (2009). Key-moments in psicoterapia: confronto tra le prospettive gestaltica e intersoggettiva. *Quaderni di Gestalt XII(2)*, 11-29.
Spagnuolo Lobb, M., Mione, M. and Francesetti, G. (2010) Il processo di contatto formativo in psicoterapia della Gestalt. *Quaderni di Gestalt XXIII(2)*, 27-45.
Spagnuolo Lobb, M., Conte, E. and Mione, M. (2013). Gli errori co-creati al confine di contatto. La prospettiva della psicoterapia della Gestalt. *Idee in Psicoterapia 2* (in print).
Spagnuolo Lobb, M. and Cavaleri, P.A. (forthcoming). Intenzionalità. In: G. Nardone and A. Salvini, *Dizionario Internazionale di Psicoterapia*. Milano: Garzanti.
Spence, D.P. (1982). *Narrative Truth and Historical Truth*. New York: Norton.
Steele, H. and Steele, M. (Eds.) (2008). *Adult Attachment Interview. Applicazioni pratiche*. Milano: Raffaello Cortina Editore.
Stern, D.N. (1985). *The Interpersonal World of the Infant: a View from Psychoanalysis and Developmental Psychology*. New York: Basic Books.
Stern, D.N. (1990). *The Diary of a Baby*. New York: Basic Books.
Stern, D.N. (2004). *The Present Moment in Psychotherapy and Everyday Life*. New York: Norton.
Stern, D.N. (2006). L'implicito e l'esplicito in psicoterapia. In: M. Spagnuolo Lobb (Ed.), *L'implicito e l'esplicito in psicoterapia. Atti del Secondo Congresso della Psicoterapia Italiana*, with DVD, Milano: FrancoAngeli, 28-35.
Stern, D.N. (2010). *Forms of Vitality. Exploring Dynamic Experience in Psychology and the Arts*. New York: Oxford University Press USA.
Stern, D.N., Bruschweiler-Stern, N., Harrison, A., Lyons-Ruth, K., Morgan, A., Nahum, J., Sander, L. and Tronick, E. (1998a). Non-Interpretive Mechanisms in Psychoanalytic Therapy. The 'Something More' than Interpretation. *International Journal of Psycho-Analysis 79*, 903-921.
Stern, D.N., Bruschweiler-Stern, N., Harrison, A., Lyons-Ruth, K., Morgan, A., Nahum, J., Sander, L. and Tronick, E. (1998b). The Process of Therapeutic Change Involving Implicit Knowledge: Some Implications of Developmental Observations for Adult Psychotherapy. *Infant Mental Health Journal 3*, 300-

308.
Stern, D.N., Bruschweiler-Stern, N., Harrison, A., Lyons-Ruth, K., Morgan, A., Nahum, J., Sander, L. and Tronick, E. (2000). Lo sviluppo come metafora della relazione. *Quaderni di Gestalt XVII (30-31)*, 6-21.

Stern, D.N., Bruschweiler-Stern, N., Harrison, A., Lyons-Ruth, K., Morgan, A., Nahum, J., Sander, L. and Tronick, E. (2003). On the Other Side of the Moon. The Import of Implicit Knowledge for Gestalt Therapy. In: M. Spagnuolo Lobb and N. Amendt-Lyon (Eds.), *Creative License. The Art of Gestalt Therapy*. Wien-New York: Springer, 21-35.

Tessarolo, M. (Ed.) (2009). *L'arte contemporanea e il suo pubblico. Teorie e ricerche*. Milano: FrancoAngeli.

Tronick, E. (1989). Emotions and Emotional Communication in Infants. *American Psychologist 44*, 112-119.

Tronick, E., Als, H., Adamson, L., Wise, S. and Brazelton, T.B. (1978). The Infant's Response to Entrapment Between Contradictory Messages in Face-to-Face Interaction. *Journal of the American Academy of Child and Adolescent Psychiatry 17*, 1-13.

Vernant, J.-P. (1973). Oedipe sans complexe. In: J.-P. Vernant and P. Vidal-Naquet, *Mythe et tragédie en Grèce ancienne*. Paris: Maspero.

Vivona, J.M. (2009a). Leaping from Brain to Mind: A Critique to Mirror Neurons Explanation of Countertransference. *Journal of the American Psychoanalytic Association 57(3)*, 525-550.

Vivona, J.M. (2009b). Response to Commentaries. *Journal of the American Psychoanalytic Association 57(3)*, 569-573.

Watson, S.H. (2007). Merleau-Ponty's Phenomenological Itinerary From Body Schema to Situated Knowledge: On How We Are and How We Are not to 'Sing the World'. *Janus Head 9(2)*, 525-550.

Wertheimer, M. (1945). *Productive Thinking*. New York: Harper and Bros.

Wheeler, G. (2000a). Per un modello di sviluppo in psicoterapia della Gestalt. *Quaderni di Gestalt 30/31*, 40-57.

Wheeler, G. (2000b). *Beyond Individualism: Toward a New Understanding of Self, Relationship, and Experience*. Hillsdale, NJ: The Analytic Press.

Wheeler, G. and Backman, S. (1994). *On Intimate Ground: A Gestalt Approach to Working with Couples*. Hillsdale, NJ: The Analytic Press.

Wheeler, G. and McConville, M. (2002). *The Heart of Development. Gestalt Approaches to Working with Children, Adolescents and Their Worlds*. Hillsdale, NJ: Analytic Press/Gestalt Press.

Winnicott, D.W. (1974). *Playing and Reality*. London-New York: Routledge.

Woldt, A.L. and Toman, S.M. (Eds.) (2005). *Gestalt Therapy: History, Theory and Practice*. Thousand Oaks, CA: Sage Publications.

Yontef, G.M. (2005). Gestalt Therapy Theory of Change. In: A.L. Woldt and S.M. Toman (Eds.), *Gestalt Therapy: History, Theory and Practice*. Thousand Oaks, CA: Sage Publications, 81-100.

Zinker, J.C. (1994). *In Search of Good Form: Gestalt Therapy with Couples and Families*. Cambridge, MA: GIC Press.

Zinker, J.C. and Nevis, S.M. (1987). Teoria della psicoterapia della Gestalt sulle interazioni di coppia e familiari. *Quaderni di Gestalt 4*, 17-44.

Zinker, J.C. and Cardoso Zinker, S. (2001). Process and Silence. A Phenomenology of Couples Therapy. *Gestalt Review 5(1)*, 11-23.

译名对照表

（按汉语拼音顺序排序）

人名

阿德勒　Adler

阿多诺　Adorno

阿贾扎里安，伊冯娜　Agazarian, Yvonne

阿马尼蒂，马西莫　Ammaniti, Massimo

阿门特-利翁，南希　Amendt-Lyon, Nancy

阿特伍德　Atwood

埃里克森，E.　Erikson, E.

安格尔　Anger

奥格登　Ogden

奥克兰德，维奥莱特　Oaklander, Violet

奥林奇，唐娜　Orange, Donna

巴林特，迈克尔　Balint, Michael

巴斯克斯·班丁，卡门　Vazquez Bandin, Carmen

拜昂　Bion

鲍恩　Bowen

337

鲍曼，齐格蒙特　Bauman, Zygmunt

贝内德克，T.　Benedek, T.

贝特森，格雷戈里　Bateson, Gregory

毕比　Beebe

波尔斯特，埃尔温　Polster, Erving

波尔斯特，米丽娅姆　Polster, Mariam

波斯纳，洛尔　Posner, Lore（即罗拉·皮尔斯）

波特，埃莉诺·霍奇曼　Porter, Eleanor Hodgman

波提切利　Botticelli

布卢姆，丹　Bloom, Dan

达塔，卡洛塔　Datta, Carlotta

菲利普森，彼得　Philippson, Peter

菲瓦-德珀森热，伊丽莎白　Fivaz-Depeursinge, Elisabeth

费德，巴德　Feder, Bud

费尔贝恩，罗纳德　Fairbairn, Ronald

费伦齐，桑多　Ferenczi, Sando

费尼谢尔　Fenichel

弗兰克，鲁拉　Frank, Ruella

弗朗切塞蒂，贾尼　Francesetti, Gianni

弗里　Frie

弗罗姆，伊萨多　From, Isadore

弗洛姆-赖希曼，弗里达　Fromm-Reichmann, Frieda

弗洛伊德　Freud

戈尔德施泰因，库尔特　Goldstein, Kurt

古德曼，保罗　Goodman, Paul

哈贝马斯　Habermas

海德格尔　Heidegger

何安娜　Hillers-Chen, Anette
赫弗莱恩，拉尔夫　Hefferline, Ralph
黑塞，赫尔曼　Hesse, Herman
亨德森，鲁思·安妮　Henderson, Ruth Anne
胡塞尔　Husserl
惠勒，戈登　Wheeler, Gordon
霍尼，卡伦　Horney, Karen
霍奇斯，卡尔　Hodges, Carl
基茨勒，理查德　Kitzler, Richard
加莱塞，维托里奥　Gallese Vittorio
加林贝蒂，翁贝托　Galimberti, Umberto
伽达默尔　Gadamer
贾菲　Jaffe
卡拉比诺，里卡尔多　Carrabino, Riccardo
卡瓦莱里，皮耶罗　Cavaleri, Piero
凯普纳，伊莱恩　Kepner, Elaine
凯普纳，詹姆斯　Kepner, James
科夫卡，库尔特　Koffka, Kurt
科勒，沃尔夫冈　Köhler, Wolfgang
科洛莫夫，丹尼尔　Khlomov, Daniel
科洛莫夫，娜塔莎　Khlomov, Natasha
克尔凯郭尔　Kierkegaard
克拉克　Clark
克莱门斯，迈克尔　Clemmens, Michael
拉赫曼　Lachmann
拉克尔，海因里希　Heinrich, Racher
拉罗莎，塞吉奥　La Rosa, Seigio

赖希，威廉　Reich, Wilhelm

兰克，奥托　Rank, Otto

勒瓦尔德，汉斯　Loewald, Hans

勒温，库尔特　Lewin, Kurt

李，罗伯特　Lee, Robert

里德，伊丽莎白　Reed, Elisabeth

里盖蒂　Righetti

利　Leigh

利希滕贝格，菲利普　Lichtenberg, Philip

梁玉麒　Leung, Timothy

林德，埃德　Lynch, Ed

林奇，芭芭拉　Lynch, Barbara

卢梭　Rousseau

罗比纳，让·玛丽　Robine, Jean Marie

洛布，马尔科　Marco Lobb

马可　Marco

马勒　Mahler

马里奥　Mario

麦康维尔　McConville

梅尔尼克，乔　Melnick, Joe

梅洛-庞蒂　Merleau-Ponty

米德，G. H.　Mead, G. H.

米戈内，保罗　Migone, Paolo

米利奥，安娜　Milio, Anna

米罗　Miró

米切尔，斯蒂芬　Mitchell, Stephen

苗内，玛丽亚　Mione, Maria

莫雷诺　Moreno

纳兰霍，克劳迪奥　Naranjo, Claudio

内维斯，埃德　Nevis, Ed

内维斯，索尼娅　Nevis, Sonia

尼采　Nietzsche

帕莱特，马尔科姆　Parlett, Malcolm

梅洛-庞蒂　Merleau-Ponty

佩利茨，丹　Perlitz, Dan

皮尔斯，弗里茨　Perls, Fritz

皮尔斯，罗拉　Perls, Laura

萨蒂，伊恩　Suttie, Ian

萨洛尼亚　Salonia

萨特　Sartre

桑波尼亚罗，朱塞佩　Sampognaro, Giuseppe

施特姆勒，弗兰克　Staemmler, Frank

史密斯　Smith

舒尔特斯　Schulthess

斯蒂尔　Steele

斯特恩，丹尼尔　Stern, Daniel

斯托洛罗，罗伯特　Stolorow, Robert

托曼，萨拉　Toman, Sarah

温尼科特　Winnicott

韦克菲尔德　Wakefield

韦特海默，马克斯　Wertheimer, Max

沃尔特，安塞尔　Woldt, Ansel

肖，丹尼尔　Shaw, Daniel

谢弗　Schafer

辛克，桑德拉·卡多佐　Zinker, Sandra Cardoso

辛克，约瑟夫　Zinker, Joseph

许思贤　Khor, Joseph

雅各布斯，林恩　Jacobs, Lynne

扬特夫，加里　Yontef, Gary

伊格尔，莫里斯　Eagle, Morris

詹姆士　James

术语

背景　ground

本我　id

本我功能　id-function

病人　patient

场　field

朝向未来的此时　Now-for-next

朝向未来的此时此地　here-and-now-for-next

创造性调整　creative adjustment

此时此地　here-and-now

动机　motivation

反移情　counter-tranference

夫妻治疗　couple therapy

浮现　emerge

感受　feeling

攻击　aggression

共创的之间性　co-created betweenness

共情　empathy

关系　relation

沟通分析　transactional analysis

后撤　withdraw

后接触　post contact

极　pole

极性　polarity

接触　contact

接触边界　contact boundary

接触意向性　intentionality of contact

镜像神经元　mirror neuron

具身共情　embodied empathy

觉察　awareness

抗逆力　resilience

客我　me

空椅子　empty chair

领域的复调发展　polyphonic development of domains

内摄　introjection

内心　intrapsychic

内转　retroflection

前接触　fore-contact

前缘　leading edge

情境　situation

情绪　emotion

去敏化　desensitization

人格　personality

人格功能　personality-function

认同　identification

融合　confluence

三元场　triadic field

疏离　alienation

他者　other

同化　assimilation

图形　figure

团体治疗　group therapy

无意识　the unconscious

相遇　encounter

新奇　novelty

需要　need

叙事诊断　marrative diagnosis

液态社会　liquid society

移情　transference

意图　intention

意向性　intentionality

在那里　being-there

在一起　being-with

扎根　rootedness

治疗师　therapist

中断　interruption

自发性　spontaneity

自体　self

自体感　sense of self

自体调节　self-regulation

自我　ego

自我功能　ego-function

自我中心　egotism

自足　self-sufficiency

走向他者　*ad-gredere*

阻抗　resistance

最终接触　final contact

译后记

"在本书结束时，我双手合十，鞠躬行礼，以示我对心理治疗师这一职业的尊重，也表达我对所有决定将一生奉献给灵魂治疗的人的爱。

"学习心理治疗意味着学习这样一门艺术：我们能够看到我们爱他者的美的艺术，尽管有被伤害的风险，还能够看到我们自己和被治疗的人存在的深度。"

2021年正月初八的清晨，当我翻译完本书这最后两小节的时候，我久久地坐在电脑前，脑子里仿佛什么也没有想，只是静静地望着这些文字……慢慢地，我仿佛看到作者玛格丽塔·斯帕尼奥洛·洛布缓缓地从这些文字里走来，文字成了背景，图形里浮现着一位带着爱和好奇的智者……

翻译这本迷人的书的过程，对我而言也是一段体验着与他者及自己进行有觉察的深度接触的旅程。

首先是与作者玛格丽塔的接触。在翻译一开始，负责本书出版的蕴敏就把她的邮箱给了我，我立即写邮件给她，并简单介绍了我自己。接着我们多次通过邮件进行接触，特别是我邀请她为中文版写一个序言。她欣然答应，并在她写作任务繁重的情况下依然挤出时间很快把序言发给了我。在每一封邮件里，我都能够透过她的文字，感受到她对本书中文版的期待和欣喜，还有对我翻译本书的关心和支持。她在这个世界上独一无二的存在，她对心理治疗这个独特的助人职业的深爱，她对所有人的开放和好奇，她那朝向未来的此时的精妙洞见，我们都能够在她这本美好的书里欣赏和享受到。

其次是与费俊峰老师、蕴敏及安娜的接触。我之所以能够拥有这 5 个多月来的独特翻译旅程，要感谢南京大学心理健康教育与研究中心原主任费俊峰老师的信任和宏愿，正因为他发起并主编这套"格式塔治疗丛书"，才有我与这本奇妙的后现代心理学治疗书相遇的机会。再要感谢在浙江大学任教的何安娜教授，是她对格式塔治疗的热爱和引荐，才成就了中德格式塔系列培训和这本书。

再次，我要感谢对格式塔治疗充满神奇热情的龙雨田（小龙），他是公益机构菠萝园心理咨询服务中心的负责人，是他以激将加诱惑的方式引荐我进入这片神秘的花园，从而使我有机会与南京大学的桑志芹教授及陆颖、艳敏、胡丹、瑞璐、静晖、赵颖、冷静、玺蓉、笑阳、杨睿、李宏、迎春、雪松、文慧、玉华、罗琼、洪俪、南雁、王婧、浩天、张军、玉平、志宏等独一无二的人相遇，还有机会与德国维尔茨堡整合格式塔治疗学院的培训老师维尔纳·吉尔（Werner Gill）、布丽吉特·拉斯穆斯（Brigitte Rasmus）、彼得·特贝（Peter Toebe）、彼得·菲利普森（Peter Philippson）等人接触，让我在着迷于以人本主义哲学为基础的萨提亚家庭治疗以外，又爱上了以现象学、存在主义和人本主义哲学及东方文化中整体观为基础的格式塔治疗，开启了我生命成长的崭新旅程。

在本书的翻译过程中，我要感谢华东师范大学社会工作实训中心副主任郭娟老师，她是我 10 年前毕业的研究生，我每翻译完一章，就邮件发给她，然后她就逐字逐句地仔细阅读，并及时地提出意见和建议，这提醒我在接下来的翻译中对哪些地方和措辞保持更多的敏感。我还要感谢我的博士研究生、资深心理咨询师赵建平，我在翻译中遇到不甚明了的专业概念时，就找他一起探讨和研究，他说："学习格式塔心理治疗，对我们中国人来说，似乎意味着重拾传统思维，获得古今连贯性！"对此我颇为赞同。我还要感谢拾星者社会工作服务中心总干事肖庆，她是我 8 年前毕业的研究生，每当我遇到图表等技术性问题时，她都能及时地帮我解决。

我还要感谢我的儿子和儿媳，他们以医学和生物学背景及留学美国的经历，在遇到困难时帮助我一起分析和解决。最后我还要感谢我的先生、婆婆、妈妈和妹妹，是他们对我的完全支持和包容信任，让我有时候一天十几个小时专注地坐在电脑前，对不做家务、不照顾身体不适的老人没有内疚，唯有感恩和珍惜。

翻译本书也是我与自己持续不断地进行接触的旅程，尤其是与自己生命成长里的接触中断进行接触。我七八岁时因不肯做家务挨妈妈打，那时她总是说"女孩子不做家务以后怎么嫁得出去"，为了不挨打我内摄了许多传统主流观念；青春期时我感到孤独，希望有人关爱我，那时我知道身边没有人会看见和在乎，于是我内转了这些需求和情绪；我在学习和工作中不断积极进取，那时我在投射并努力完成着他人对我的期待；结婚时我发愿一定要营造一个充满爱、温暖和彼此主动关心的小家，那时我是在寻求着融合；我对任何人的操控都特别敏感和愤怒，那时我又是处于自我中心……翻译玛格丽塔的这本书让我不断地觉察到过去和现在自己与他人的接触边界，以及在接触边界上的接触中断。

  翻译本书，除了为自己过去和现在的接触增添觉察外，更让我感动和欣慰的是玛格丽塔在书名里的洞见，那就是朝向未来的此时，这与麻省理工学院奥托·夏莫博士在《U型理论》中提出的"开放意志，向正在生成的未来学习"有着异曲同工之妙。带给我巨大资源还有现象学和存在主义的能量，永远对发生在接触边界上的一切保持新奇和自发性，对生命和人际关系抱持审美和开放态度，这与我热爱的社会工作所倡导的无条件接纳、个性化、尊重、正义等价值观是一致的。

  最后，本书对格式塔灵魂的自始至终的整体性追寻也是极为宝贵的。随着年龄的增长，我越来越对中国传统文化里的禅修境界、阴阳哲理和天人合一等感兴趣起来。在学习格式塔治疗和翻译本书的过程中，我深刻体验到东西方文化的接触与碰撞，过去、现在和未来的相遇与在场，世间万物和一切关系的两极与中道，人性的复杂性与可能性，阴与阳、背景与图形、好与坏、美与丑……如其所是地去觉察，去承认，去接纳，去行动，努力做一个完整的人，而不是完美的人。

  虽然我在翻译本书的过程中力求既忠实原文，又尽量符合中文习惯，同时尽可能准确地运用专业术语和学术概念，但是难免会存在疏漏、错误或译文不够精确的地方，凡此种种，真诚希望发现疏漏和错误的读者朋友给予指正。

韩晓燕
上海世纪苑
2021年2月20日